Rosner

Mathe gut erklärt Abitur 2019

GK / LK
Hessen

3. Auflage

Freiburger Verlag

Gedruckt auf chlorfrei gebleichtem Papier

Inhaltsverzeichnis

Vorwort

Liebe Schülerinnen und Schüler,

dieses Buch und die Videos sollen Sie dabei unterstützen,

- sich in den letzten beiden Schuljahren optimal auf Klausuren und auf das Abitur in Mathematik vorzubereiten.
- sich alle Lehrplaninhalte anhand verständlicher und übersichtlicher Stoffzusammenfassungen anzueignen.
- die Abitursaufgaben der vergangenen Jahrgänge zu bearbeiten, da Sie hiermit ein Nachschlagewerk zur Verfügung haben.
- durch Erfolge neue Motivation für das Fach Mathematik zu bekommen.

Liebe Fachkolleginnen und Fachkollegen,

dieses Buch und die Videos sollen Sie dabei unterstützen,

- die zeitintensive Stoffwiederholung, Klausur- und Abiturvorbereitung teilweise aus dem Unterricht auslagern zu können.
- auf diese Weise mehr Zeit für verständnisorientierten Unterricht zu gewinnen.
- sicherzustellen, dass Ihre Schülerinnen und Schüler über ausreichendes Basiswissen verfügen.

NEU

Über 80 Videos des Autors, in welchen alle Stoffzusammenfassungen nochmals erklärt werden. Zugriff über Kurzadresse oder QR-Code aus dem Buch.

I. Grundlagen Analysis

1. Funktionen

1.1 Ganzrationale Funktionen (Polynome)

1. Grades (Geraden)

Hauptform: $y = mx + b$

Vorgehen zum Einzeichnen:

$y = \frac{hoch\,/\,runter}{rechts} \cdot x + \begin{matrix} y\text{-Achsen-} \\ \text{abschnitt} \end{matrix}$

Steigung aus 2 Punkten: $m = \frac{y_2 - y_1}{x_2 - x_1}$

Steigungswinkel aus Steigung bestimmen:
$m = \tan(\alpha)$

Parallele Geraden:
$m_1 = m_2$ (gleiche Steigung)

Senkrechte (orthogonale) Geraden:
Steigungen sind negative Kehrwerte voneinander: $m_2 = -\frac{1}{m_1}$ bzw. $m_1 \cdot m_2 = -1$

1. Winkelhalbierende: $y = x \quad (m = 1)$
2. Winkelhalbierende: $y = -x \quad (m = -1)$

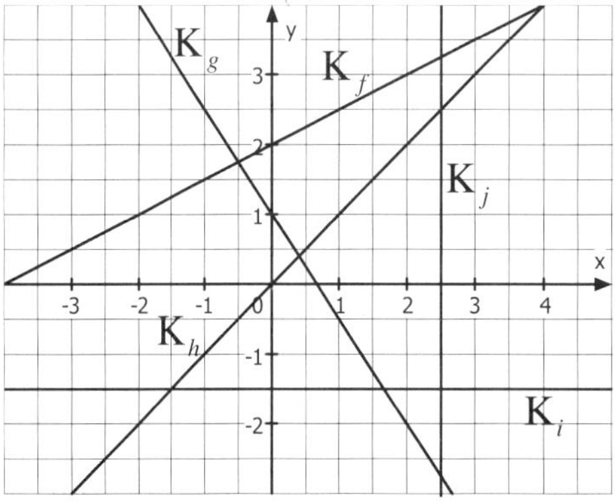

K_f: $y = \frac{1}{2}x + 2$ $\quad$ K_g: $y = -\frac{3}{2}x + 1$

K_h: $y = x$ (1. Winkelhalbierende)

K_i: $y = -1{,}5$ $\quad$ K_j: $x = 2{,}5$

2. Grades (Parabeln)

Allg.: $f(x) = ax^2 + bx + c$

Scheitelpunkt-Ansatz:
$f(x) = a \cdot (x - x_s)^2 + y_s$ mit $S(x_s \mid y_s)$

$a > 0$: nach oben geöffnet bzw. Verlauf von II nach I

$a < 0$: nach unten geöffnet bzw. Verlauf von III nach IV

Schnittpunkt mit y-Achse: $S_y(0 \mid c)$

Bei Symmetrie zur y-Achse:
$f(x) = ax^2 + c$ (nur gerade Hochzahlen)

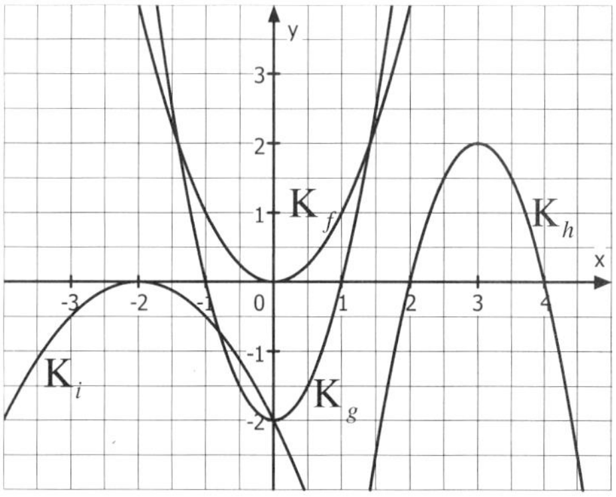

K_f: $f(x) = x^2$ $\quad$ K_g: $g(x) = 2x^2 - 2$

K_h: $h(x) = -2(x-3)^2 + 2$

K_i: $i(x) = -0{,}5x^2 - 2x - 2$

http://frv.tv/5s

<table>
<tr><th>3. Grades</th><th>4. Grades</th></tr>
<tr><td>
Allg.: $f(x) = ax^3 + bx^2 + cx + d$
$a > 0$: Verlauf von III nach I
$a < 0$: Verlauf von II nach IV
Schnittpunkt mit y-Achse: $S_y(0 \mid d)$
Ansatz bei Symmetrie zum Ursprung:
$f(x) = ax^3 + cx$ (nur ungerade Hochzahlen)
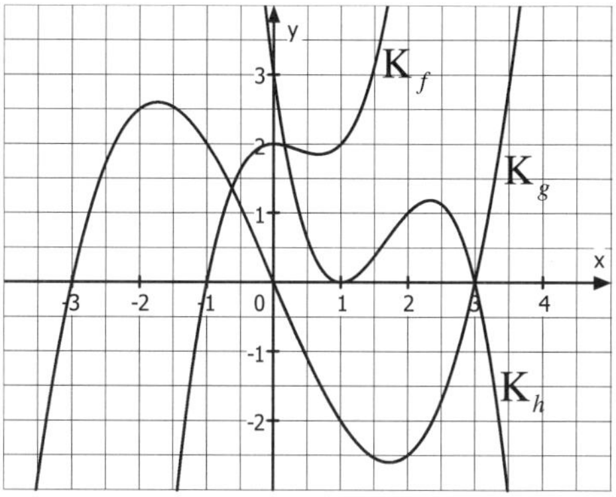

K_f: $f(x) = x^3 - x^2 + 2$
K_g: $g(x) = \frac{1}{4}x^3 - \frac{9}{4}x$
K_h: $h(x) = -x^3 + 5x^2 - 7x + 3$
</td><td>
Allg.: $f(x) = ax^4 + bx^3 + cx^2 + dx + e$
$a > 0$: Verlauf von II nach I
$a < 0$: Verlauf von III nach IV
Schnittpunkt mit y-Achse: $S_y(0 \mid e)$
Ansatz bei Symmetrie zur y-Achse:
$f(x) = ax^4 + cx^2 + e$ (nur gerade Hochzahlen)
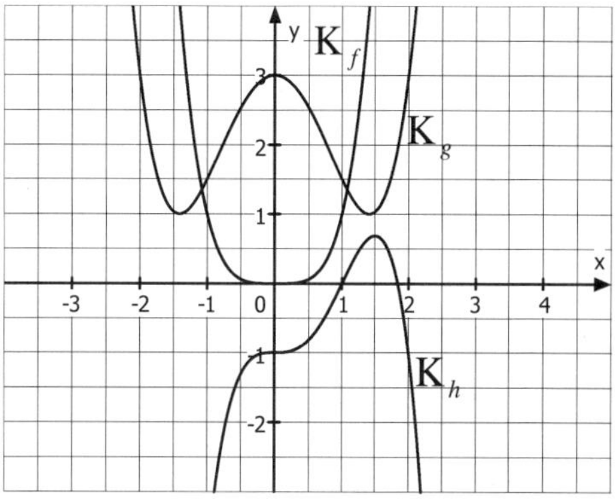

K_f: $f(x) = x^4$
K_g: $g(x) = 0{,}5x^4 - 2x^2 + 3$
K_h: $h(x) = -x^4 + 2x^3 - 1$
</td></tr>
</table>

Tipp (für alle ganzrationalen Funktionen)
$\boldsymbol{a > 0}$: Verlauf von ... nach **I** („endet **oben**“)
$\boldsymbol{a < 0}$: Verlauf von ... nach **IV** („endet **unten**“)

Die Quadranten

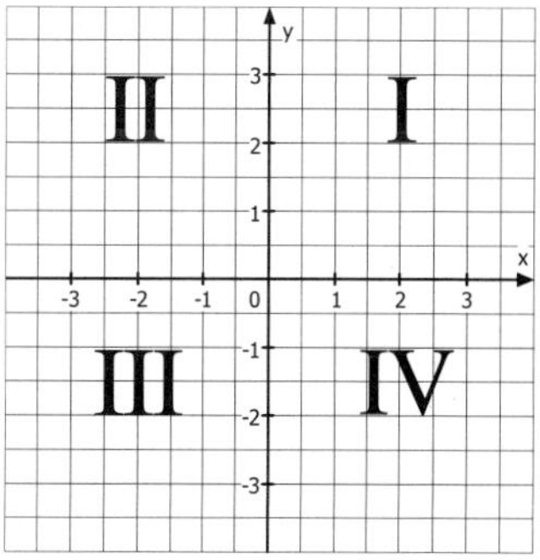

1.2 Der Nullstellenansatz und die Vielfachheit von Nullstellen

Beispiele

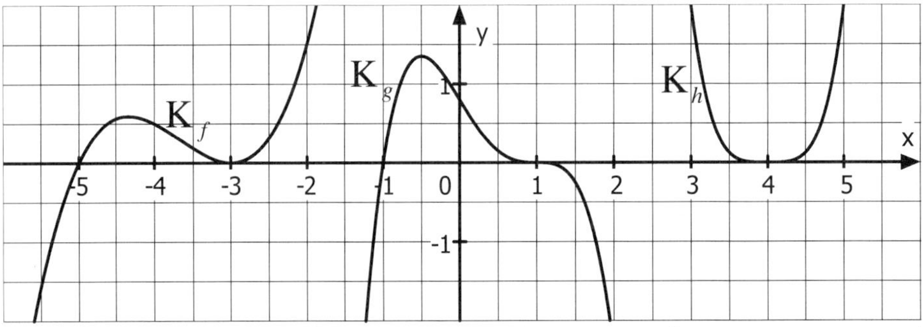

$K_f: f(x) = 0{,}5 \cdot (x+5) \cdot (x+3)^2$ $K_g: g(x) = -0{,}8 \cdot (x+1) \cdot (x-1)^3$ $K_h: h(x) = 2 \cdot (x-4)^4$

Aufbau des Nullstellenansatzes (am Beispiel)

$$g(x) = -0{,}8 \cdot (x+1) \cdot (x-1)^3$$

Verlauf von III nach IV	$x_0 = -1$ ist einfache Nullstelle	$x_{1/2/3} = +1$ ist dreifache Nullstelle

http://frv.tv/1b

Übersicht (für ganzrationale Funktionen)

Vielfachheit Nullstelle	**Faktor im Nullstellenansatz**	**Skizze**	**Beschreibung**
Einfache Nullstelle: x_0	$f(x) = \ldots \cdot (x - x_0) \cdot \ldots$	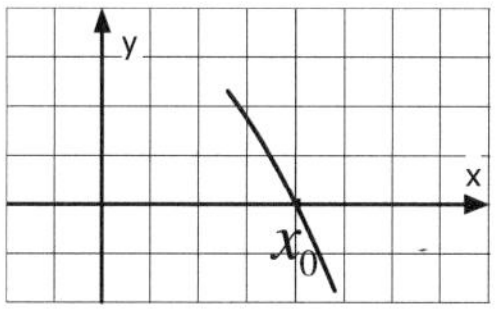	Schaubild **schneidet** x-Achse (mit Vorzeichenwechsel VZW)
Doppelte Nullstelle: x_0	$f(x) = \ldots \cdot (x - x_0)^2 \cdot \ldots$	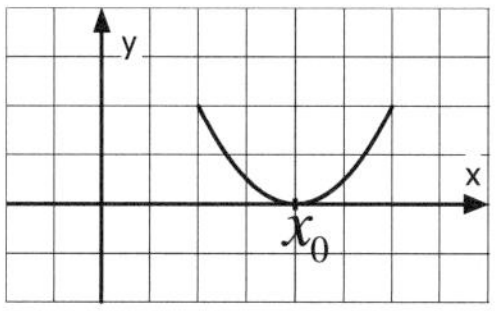	Schaubild **berührt** x-Achse (ohne VZW)
Dreifache Nullstelle: x_0	$f(x) = \ldots \cdot (x - x_0)^3 \cdot \ldots$	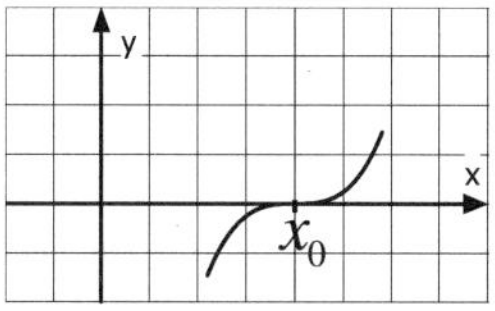	Schaubild **schneidet** und **berührt** x-Achse (mit VZW)
Vierfache Nullstelle: x_0	$f(x) = \ldots \cdot (x - x_0)^4 \cdot \ldots$	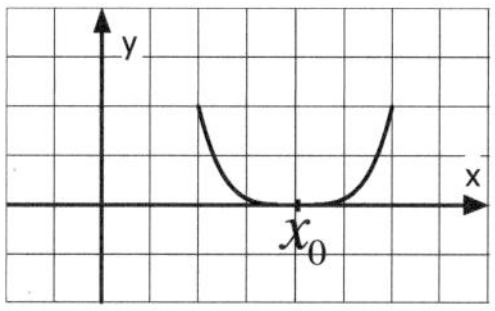	Schaubild **berührt** x-Achse (ohne VZW) („breiter“ geformt als doppelte Nullstelle)

1.3 Gebrochenrationale Funktionen

Allg. $f(x) = \dfrac{\textit{(ganzrationale) Funktion}}{\textit{(ganzrationale) Funktion}}$ Beispiel: $f(x) = \dfrac{-2x^2 + 3x}{x+2}$ $(\text{mit } D = \mathbb{R} \setminus \{-2\})$

1. Untersuchung auf senkrechte Asymptoten

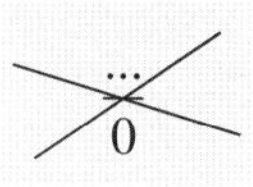

Zu x-Werten, die im **Nenner** zum **Wert 0** führen, kann kein y-Wert errechnet werden, da nicht durch 0 geteilt werden darf.
Diese x-Werte sind nicht in der Definitionsmenge der Funktion enthalten und stellen somit **Definitionslücken** dar.
An einer Definitionslücke kann das Schaubild eine **senkrechte Asymptote** aufweisen.

Fall 1 : Polstelle mit Vorzeichenwechel (einfache Nullstelle des Nenners)

Beispiel: $f(x) = \dfrac{1}{x-1}$ $(\text{mit } D = \mathbb{R} \setminus \{1\})$

Senkrechte Asymptote: $\boldsymbol{x = 1}$

Für $x \to 1$ $(x < 1)$ gilt: $f(x) \to -\infty$
Für $x \to 1$ $(x > 1)$ gilt: $f(x) \to +\infty$

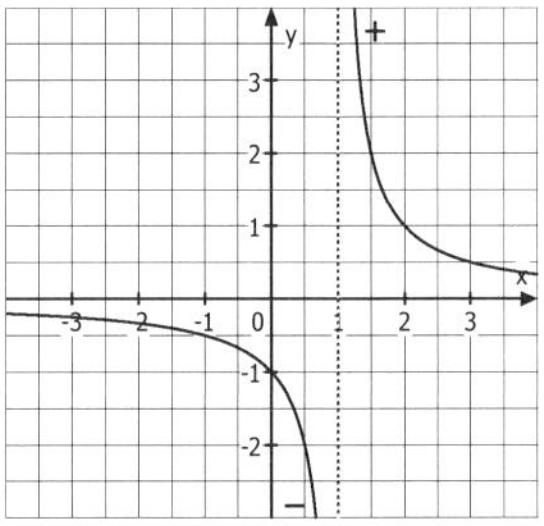

Fall 2 : Polstelle ohne Vorzeichenwechel (doppelte Nullstelle des Nenners)

Beispiel: $f(x) = \dfrac{1}{(x-1)^2}$ $(\text{mit } D = \mathbb{R} \setminus \{1\})$

Senkrechte Asymptote: $\boldsymbol{x = 1}$

Für $x \to 1$ $(x < 1)$ gilt: $f(x) \to +\infty$
Für $x \to 1$ $(x > 1)$ gilt: $f(x) \to +\infty$

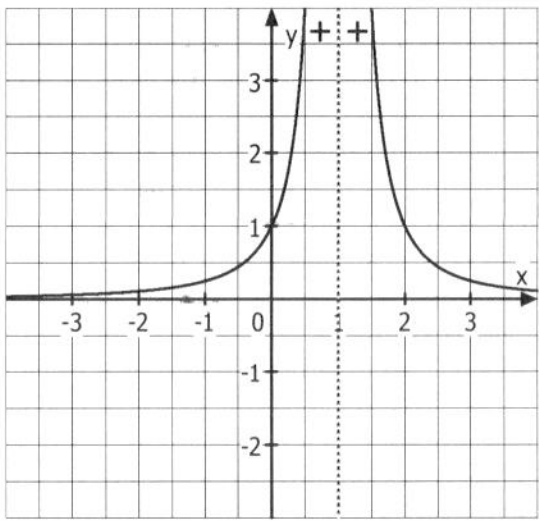

Fall 3 (Ausnahme) **: Keine Polstelle (auch** Nullstelle des **Zählers**)

Beispiel: $f(x) = \dfrac{x^2 - 1}{x - 1}$ $(\text{mit } D = \mathbb{R} \setminus \{1\})$

Keine senkrechte Asymptote (trotz Definitionslücke)

Grund: $f(x) = \dfrac{x^2-1}{x-1} = \dfrac{\cancel{(x-1)} \cdot (x+1)}{\cancel{(x-1)}} = x + 1$

Die Definitionslücke ist nach dem Kürzen „verschwunden". Sie ist also (be-)**hebbar**.
(Wobei die Ausgangsfunktion diese noch immer aufweist, siehe Schaubild.)

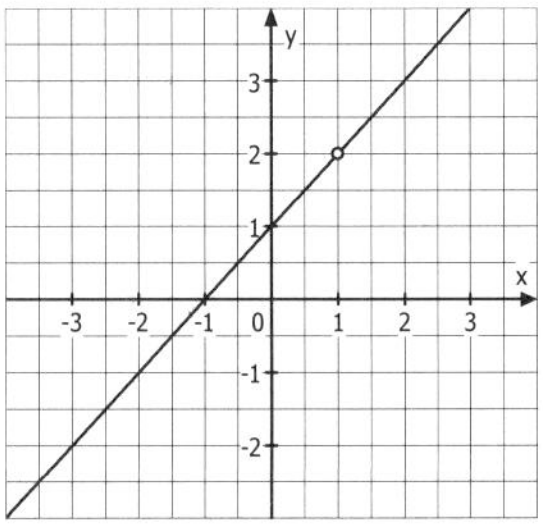

http://frv.tv/5p

2. Untersuchung auf waagrechte Asymptoten (Verhalten für $x \to \pm\infty$)

Fall 1: Zählergrad < Nennergrad: x-Achse ist waagrechte Asymptote

$$f(x)=\frac{1}{2x+4} \quad \left(\frac{\text{Grad } 0}{\text{Grad } 1}\right)$$

waagrechte Asymptote: $\mathbf{y = 0}$ (x-Achse)

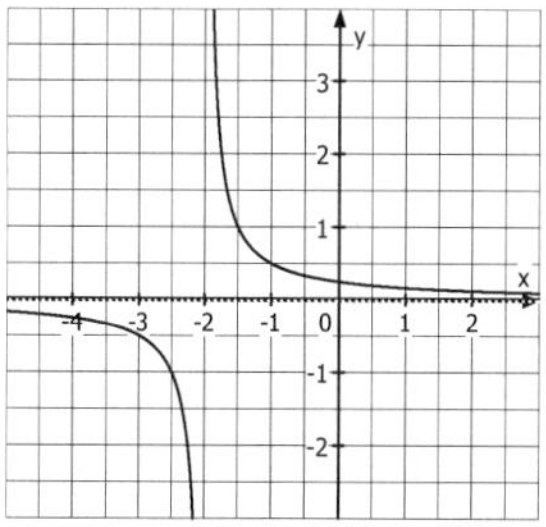

$$f(x)=\frac{-2x+1}{3x^2-3} \quad \left(\frac{\text{Grad } 1}{\text{Grad } 2}\right)$$

waagrechte Asymptote: $\mathbf{y = 0}$ (x-Achse)

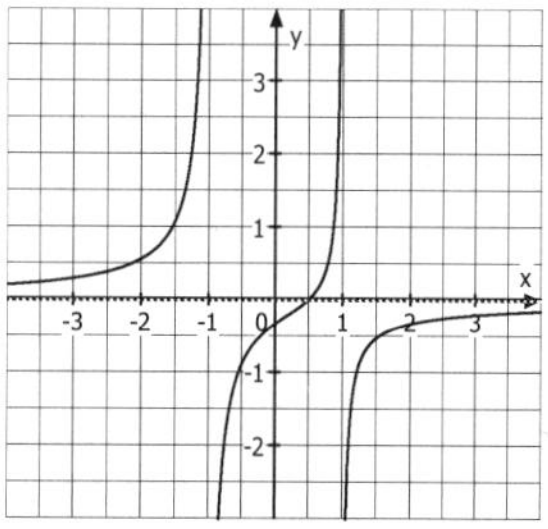

Fall 2: Zählergrad = Nennergrad: Waagrechte Asymptote

$$f(x)=\frac{\mathbf{1}x}{\mathbf{2}x+4} \quad \left(\frac{\text{Grad } 1}{\text{Grad } 1}\right)$$

waagrechte Asymptote: $\mathbf{y = \frac{1}{2}}$

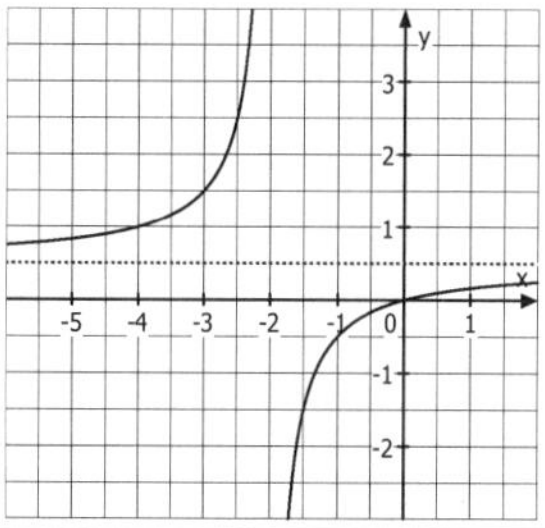

$$f(x)=\frac{\mathbf{-2}x^2+1}{\mathbf{3}x^2-3} \quad \left(\frac{\text{Grad } 2}{\text{Grad } 2}\right)$$

waagrechte Asymptote: $\mathbf{y = -\frac{2}{3}}$

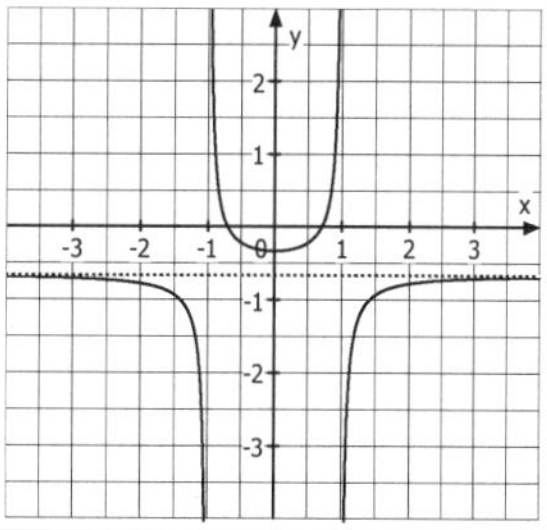

Fall 3: Zählergrad > Nennergrad: Sonstige Asymptoten (nicht waagrecht)

$$f(x)=\frac{x^2-2x-1}{x-2} \overset{*}{=} x-\frac{1}{x-2} \quad \left(\frac{\text{Grad } 2}{\text{Grad } 1}\right)$$

schiefe Asymptote: $\mathbf{y = x}$

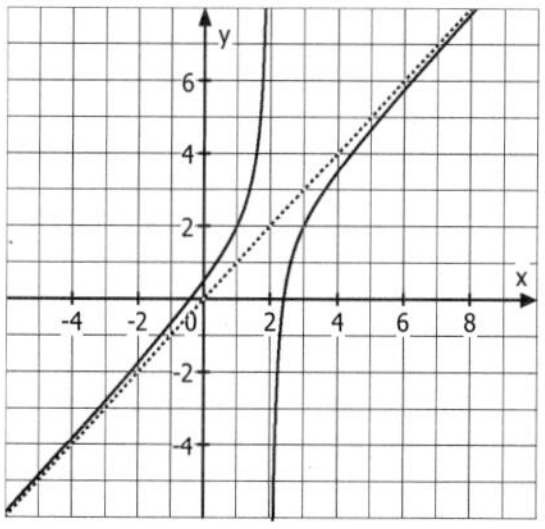

Schiefe Asymptote, da Zählergrad um 1 höher als Nennergrad.

$$f(x)=\frac{x^3-2x^2-1}{x-2} \overset{*}{=} x^2-\frac{1}{x-2} \quad \left(\frac{\text{Grad } 3}{\text{Grad } 1}\right)$$

parabelförmige Näherungskurve: $\mathbf{y = x^2}$

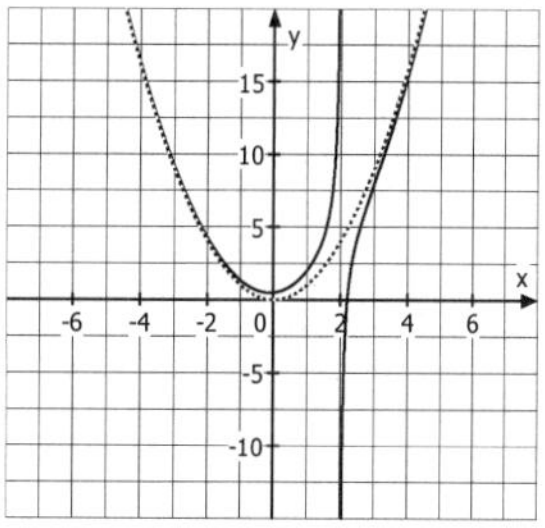

Für die obige Umformungen * ist eine Polynomdivision (S. 35) nötig.

1.4 Exponentialfunktionen

1. Verlauf: $f(x) = e^x$

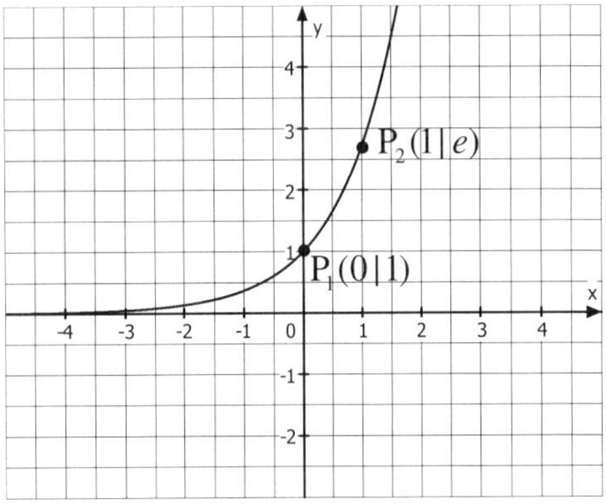

2. Spiegelungen

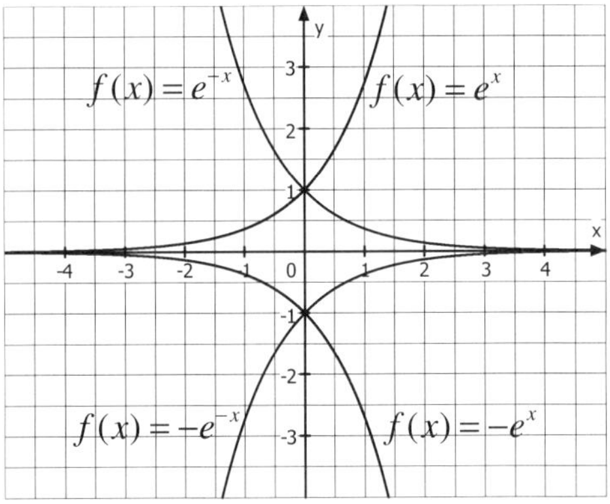

3. Koeffizienten in: $f(x) = a \cdot e^{b \cdot (x-c)} + d$

a - Streckung / Stauchung in y-Richtung

$a > 1$: „steiler“
$0 < a < 1$: „flacher“
($a < 0$: an der x-Achse gespiegelt)

b - ansteigendes oder fallendes Schaubild

$b > 0$: ansteigendes Schaubild
$b < 0$: fallendes Schaubild (bzw. an der y-Achse gespiegelt)

c - Verschiebung in x-Richtung

$c > 0$: nach rechts
$c < 0$: nach links

d - Verschiebung in y-Richtung
($y = d$ ist Asymptote)

$d > 0$: nach oben
$d < 0$: nach unten

Vorsicht beim Koeffizienten c

Das Schaubild zu $f(x) = e^{x-3}$ wurde um 3 Einheiten nach *rechts* verschoben!
Der Koeffizient c hat hier den Wert $+3$, das Minuszeichen kommt vom allgemeinen Ansatz der Funktion.

Entsprechend $f(x) = e^{x+2}$: Verschiebung um 2 nach *links*!

http://frv.tv/1d

4. **Asymptoten** (Näherungsgeraden)

Beispielfunktion	Asymptote	Schaubilder
$f(x)=e^x$	$y=0$ (x – Achse) für $x \rightarrow -\infty$	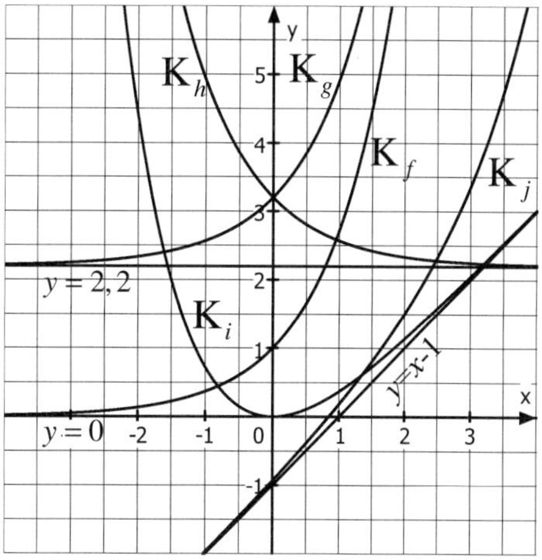
$g(x)=e^x+2,2$	$y=2,2$ für $x \rightarrow -\infty$	
$h(x)=e^{-x}+2,2$	$y=2,2$ für $x \rightarrow +\infty$	
$i(x)=e^{-x}+x-1$	$y=x-1$ für $x \rightarrow +\infty$	
$j(x)=0,5e^{x-2}+x-1$	$y=x-1$ für $x \rightarrow -\infty$	

1. Regel (Asymptotengleichung): y =„Exponentialgleichung ohne $e^{...x}$“
Man erhält die Asymptotengleichung, indem man die Gleichung der Exponentialfunktion schlicht übernimmt, jedoch hierbei auf den Summanden im Funktionsterm, der $e^{...x}$ enthält (dieser strebt gegen 0), verzichtet.

2. Regel (Annäherungsrichtung): Bei $e^{„+x“}$ für $x \rightarrow -\infty$ bzw. **bei $e^{„-x“}$ für $x \rightarrow +\infty$**
Die Annäherungsrichtung wird durch den Summanden im Funktionsterm, der $e^{...x}$ enthält, festgelegt: Steht vor dem x im Exponenten ein Pluszeichen, so nähert sich die Asymptote für große negative x-Werte („links“ im Koordinatensystem) dem Schaubild an.
Steht hier hingegen ein Minuszeichen, so findet die Annäherung bei großen positiven x-Werten („rechts“ im Koordinatensystem) statt.

5. Anwendungen

Wachstumsvorgänge werden oft mit dem Typ $f(x)=e^{„+x“}$ modelliert, Zerfallsvorgänge hingegen mit $f(x)=e^{„-x“}$.

1.5 Trigonometrische Funktionen

1. Verlauf

$f(x) = \sin(x)$ $\qquad\qquad$ $f(x) = \cos(x)$

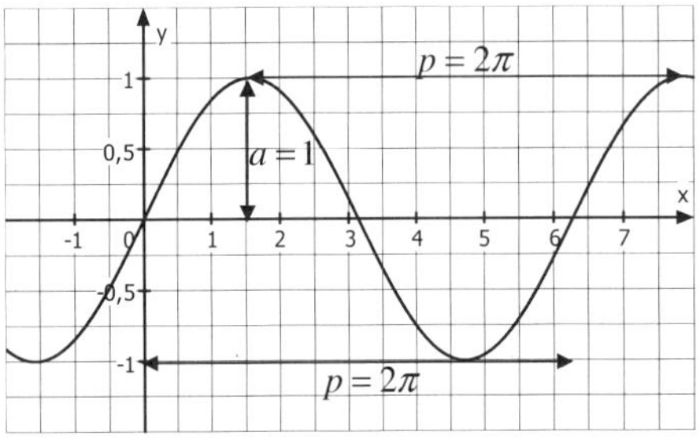

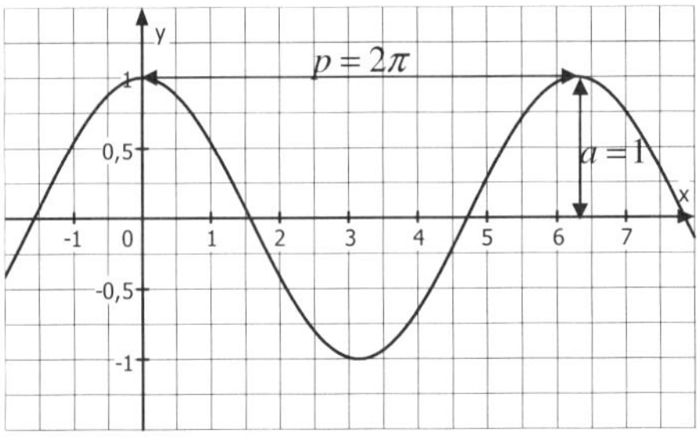

2. Koeffizienten: $f(x) = a \cdot \sin(b \cdot (x-c)) + d$ und $f(x) = a \cdot \cos(b \cdot (x-c)) + d$

***a* - Amplitude**
($|a|$, also „Zahl a ohne Vorzeichen", gibt max. Abstand zur „Mittellinie" an)
(Streckung in y-Richtung)

$\left(a < 0: \text{ an der } x\text{-Achse gespiegelt} \right)$ $\qquad$ $\left(a = \frac{y_{\max} - y_{\min}}{2} \right)$

***b* - entscheidet Periodenlänge**
(„Dauer eines Durchlaufes")
$\left(\text{Streckung in } x\text{-Richtung um } \frac{1}{b} \right)$

$b = \frac{2\pi}{p}$ $\quad$ (p entspricht der Periodenlänge)

***c* - Verschiebung in *x*-Richtung**

$c > 0$: nach rechts
$c < 0$: nach links

***d* - Verschiebung in *y* - Richtung**
(„Höhe der Mittellinie")

$d > 0$: nach oben
$d < 0$: nach unten

$\left(d = \frac{y_{\max} + y_{\min}}{2} \right)$

Vorsicht beim Koeffizienten *c*

Das Schaubild zu $f(x) = \sin(x-3)$ wurde um 3 Einheiten nach *rechts* verschoben!
Der Koeffizient c hat den Wert $+3$, das Minuszeichen kommt vom allgemeinen Ansatz der Funktion.

Entsprechend $f(x) = \sin(x+2)$: Verschiebung um 2 nach *links*!

http://frv.tv/1e

Beispiel 1 (Zusätzlich ist das Schaubild von $f(x) = \sin(x)$ gestrichelt eingezeichnet.)

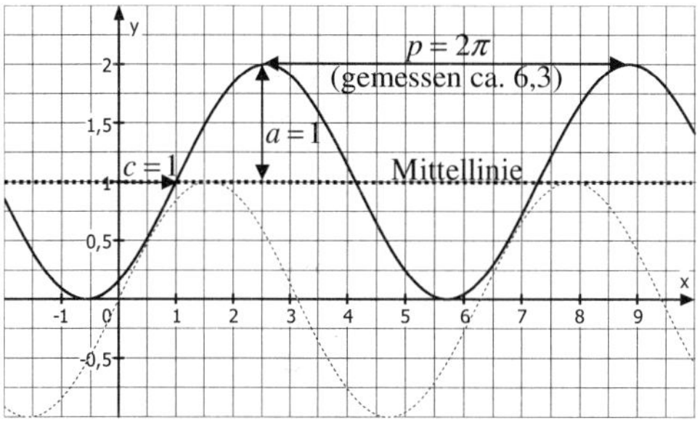

$\Rightarrow f(x) = \sin(x-1)+1$

$\left(\text{Alternativ: } f(x) = \cos(x-2{,}57)+1\right)$

Mit $\boldsymbol{f(x) = a \cdot \sin\left(b \cdot (x-c)\right) + d}$:

- $d = 1$ Mittellinie auf Höhe $+1$ $\left(\text{oder mit } \frac{2+0}{2} = \frac{2}{2} = 1\right)$
- $a = 1$ (max. Abstand von 1 zur Mittellinie) $\left(\text{oder mit } \frac{2-0}{2} = \frac{2}{2} = 1\right)$
- $c = 1$ Verschiebung um 1 nach rechts
- $b = \frac{2\pi}{p} = \frac{2\pi}{2\pi} = 1$

Beispiel 2

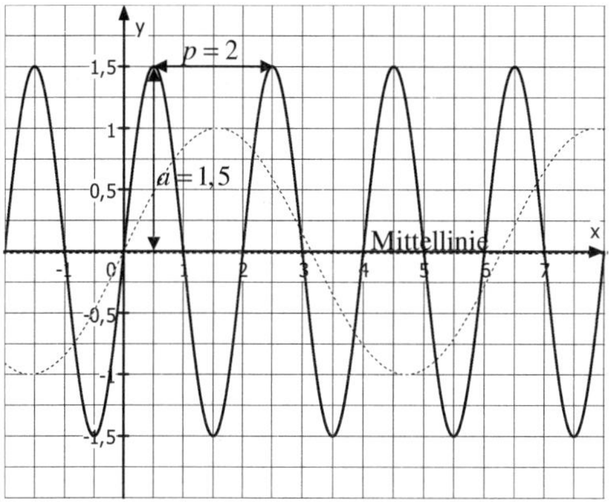

$\Rightarrow f(x) = 1{,}5 \cdot \sin(\pi \cdot x)$

$\left(\text{Alternativ: } f(x) = 1{,}5 \cdot \cos\left(\pi \cdot (x-0{,}5)\right)\right)$

Mit $\boldsymbol{f(x) = a \cdot \sin\left(b \cdot (x-c)\right) + d}$:

- $d = 0$ Mittellinie auf Höhe 0 $\left(\text{oder mit } \frac{1{,}5+(-1{,}5)}{2} = \frac{0}{2} = 0\right)$
- $a = 1{,}5$ max. Abstand von 1,5 zur Mittellinie $\left(\text{oder mit } \frac{1{,}5-(-1{,}5)}{2} = \frac{3}{2}\right)$
- $c = 0$ keine Verschiebung bei sin
- $b = \frac{2\pi}{p} = \frac{2\pi}{2} = \pi$

Tipp

Arbeiten Sie die Koeffizienten in dieser Reihenfolge ab!

Hilfe

Äußere Koeffizienten regeln Eigenschaften, die an der **y - Achse** gemessen werden.

$f(x) = a \cdot \sin\left(b \cdot (x-c)\right) + d$

$f(x) = a \cdot \cos\left(b \cdot (x-c)\right) + d$

Innere Koeffizienten regeln Eigenschaften, die an der **x - Achse** gemessen werden.

3. Anwendungen

Periodische Vorgänge, also Vorgänge, die sich in gleichen Zeitabschnitten wiederholen, werden oft mit trigonometrischen Funktionen modelliert.

1.6 Wurzelfunktion

$f(x)=\sqrt{x}$

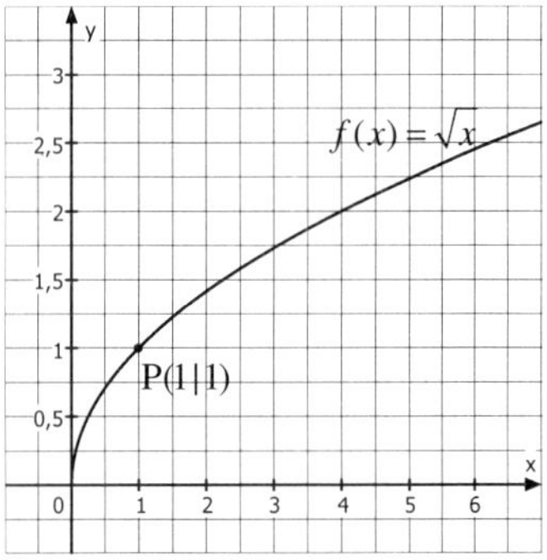

- **Definitionsmenge:** $D=\{x\in\mathbb{R}\,|\,x\geq 0\}$

Es dürfen nur positive x-Werte und der x-Wert 0 selbst eingesetzt werden.
(Aus einer negativen Zahl kann keine Wurzel „gezogen" werden.)

- **Wertemenge:** Man erhält nur positive y-Werte und den y-Wert 0 selbst.

Hinweis

$f(x)=\sqrt{x}$ ist die Umkehrfunktion (s. nächste Seite) zu $g(x)=x^2$ (für $x\geq 0$).

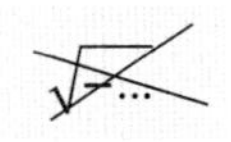

1.7 Natürliche Logarithmusfunktion (nur LK)

Allg. $f(x)=\ln(x)$

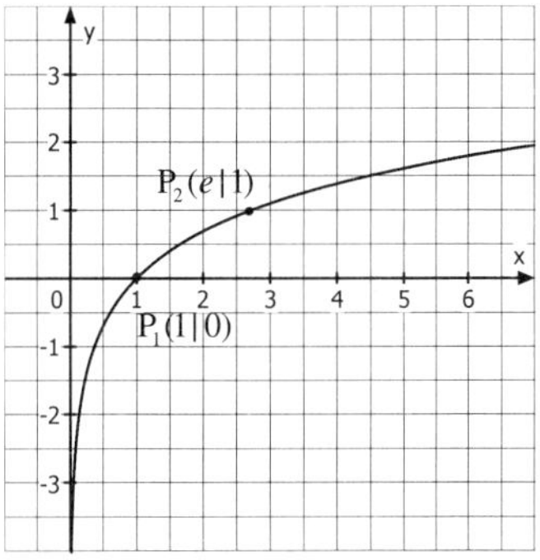

- **Definitionsmenge:** $D=\{x\in\mathbb{R}\,|\,x>0\}$

Es dürfen nur positive x-Werte eingesetzt werden.
(Der Logarithmus ist nur für positive Zahlen definiert.)

- **Wertemenge:** Man erhält alle reellen Zahlen als y-Werte.

Grenzwerte

- Für sehr kleine positive x-Werte streben die y-Werte gegen $-\infty$ (für $x\rightarrow 0$ $(x>0)$ gilt: $f(x)\rightarrow -\infty$).
- Für sehr große positive x-Werte streben die y-Werte gegen $+\infty$ (für $x\rightarrow\infty$ gilt: $f(x)\rightarrow +\infty$).

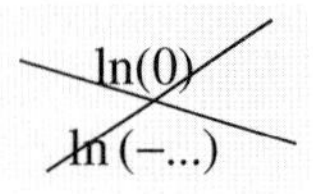

Hinweis

$f(x)=\ln(x)$ ist die Umkehrfunktion (s. nächste Seite) zu $g(x)=e^x$.

1.8 Umkehrfunktion $f^{-1}(x)$

• **Begriffserklärung**

Stellen Sie sich die Wertetabelle zu einer gegebenen Funktion vor. Vertauschen Sie nun gedanklich die x- und y-Werte aller Kurvenpunkte (Beispiel: P(1 | 4) $\to$ P´(4 | 1)).
Das Schaubild welcher Funktion verläuft durch alle Punkte der „neuen" Wertetabelle?
Das Schaubild der zugehörigen Umkehrfunktion!

Beispiel : Umkehrfunktion zu $f(x) = 2x + 2$.

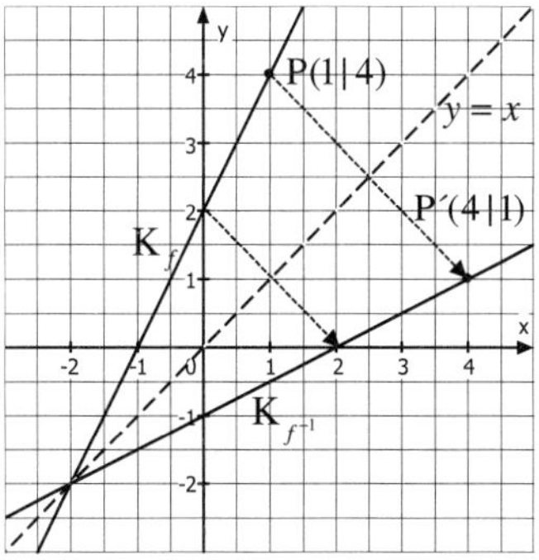

• **Rechnerische Bestimmung**

1. Schritt : Vertauschen von x und y.

$y = 2x + 2$
$x = 2y + 2$

2. Schritt : Auflösen nach y. Ersetzen durch $f^{-1}(x)$.

$x = 2y + 2 \quad |-2$
$x - 2 = 2y \quad |:2$
$0{,}5x - 1 = y \;\Rightarrow\; f^{-1}(x) = 0{,}5x - 1$

• **Grafische Bestimmung**

Spiegelung an der 1.Winkelhalbierenden ($y = x$).

• **Spezielle Umkehrfunktionen**

$f(x) = x^2$ (für $x > 0$) und $f^{-1}(x) = \sqrt{x}$

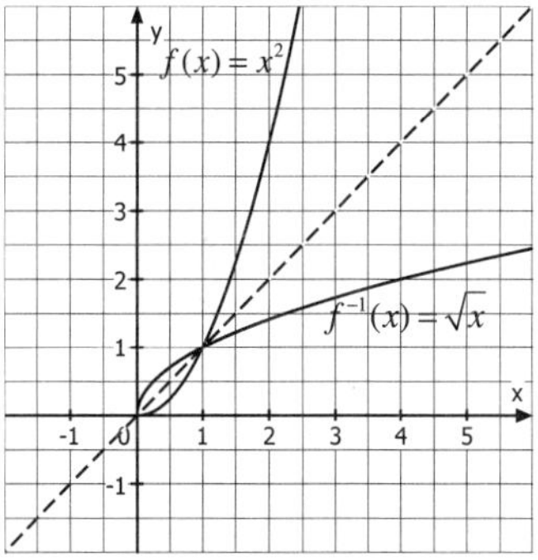

$g(x) = e^x$ und $g^{-1}(x) = \ln(x)$

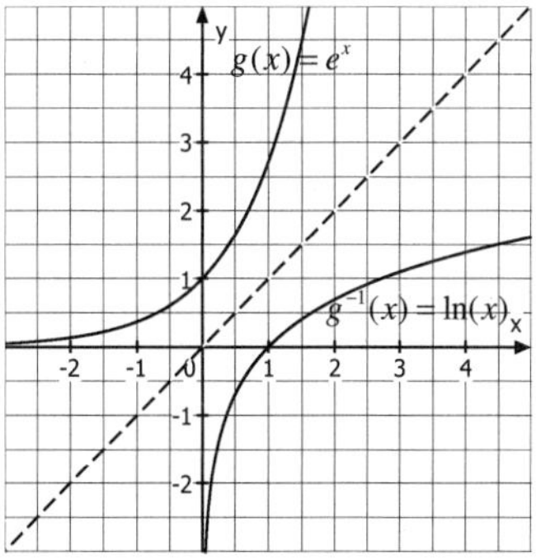

1.9 Übersicht: Spiegeln, Strecken und Verschieben $\quad f(x) \quad \rightarrow$

	Spiegeln an ...		**Strec -**
	... *x* - Achse	**... *y* - Achse**	**... *y* - Richtung**
$f(x)=x^2$	$g(x)=-x^2$ 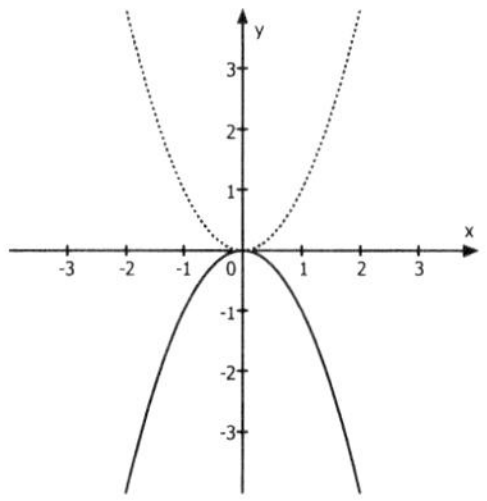	$g(x)=(-x)^2=x^2$ 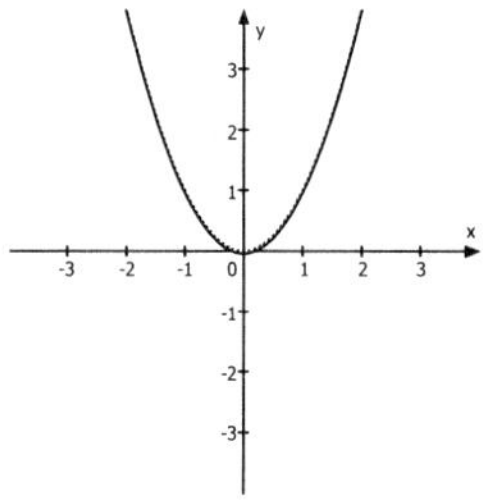	$g(x)=2\cdot x^2$ 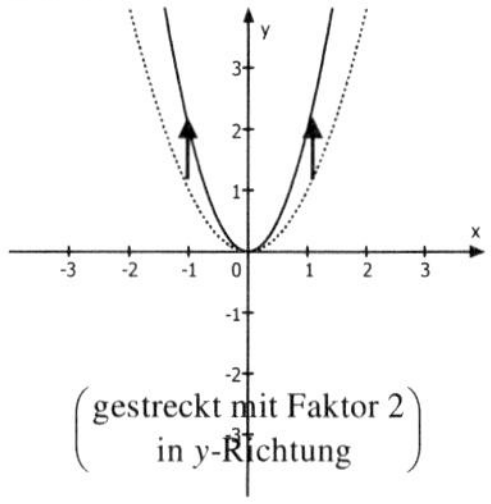 (gestreckt mit Faktor 2 in *y*-Richtung)
$f(x)=e^x$	$g(x)=-e^x$ 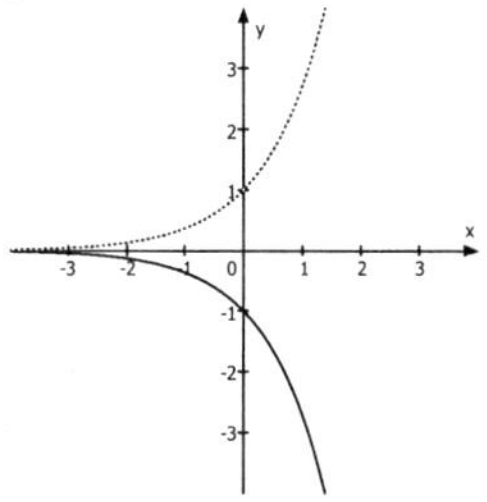	$g(x)=e^{-x}$ 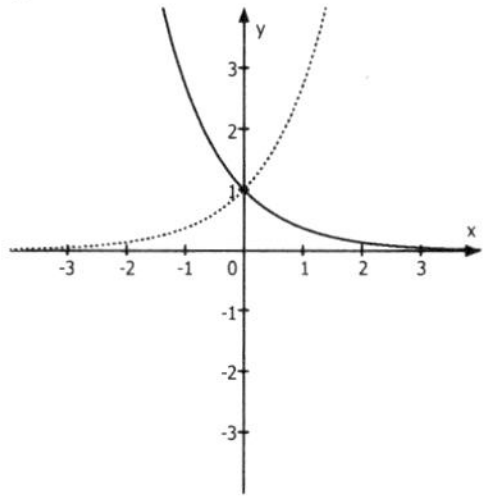	$g(x)=0,5\cdot e^x$ 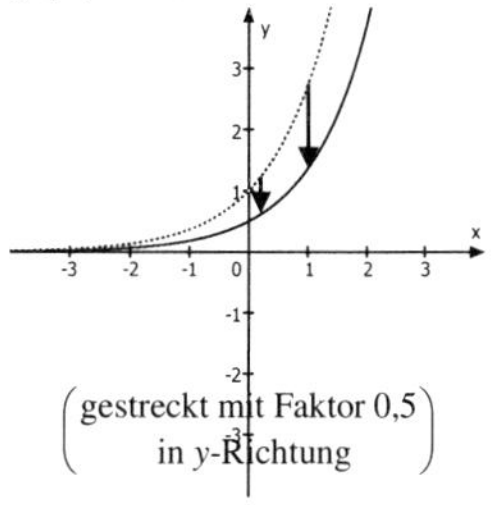 (gestreckt mit Faktor 0,5 in *y*-Richtung)
$f(x)=\sin(x)$	$g(x)=-\sin(x)$ 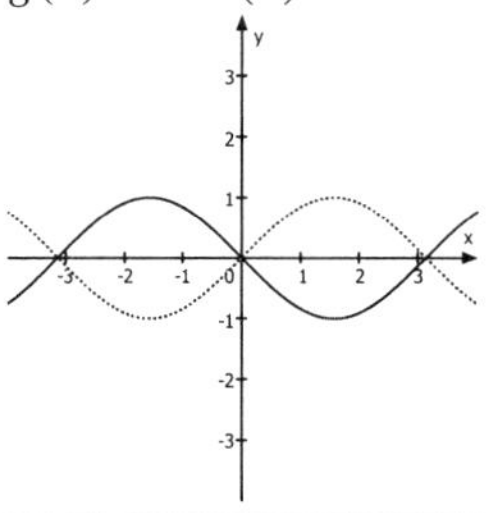	$g(x)=\sin(-x)$ 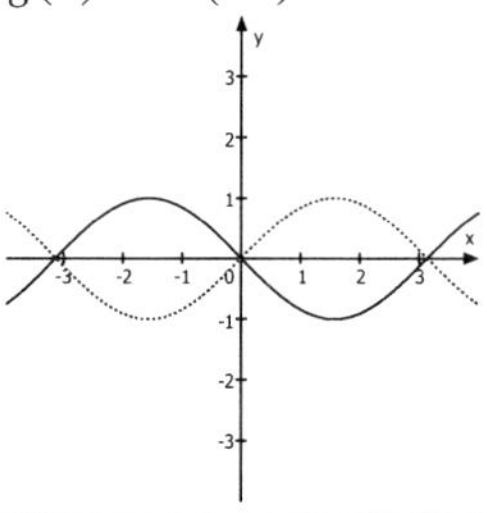	$g(x)=2\cdot\sin(x)$ 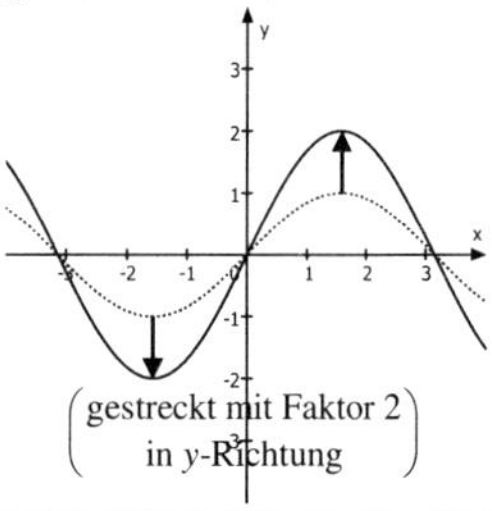 (gestreckt mit Faktor 2 in *y*-Richtung)
	$g(x)=-f(x)$ „ – " vor Funktionsterm	$g(x)=f(-x)$ „*x*" durch „ – *x*" ersetzt	$g(x)=\boldsymbol{a}\cdot f(x)$ Streckung mit Faktor $\|a\|$ in *y*-Richtung

http://frv.tv/1f

$\rightarrow \quad \boldsymbol{g(x) = a \cdot f(b \cdot (x-c)) + d}$

ken in ...	**Verschieben in ...**	
... *x* - Richtung	**... *y* - Richtung**	**... *x* - Richtung**
$g(x) = (2x)^2 = 4x^2$ 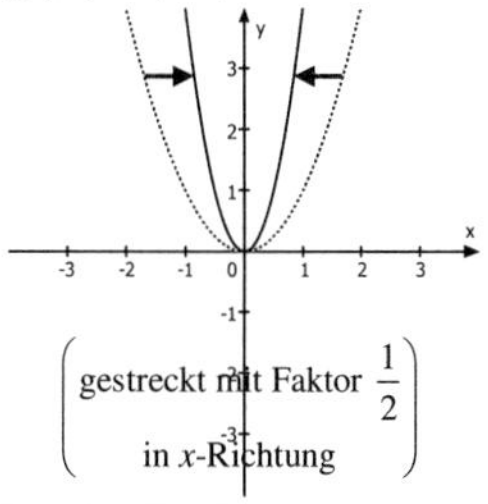 (gestreckt mit Faktor $\frac{1}{2}$ in x-Richtung)	$g(x) = x^2 - 2$ 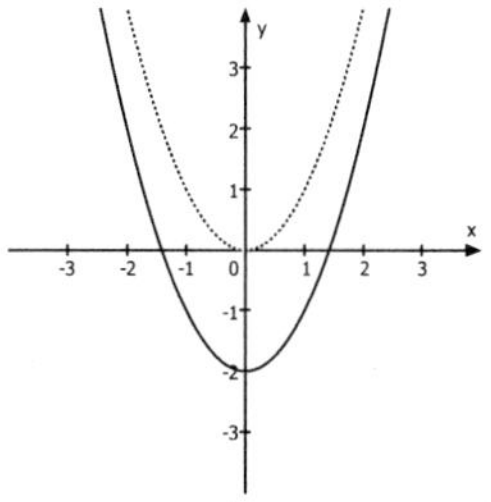	$g(x) = (x-2)^2$ 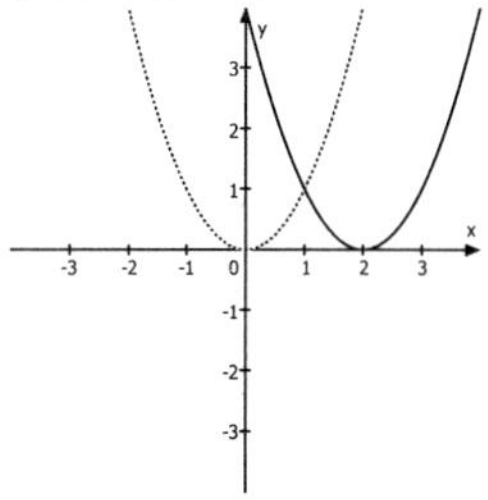
$g(x) = e^{0,5x}$ 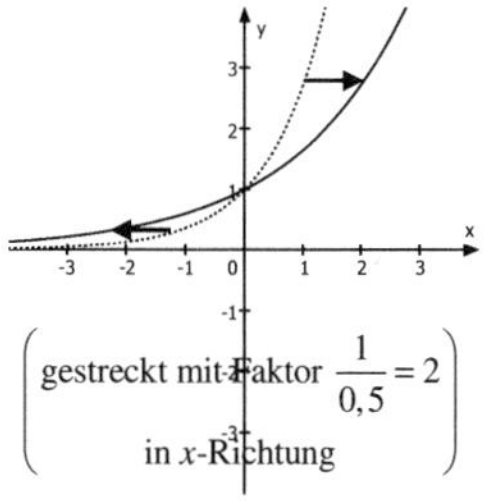 (gestreckt mit Faktor $\frac{1}{0,5} = 2$ in x-Richtung)	$g(x) = e^x + 2$ 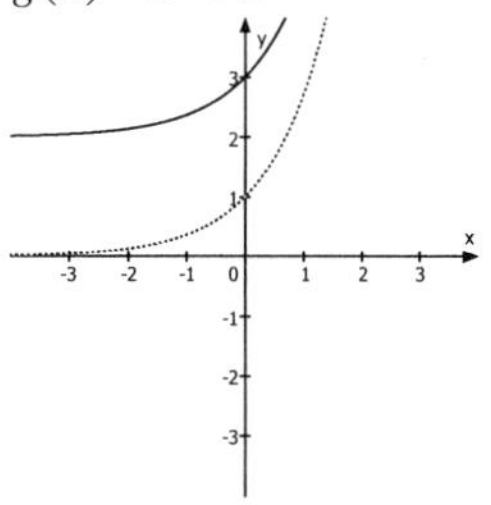	$g(x) = e^{x-2}$ 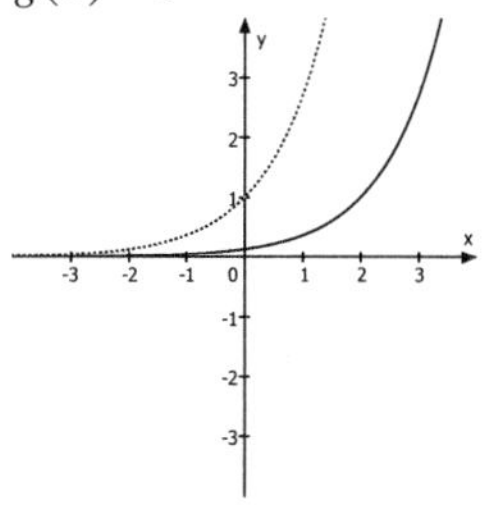
$g(x) = \sin(2x)$ 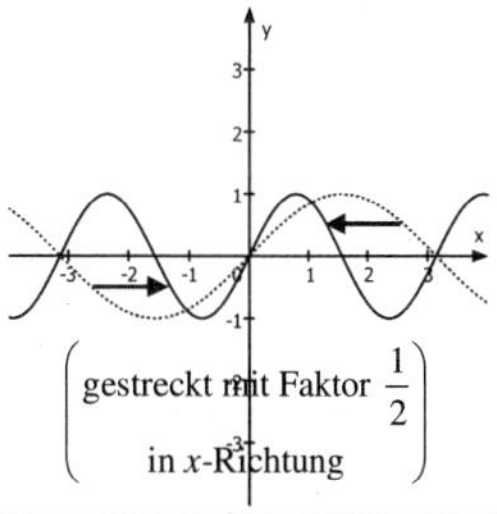 (gestreckt mit Faktor $\frac{1}{2}$ in x-Richtung)	$g(x) = \sin(x) + 2$ 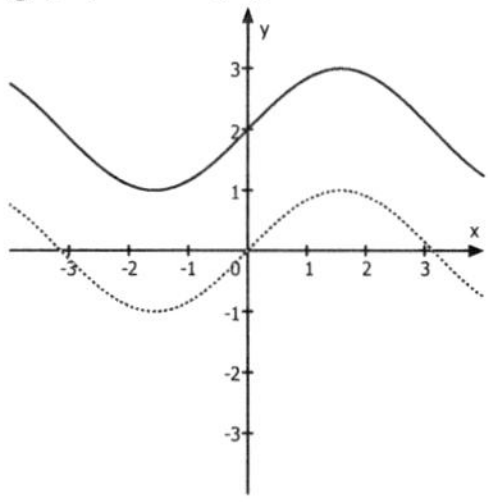	$g(x) = \sin(x+2)$ 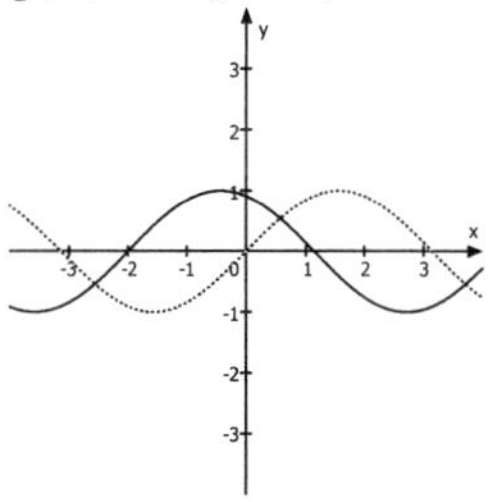
$g(x) = f(\boldsymbol{b} \cdot x)$ Streckung mit Faktor $\frac{\mathbf{1}}{\lvert \boldsymbol{b} \rvert}$ in x-Richtung	$g(x) = f(x) \pm \boldsymbol{d}$ z.B. $\ldots + 2$: Versch. nach oben $\ldots - 2$: Versch. nach unten	$g(x) = f(x \pm \boldsymbol{c})$ z.B. $(x-2)$: V. nach rechts $(x+2)$: V. nach links

1.10 Funktionenscharen

1. Begriffserklärung

Eine Funktionenschar besteht aus vielen einzelnen Funktionen, welche durch eine gemeinsame Schargleichung $f_t(x)$ beschrieben werden können.
Man erhält eine bestimmte Funktion aus der Schar, indem man „ihren“ t-Wert (ihren Parameterwert) in $f_t(x)$ einsetzt.

Beispiel

Gleichung der Funktionenschar: $f_t(x) = x^2 + t \quad (t \in \mathbb{R})$

Einzelne Funktionen hieraus (z.B):

$t = 1$: $f_1(x) = x^2 + 1$

$t = 3$: $f_3(x) = x^2 + 3$

$t = -1$: $f_{-1}(x) = x^2 - 1$

...

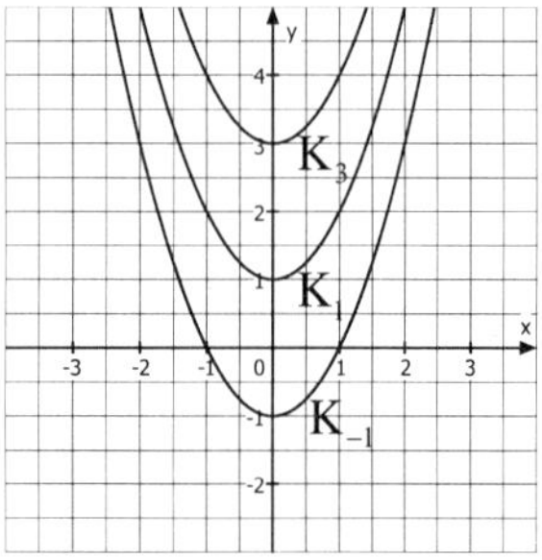

2. Wirkung des Parameters auf die Schaubilder

Wenn eine bestimmte Funktion aus der Schar ausgewählt wird, geschieht dies, indem deren t-Wert in die Schargleichung eingesetzt wird (s.o.). Durch das Einsetzen dieser Zahl bildet sich der spezielle Funktionsterm der ausgewählten Funktion, der sich von allen anderen Funktionen der Schar unterscheidet.
Ebenso unterscheidet sich das Schaubild der ausgewählten Funktion von allen anderen Schaubildern der Schar. Die Art dieses Unterschiedes wird von der Position bestimmt, an welcher der Parameter in der Schargleichung steht.

Beispiele

$f_t(x) = x^2 + t$

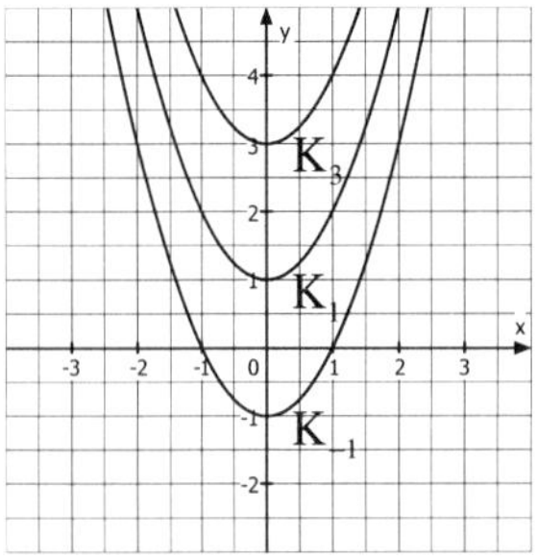

Parameter verschiebt die Schaubilder nach oben bzw. unten

$f_t(x) = tx^2$

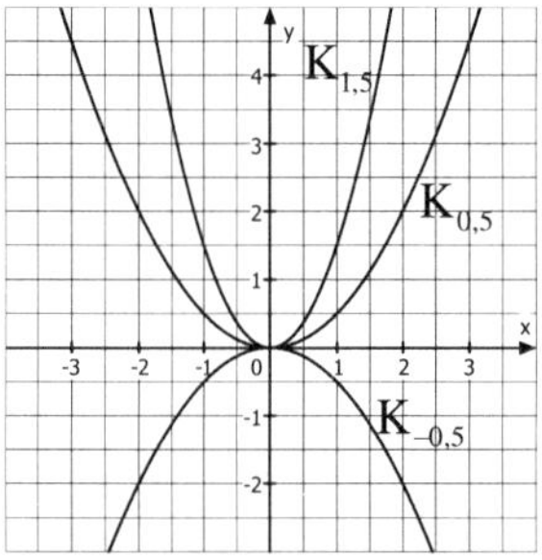

Parameter verändert den Verlauf und die Streckung des Schaubildes in y - Richtung

$f_t(x) = -0,2tx^3 + 0,2t^2x - t$

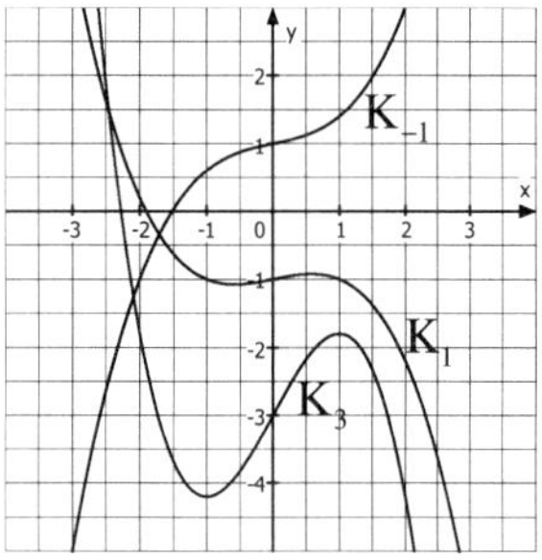

Parameter besitzt eine komplexe Wirkung (u.a. auf Verlauf, Verschiebung, Streckung, ...)

http://frv.tv/5v

3. Umgang mit Funktionenscharen

Dieser ist deutlich schwieriger als der Umgang mit Funktionen, was vor allem an den nachfolgenden Punkten liegt. Diese sollten beachtet werden.

	Funktion $f(x)$	**Funktionenschar $f_t(x)$**
Schaubilder	ein konkretes Schaubild	unendlich viele Schaubilder
Gleichungen	enthalten nur die Variable x: z.B.: $x^2 - 2 = 0$	enthalten weiteren „Buchstaben“: z.B.: $x^2 - 2t = 0$
Interpretation der Ergebnisse	z.B. Schnittpunkt mit x-Achse: $N(2 \mid 0)$; Konkreter Punkt im Koordinatensystem	z.B. Schnittpunkt mit x-Achse: $N_t(2t-1 \mid 0)$; Parameterabhängige „Vorschrift“, die erst durch das Einsetzen von einem t-Wert zu einem konkreten Punkt führt

4. Grundregel für das Rechnen mit Funktionenscharen

Rechnungen mit Funktionenscharen werden meist zunächst allgemein, also ohne das Einsetzen einer Zahl für t, durchgeführt. Dies hat den Vorteil, dass so die Rechenergebnisse für alle Funktionen aus der Schar gelten.
Erst in diese Rechenergebnisse wird dann eine Zahl für t eingesetzt, um ein konkretes Ergebnis für eine einzelne Funktion aus der Schar zu erhalten.
Der Parameter t ist somit lediglich ein „Platzhalter“ für eine einzusetzende Zahl. Deshalb lautet die Grundregel für das Rechnen mit Funktionenscharen:

Grundregel	**Der Parameter (t) wird beim „Rechnen“ stets selbst wie eine Zahl behandelt!**

1.11 Symmetrie zur y-Achse bzw. zum Ursprung

Bei **ganzrationalen Funktionen** kann anhand der **Hochzahlen** (nur **gerade** bzw. **ungerade** Hochzahlen oder gemischt) entschieden werden, ob ein gegebenes Schaubild symmetrisch zur y-Achse bzw. zum Ursprung ist, oder ob keine dieser beiden Symmetriearten vorliegt.

Bei **anderen Funktionstypen** müssen hingegen die **allgemeinen Bedingungen** zur Symmetrieuntersuchung verwendet werden.

1. Allgemeine Bedingung für Achsensymmetrie zur y-Achse: $f(-x) = f(x)$

Bedingung in Worten

An den Stellen x und $-x$ sind die y-Werte gleich groß.

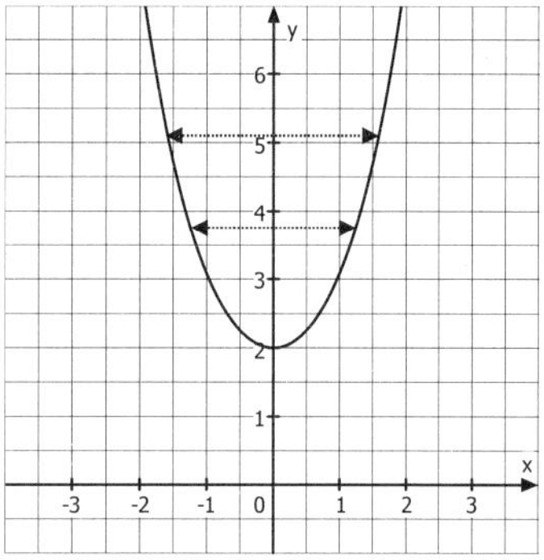

Beispiel

Ist das Schaubild der Funktion f mit $f(x) = e^{-x} + e^{x}$ achsensymmetrisch zur y-Achse?

$$\left.\begin{array}{l} f(-x) = e^{-(-x)} + e^{-x} = \underline{e^{x} + e^{-x}} \\ f(x) = \underline{e^{-x} + e^{x}} \end{array}\right\} \begin{array}{l} \text{Es gilt:} \\ f(-x) = f(x) \end{array}$$

$\Rightarrow$ Somit symmetrisch zur y-Achse!

2. Allgemeine Bedingung für Punktsymmetrie zum Ursprung: $f(-x) = -f(x)$

Bedingung in Worten

An den Stellen x und $-x$ haben die y-Werte den gleichen „Zahlenwert", jedoch mit verschiedenen Vorzeichen. Mit dem Minuszeichen vor $f(x)$ sind die Werte gleich.

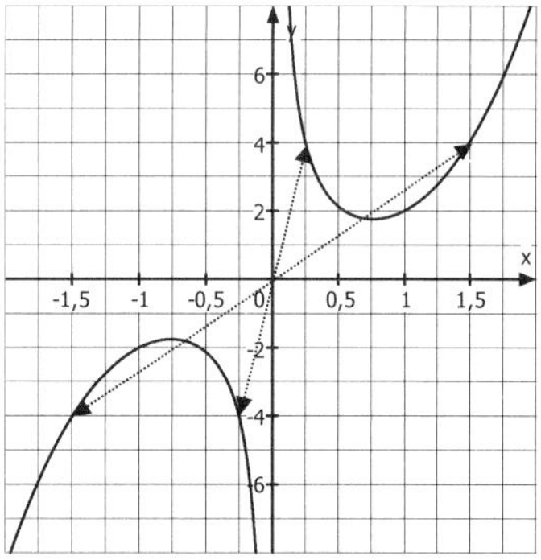

Beispiel

Ist das Schaubild der Funktion f mit $f(x) = x^3 + \frac{1}{x}$ punktsymmetrisch zum Ursprung?

$$\left.\begin{array}{l} f(-x) = (-x)^3 + \frac{1}{-x} = \underline{-x^3 - \frac{1}{x}} \\ -f(x) = -\left(x^3 + \frac{1}{x}\right) = \underline{-x^3 - \frac{1}{x}} \end{array}\right\} \begin{array}{l} \text{Es gilt:} \\ f(-x) = -f(x) \end{array}$$

$\Rightarrow$ Somit punktsymmetrisch zum Ursprung!

http://frv.tv/1h

1.12 Abschnittsweise definierte Funktionen

Funktionen, die aus mehreren Teilfunktionen zusammengesetzt sind, welche jeweils in einem bestimmten Abschnitt gelten, nennt man abschnittsweise definiert.

Beispiel

$$f(x)=\begin{cases} 2x^2 & \text{für} \quad x<0 \\ 0{,}25x & \text{für} \quad 0\le x\le 4 \\ \cos\big(2(x-4)\big) & \text{für} \quad x>4 \end{cases}$$

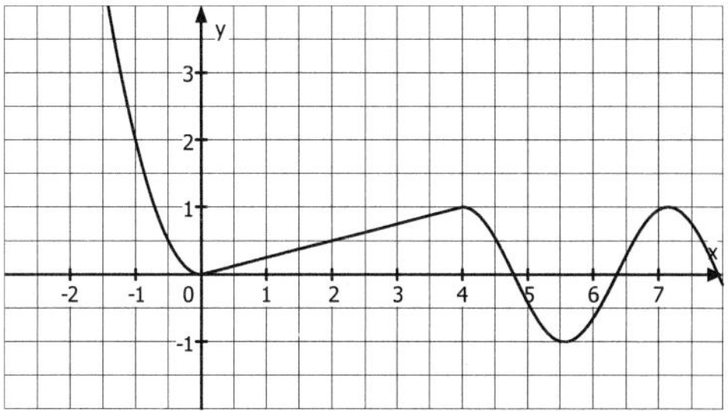

Allgemein

$$f(x)=\begin{cases} \textit{Funktion 1} & \text{für} \quad \textit{zugehörige x-Werte} \\ \textit{Funktion 2} & \text{für} \quad \textit{zugehörige x-Werte} \\ \textit{Funktion 3} & \text{für} \quad \textit{zugehörige x-Werte} \end{cases}$$

Anwendung

Nebenstehend ist die übliche „Mathe-Motivationskurve“ von Schülern in der Zeit vor, während und nach dem Matheabitur dargestellt.

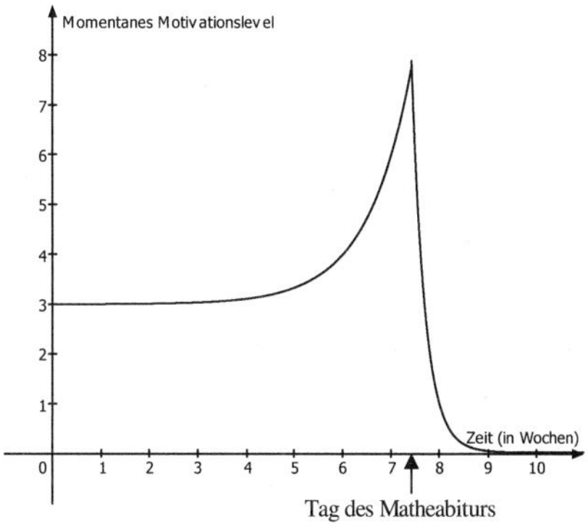

1.13 Umgang mit Funktionen: Rechenansätze

Aufgabenstellung	Rechenansatz
y-Wert bei $x=2$?	$\boldsymbol{f(2)=...}$ (x*-Wert einsetzen, ausrechnen*)
Schnittpunkt mit y-Achse?	$\boldsymbol{f(0)=...}$ (*0 für x einsetzen, ausrechnen*)
x-Wert bei $y=5$?	$\boldsymbol{f(x)=5}$ (*$f(x)$ gleich y-Wert setzen, Gleichung lös.*)
Schnittpunkt mit x-Achse?	$\boldsymbol{f(x)=0}$ (*$f(x)$ gleich 0 setzen, Gleichung lösen*)
Liegt $P(2\,\|\,3)$ auf K_f?	$\boldsymbol{f(2)=3}$ (Punktprobe: *x- und y-Wert einsetzen*)
Schnittpunkt von K_f mit K_g?	$\boldsymbol{f(x)=g(x)}$ (*gleichsetzen, Gleichung lösen*)

2. Gleichungen

2.1 Gleichungstypen: Übersicht

	Typ 1	**Typ 2**
Gleichung 1. Grades (linear) (S. 28)	$2x-4=0$	
Gleichung 2. Grades (quadratisch) (S. 28)	$2x^2-4=0$	$2x^2-4x=0$
Gleichung 3. Grades (S. 28)	$2x^3-4=0$	$2x^3-4x=0$
Gleichung 4. Grades (S. 28)	$2x^4-4=0$	$2x^4-4x=0$
Exponentialgleichung (S. 28)	$e^x=0{,}5$ oder $e^{2x-1}=0{,}5$	$2e^{2x}-e^x=0$
Sinusgleichung (S. 32)	$\sin(x)=0{,}5$	$\left(\sin(x)\right)^2-0{,}5\sin(x)=0$
Kosinusgleichung (S. 32)	$\cos(x)=0{,}5$	$\left(\cos(x)\right)^2-0{,}5\cos(x)=0$
Logarithmusgleichung (S. 34) **(nur LK)**	$2\ln(x)-1=5$	
Wurzelgleichung (S. 34)	$\sqrt{x}-1=1$	
Merkmal	umformbar auf $\left\{\begin{matrix} x \\ x^2 \\ x^3 \\ x^4 \\ e^x \text{ oder } e^{\text{„nicht nur } x\text{"}} \\ \sin(x) \\ \cos(x) \\ \ln(x) \\ \sqrt{x} \end{matrix}\right\} = \text{Zahl}$	Alle Summanden enthalten mindestens x (bzw. $e^x/\sin(x)/\cos(x)$). Kein Summand besteht nur aus einer „Zahl". Somit kann „etwas mit x" ausgeklammert werden.
Lösungsvorgehen	**Gegenoperation** $\left\{\begin{matrix} : \\ \sqrt{\ } \\ \sqrt[3]{\ } \\ \sqrt[4]{\ } \\ \ln \\ \sin^{-1} \\ \cos^{-1} \\ e^{\cdots} \\ (...)^2 \end{matrix}\right\}$	(evtl.) Ausklammern; **Satz vom Nullprodukt**

http://frv.tv/3m

Typ 3	**Typ 4**
$x^2 - 8x + 15 = 0$	
	$x^4 - 8x^2 + 15 = 0$
	$e^{2x} - 8e^x + 15 = 0$
umformbar auf $\ldots x^2 + \ldots x + \ldots = 0$	$\left.\begin{cases} \ldots x^4 + \ldots x^2 + \ldots \\ \ldots e^{2x} + \ldots e^x + \ldots \end{cases}\right\} = 0$
abc - bzw. **pq - Formel**	**Substitution führt auf** $\boldsymbol{\ldots u^2 + \ldots u + \ldots = 0}$; abc- bzw. pq-Formel; **Rücksubstitution**

Bruchgleichung
$\frac{3x^2 - 6x}{x - 2} = 0$ Kein eigener Gleichungstyp: „Durchmultiplizieren“ mit dem Hauptnenner führt stets auf einen der Gleichungstypen 1 bis 4. (S. 33)

2.2 Gleichungstypen: Konkretes Lösungsvorgehen

1. Polynomgleichungen

Typ 1 **Gegenoperation**	**Typ 2** **Satz vom Nullprodukt**	**Typ 3** **abc -** bzw. **pq - Formel**
$2x-4=0 \quad \mid +4$ $2x=4 \quad \mid :2$ $x=2$		
$2x^2-4=0 \quad \mid +4$ $2x^2=4$ $x^2=2 \quad \mid \sqrt{\ }$ $x_1=\sqrt{2}\approx 1{,}41$ $x_2=-\sqrt{2}\approx -1{,}41$	$2x^2-4x=0$ $x\cdot(2x-4)=0$ **S. v. Nullpr.** $x_1=0 \qquad 2x-4=0$ $2x=4$ $x_2=2$	$x^2-8x+15=0$ mit **abc - Formel**: $(a=1;\ b=-8;\ c=15)$ $x_{1/2}=\frac{-b\pm\sqrt{b^2-4ac}}{2a}$ $=\frac{8\pm\sqrt{8^2-4\cdot 15}}{2}$ $=\frac{8\pm 2}{2}$ $x_1=5; \qquad x_2=3$ oder mit **pq - Formel**: $x_{1/2}=-\frac{p}{2}\pm\sqrt{\left(\frac{p}{2}\right)^2-q}$ (*Bei dieser Formel muss vor dem x^2 stets eine $+1$ stehen!*)
$2x^3-4=0$ $2x^3=4$ $x^3=2 \quad \mid \sqrt[3]{\ }$ $x=\sqrt[3]{2}$ $x\approx 1{,}26$	$2x^3-4x=0$ $x\cdot(2x^2-4)=0$ **S. v. Nullpr.** $x_1=0 \qquad 2x^2-4=0$ $2x^2=4$ $x^2=2 \quad \mid \sqrt{\ }$ $x_2=\sqrt{2}\approx 1{,}41$ $x_3=-\sqrt{2}\approx -1{,}41$	

http://frv.tv/1j

Typ 1 **Gegenoperation**	**Typ 2** **Satz vom Nullprodukt**	**Typ 4** **Substitution führt zu** $\ldots u^2 + \ldots u + \ldots = 0$
$2x^4 - 4 = 0 \quad \vert +4$ $2x^4 = 4 \quad \vert :2$ $x^4 = 2 \quad \vert \sqrt[4]{\ }$ $x_1 = \sqrt[4]{2} \approx 1{,}19$ $x_2 = -\sqrt[4]{2} \approx -1{,}19$	$2x^4 - 4x = 0$ $x \cdot \left(2x^3 - 4\right) = 0$ **S. v. Nullpr.** $x_1 = 0 \qquad 2x^3 - 4 = 0$ $2x^3 = 4$ $x^3 = 2$ $x_2 = \sqrt[3]{2}$ $x_2 \approx 1{,}26$	$x^4 - 8x^2 + 15 = 0$ **Substitution :** $\left(x^4 = u^2;\ x^2 = u\right)$ $u^2 - 8u + 15 = 0$ $u_{1/2} = \frac{8 \pm \sqrt{8^2 - 4 \cdot 15}}{2}$ (abc-Formel) $= \frac{8 \pm 2}{2}$ $u_1 = 5; \qquad u_2 = 3$ **Rücksubstitution :** $x^2 = 5 \qquad x^2 = 3$ $x_1 = \sqrt{5} \approx 2{,}34 \qquad x_3 = \sqrt{3} \approx 1{,}73$ $x_2 = -\sqrt{5} \approx -2{,}34 \qquad x_4 = -\sqrt{3} \approx -1{,}73$

2. Exponentialgleichungen

Typ 1 **Gegenoperation**	**Typ 2** **Satz vom Nullprodukt**	**Typ 4** **Substitution führt zu** $\ldots u^2 + \ldots u + \ldots = 0$
$e^x = 0{,}5 \quad \vert \ln$ $x = \ln(0{,}5)$ $x \approx -0{,}69$ oder $e^{2x-1} = 0{,}5 \quad \vert \ln$ $2x - 1 = \ln(0{,}5) \quad \vert +1$ $2x = \ln(0{,}5) + 1 \quad \vert :2$ $x = \frac{\ln(0{,}5) + 1}{2}$ $x \approx 0{,}153$	$2e^{2x} - e^x = 0$ $e^x \cdot (2e^x - 1) = 0$ **S. v. Nullpr.** $e^x = 0 \qquad 2e^x - 1 = 0$ $x = \ln(0) \qquad e^x = 0{,}5$ keine Lösung $\qquad x = \ln(0{,}5)$ $x \approx -0{,}69$	$e^{2x} - 8e^x + 15 = 0$ **Substitution :** $\left(e^{2x} = u^2;\ e^x = u\right)$ $u^2 - 8u + 15 = 0$ $u_{1/2} = \frac{8 \pm \sqrt{8^2 - 4 \cdot 15}}{2}$ (abc-F.) $= \frac{8 \pm 2}{2}$ $u_1 = 5; \qquad u_2 = 3$ **Rücksubstitution :** $e^x = 5 \qquad e^x = 3$ $x_1 = \ln(5) \approx 1{,}6 \qquad x_2 = \ln(3) \approx 1{,}1$

3. Trigonometrische Gleichungen

Vorgehen und Erklärung am Beispiel

Sinusgleichung $\sin(x) = 0,5$	**Kosinusgleichung** $\cos(x) = 0,5$

1. Schritt: x_1 durch TR (Einstellung: *rad*)	
$\sin(x) = 0,5 \quad \vert \sin^{-1}$ $x = \sin^{-1}(0,5)$ $x_1 = \frac{1}{6}\pi \approx 0,52$	$\cos(x) = 0,5 \quad \vert \cos^{-1}$ $x = \cos^{-1}(0,5)$ $x_1 = \frac{1}{3}\pi \approx 1,05$

2. Schritt: x_2 aus x_1 berechnen	
$x_2 = \boldsymbol{\pi} - x_1 \approx \boldsymbol{\pi} - 0,52 \approx 2,62$	$x_2 = \boldsymbol{2\pi} - x_1 \approx \boldsymbol{2\pi} - 1,05 \approx 5,23$

Erklärung

In den unten stehenden Koordinatensystemen werden die Gleichungen $\sin(x) = 0,5$ und $\cos(x) = 0,5$ veranschaulicht.

Jeder x-Wert, welcher eine Lösung der Gleichung $\sin(x) = 0,5$ darstellt, muss beim Schaubild der Sinusfunktion zum y-Wert 0,5 führen. Bei $x_1 \approx 0,52$, der ersten Lösung der Gleichung, erreicht das Schaubild der Sinusfunktion diesen y-Wert. Bevor das Schaubild bei $x = \pi$ die x-Achse durchquert, erreicht es jedoch abermals, beim gesuchten x-Wert x_2, den y-Wert $0,5$.

Aufgrund der Achsensymmetrie des Schaubildes muss der Abstand zwischen x_2 und π dem Abstand zwischen 0 und x_1 entsprechen und damit x_1 bzw. 0,52 betragen.

Hierdurch kann x_2 errechnet werden: $x_2 = \boldsymbol{\pi} - x_1 \approx \boldsymbol{\pi} - 0,52 \approx 2,62$.

Im Unterschied hierzu führt die Achsensymmetrie des Schaubildes der Kosinusfunktion dazu, dass x_2 errechnet werden kann, indem x_1 von 2π subtrahiert wird: $x_2 = \boldsymbol{2\pi} - x_1$.

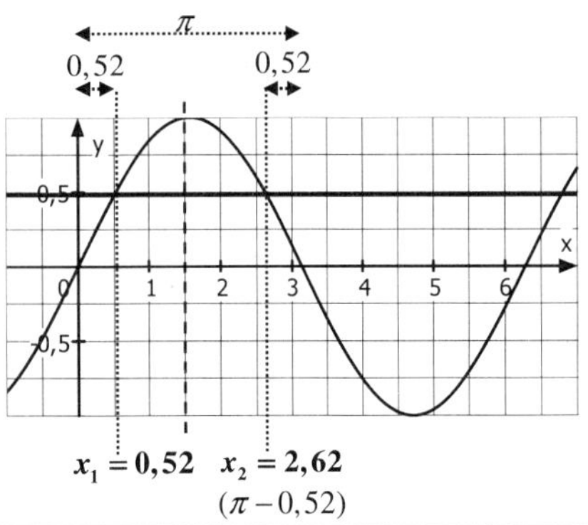

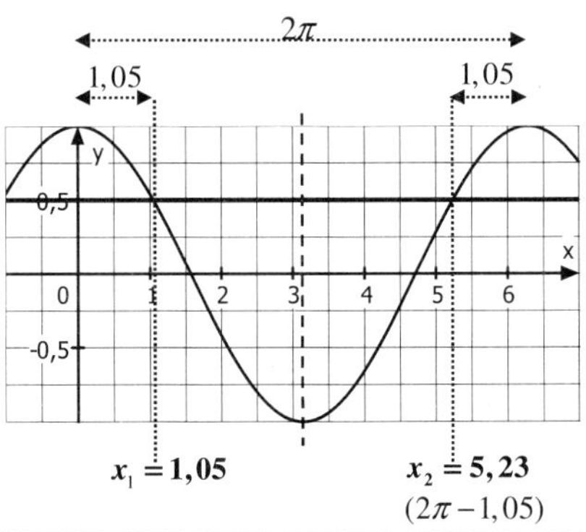

http://frv.tv/1k

3. Schritt : Alle Lösungen der Gleichung beschreiben	
$x \approx 0{,}52 + k \cdot 2\pi$ und $x \approx 2{,}62 + k \cdot 2\pi$ (mit $k = \ldots, -1, 0, 1, 2, \ldots$, also $k \in \mathbb{Z}$)	$x \approx 1{,}05 + k \cdot 2\pi$ und $x \approx 5{,}23 + k \cdot 2\pi$ (mit $k = \ldots, -1, 0, 1, 2, \ldots$, also $k \in \mathbb{Z}$)

Erklärung (Am Beispiel: $\sin(x) = 0{,}5$)

Das Schaubild einer Sinus- oder Kosinusfunktion besitzt eine Periodenlänge von 2π ($\approx 6{,}3$). Nach dem Durchlaufen einer Periode wiederholt sich stets ihr Ablauf.
Das Schaubild der Sinusfunktion erreicht beim x-Wert von 0,52 den y-Wert 0,5. 0,52 stellt also die erste Lösung der Gleichung dar. Eine Periode „später“, beim x-Wert von $0{,}52 + 1 \cdot 2\pi$ ($\approx 6{,}8$) erreicht das Schaubild jedoch ebenfalls diesen y-Wert. Damit ist 6,8 eine weitere Lösung der Gleichung.
Ebenso gelangt man zu einer weiteren Lösung, indem man beispielsweise 4 Periodenlängen subtrahiert und beim x-Wert $0{,}52 - 4 \cdot 2\pi \approx -24{,}61$ landet.
Insgesamt gesehen erhält man aus den beiden Basislösungen $x_1 \approx 0{,}52$ und $x_2 \approx 2{,}62$ alle weiteren Lösungen, indem man zu diesen schlicht eine beliebige Anzahl von Periodenlängen (2π) addiert oder subtrahiert, was mathematisch durch $x \approx 0{,}52 + k \cdot 2\pi$ bzw. $x \approx 2{,}62 + k \cdot 2\pi$ ausgedrückt wird.
k kann alle positiven und negativen ganzen Zahlen annehmen und steht für die Anzahl der addierten oder subtrahierten Periodenlängen.

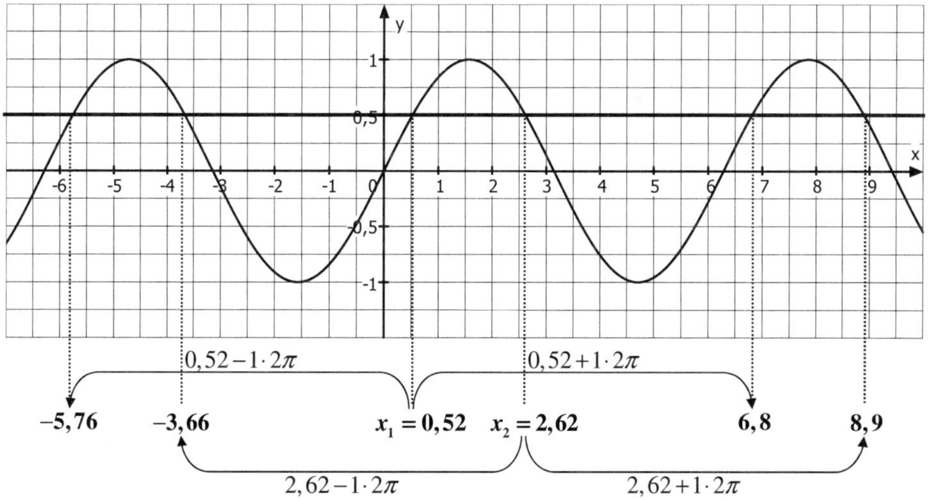

Konkretes Lösungsvorgehen bei trigonometrischen Gleichungen

Das Vorgehen zur Lösung von Sinus- und Kosinusgleichungen erfolgt weitgehend analog. Ein grundsätzlicher Unterschied besteht lediglich im 2. Schritt bei der Berechung von x_2. Deshalb werden hier die verschiedenen Gleichungstypen nur anhand von Sinusgleichungen dargestellt.

Typ 1 **Gegenoperation**	**Typ 2** **Satz vom Nullprodukt**
$\sin(x) = 0,5 \quad \mid \sin^{-1}$ $x = \sin^{-1}(0,5)$ $x_1 = \frac{1}{6}\pi$ $x_2 = \pi - x_1 = \pi - \frac{1}{6}\pi = \frac{5}{6}\pi$ alle Lösungen: $x = \frac{1}{6}\pi + k \cdot 2\pi$ und (mit $k = ..., -1, 0, 1, 2, ...$) $x = \frac{5}{6}\pi + k \cdot 2\pi$	$\left(\sin(x)\right)^2 - 0,5\sin(x) = 0$ $\sin(x) \cdot \left(\sin(x) - 0,5\right) = 0$ **S. v. Nullpr.** $\sin(x) = 0 \qquad \sin(x) - 0,5 = 0 \quad \mid +0,5$ $x = \sin^{-1}(0) \qquad \sin(x) = 0,5 \quad \mid \sin^{-1}$ $x_1 = 0 \qquad x = \sin^{-1}(0,5)$ $x_2 = \pi - 0 = \pi \qquad x_3 = \frac{1}{6}\pi$ $x_4 = \pi - \frac{1}{6}\pi = \frac{5}{6}\pi$ alle Lösungen: $x = 0 + k \cdot 2\pi \qquad x = \frac{1}{6}\pi + k \cdot 2\pi$ und $x = \pi + k \cdot 2\pi \qquad x = \frac{5}{6}\pi + k \cdot 2\pi$ (mit $k = ..., -1, 0, 1, 2, ...$)

Einziger Unterschied

Sinusgleichung: $\boldsymbol{x_2 = \pi - x_1}$

Kosinusgleichung: $\boldsymbol{x_2 = 2\pi - x_1}$

http://frv.tv/11

4. Bruchgleichungen

Beispiel 1

$$\frac{3x^2-6x}{x-2}=0$$

1. Definitionsmenge bestimmen („Nenner = 0“)

$$x-2=0 \quad | +2$$
$$x=2$$

$D=\mathbb{R} \setminus \{2\}$

2. Lösen der Gleichung

$$\frac{3x^2-6x}{x-2}=0 \quad | \cdot (x-2)$$
$$3x^2-6x=0 \; (\textit{Gleichung 2. Grad, Typ 2})$$
$$x\cdot(3x-6)=0$$

S. v. Nullpr.

$$x_1=0 \qquad 3x-6=0 \quad |+6$$
$$3x=6 \quad |:2$$
$$x_2=2$$

3. Lösungsmenge notieren

$L=\{0\}$

($x_2=2$ nicht, da nicht in D)

Beispiel 2

$$\frac{x+1}{x}=\frac{-x}{x-1}$$

1. Definitionsmenge bestimmen

$$x=0 \quad \text{bzw.} \quad x-1=0 \quad |+1$$
$$x=1$$

$D=\mathbb{R} \setminus \{0;\, 1\}$

2. Lösen der Gleichung

$$\frac{x+1}{x}=\frac{-x}{x-1} \quad | \cdot x\cdot(x-1)$$
$$(x+1)\cdot(x-1)=-x\cdot x$$
$$x^2-1=-x^2 \quad |+1+x^2$$
$$2x^2=1 \; (\textit{Gleichung 2. Grad, Typ 1})$$
$$x^2=\frac{1}{2} \quad | \sqrt{}$$
$$x_{1/2}=\pm\sqrt{\frac{1}{2}}\approx \pm 0,707$$

3. Lösungsmenge notieren

$$L=\left\{-\sqrt{\frac{1}{2}};\sqrt{\frac{1}{2}}\right\}$$

Hinweise

- „Durchmultiplizieren“ mit dem Hauptnenner führt stets auf einen der bekannten Gleichungstypen 1 bis 4. Deshalb stellen Bruchgleichungen selbst auch keinen „eigenen Gleichungstyp“ dar.

- x-Werte, welche im Nennerterm der Ausgangsgleichung zu einem Wert von 0 führen, gehören nicht zur Definitionsmenge der Gleichung und dürfen damit nicht in diese eingesetzt werden (da man sonst durch 0 teilen würde). Ein solcher x-Wert kann demnach auch nicht Lösung der Gleichung sein (siehe Beispiel 1).

Bruchgleichungen
Eine Nullstelle des Nenners kann nicht Lösung sein.

http://frv.tv/1m

5. Logarithmusgleichungen (nur LK)

Typ 1
Gegenoperation

Beispiel 1

$$2\ln(x)-1=5 \quad |+1$$
$$2\ln(x)=6 \quad |:2$$
$$\ln(x)=3 \quad |e^{\cdots}$$
$$\left(e^{\ln(x)}=e^{3}\right)$$
$$x=e^{3}$$
$$x\approx 20{,}09$$

Beispiel 2

$$\ln(x-1)-1=0 \quad |+1$$
$$\ln(x-1)=1 \quad |e^{\cdots}$$
$$\left(e^{\ln(x-1)}=e^{1}\right)$$
$$x-1=e \quad |+1$$
$$x=e+1$$
$$x\approx 3{,}72$$

6. Wurzelgleichungen

Typ 1
Gegenoperation

Beispiel 1

$$\sqrt{x}-1=1 \quad |+1$$
$$\sqrt{x}=2 \quad |(...)^2$$
$$x=4$$

Probe: $\sqrt{4}-1=1$
$2-1=1$
$1=1$

Lösung: $x=4$

Beispiel 2

$$\sqrt{x+4}+2=x \quad |-2$$
$$\sqrt{x+4}=x-2 \quad |(...)^2$$
$$x+4=(x-2)^2 \quad \text{(1. Binom. Formel)}$$
$$x+4=x^2-4x+4 \quad |-x-4$$
$$0=x^2-5x$$
$$0=x\cdot(x-5)$$

S. v. Nullpr.

$x_1=0 \qquad x-5=0$
$\qquad\qquad x_2=5$

Probe:

$\sqrt{0+4}+2=0$	$\sqrt{5+4}+2=5$
$2+2=0$	$\sqrt{9}+2=5$
$4\neq 0$	$3+2=5$
(„Scheinlösung“)	$5=5$

Lösung: $x=5$

Wurzelgleichungen
Immer eine Probe machen!
(um „Scheinlösungen“ auszuschließen)

2.3 Zusatz: Polynomdivision

Beispiel 1

A1 B1 C1

$$(x^3 + 3x^2 - x - 3) : (x-1) = x^2 + 4x + 3$$

$$
\begin{array}{ll}
\text{A2} & -(x^3 - x^2) \\
\text{A3} & 4x^2 - x \\
\text{B2} & -(4x^2 - 4x) \\
\text{B3} & 3x - 3 \\
\text{C2} & -(3x-3) \\
\text{C3} & 0
\end{array}
$$

A1 Dividieren	$x^3 : x = x^2$
A2 Multiplizieren	$x^2 \cdot (x-1) = x^3 - x^2$
A3 Subtrahieren	$x^3 + 3x^2 - (x^3 - x^2) = 4x^2$

$-x$ herunterholen

B1 Dividieren	$4x^2 : x = 4x$
B2 Multiplizieren	$4x \cdot (x-1) = 4x^2 - 4x$
B3 Subtrahieren	$4x^2 - x - (4x^2 - 4x) = 3x$

-3 herunterholen

C1 Dividieren	$3x : x = 3$
C2 Multiplizieren	$3 \cdot (x-1) = 3x - 3$
C3 Subtrahieren	$3x - 3 - (3x-3) = 0$

Hinweise

- **Dividieren:** Nur die beiden vorderen (linken) Summanden durcheinander dividieren.
- **Multiplizieren:** Ergebnis aus Schritt „Dividieren“ mit Klammer multiplizieren.
- **Subtrahieren:** Klammer setzen und dann Vorzeichen beachten.

Um die Polynomdivision anwenden zu können, muss jedoch **eine Lösung** der Gleichung **bekannt** sein. Diese erhält man oftmals durch **Erraten** (indem man Werte einsetzt und auf eine wahre Aussage hofft). Dann wird das Polynom durch (x–„erratene Lösung“) geteilt.

Beispiel 2

Gleichung: $x^3 - x^2 - 22x + 40 = 0$

Lösung erraten: $x_1 = 2$

$(2^3 - 2^2 - 22 \cdot 2 + 40 = 0)$

Polynomdivision

$$
\begin{array}{l}
(x^3 - x^2 - 22x + 40) : (x-2) = x^2 + x - 20 \\
-(x^3 - 2x^2) \\
\quad x^2 - 22x \\
\quad -(x^2 - 2x) \\
\qquad -20x + 40 \\
\qquad -(-20x + 40) \\
\qquad\qquad 0
\end{array}
$$

Lösen der Folgegleichung $x^2 + x - 20 = 0$ durch abc- bzw. pq-Formel ergibt die weiteren Lösungen $x_2 = 4$ und $x_3 = -5$.

Beispiel 3

Gleichung: $2x^3 - 26x - 24 = 0$

Lösung erraten: $x_1 = -1$

$(2 \cdot (-1)^3 - 26 \cdot (-1) - 24 = 0)$

Polynomdivision

$$
\begin{array}{l}
(2x^3 + \mathbf{0}x^2 - 26x - 24) : (x+1) = 2x^2 - 2x - 24 \\
-(2x^3 + 2x^2) \\
\quad -2x^2 - 26x \\
\quad -(-2x^2 - 2x) \\
\qquad -24x - 24 \\
\qquad -(-24x - 24) \\
\qquad\qquad 0
\end{array}
$$

Lösen der Folgegleichung $2x^2 - 2x - 24 = 0$ durch abc- bzw. pq-Formel ergibt die weiteren Lösungen $x_2 = 4$ und $x_3 = -3$.

http://frv.tv/3n

2.4 Lineare Gleichungssysteme

1. Lösungsvorgehen (an Beispielen)

Beispiel 1

$$\begin{aligned} 2x_1 + x_2 + x_3 &= 5 \\ -2x_1 + 3x_3 &= -1 \\ 2x_1 + 2x_2 - 2x_3 &= 2 \end{aligned}$$

$$\left(\begin{array}{ccc|c} 2 & 1 & 1 & 5 \\ -2 & 0 & 3 & -1 \\ 2 & 2 & -2 & 2 \end{array}\right) \begin{array}{l} \\ \text{I}+\text{II} \\ \text{II}+\text{III} \end{array}$$

$$\left(\begin{array}{ccc|c} 2 & 1 & 1 & 5 \\ 0 & 1 & 4 & 4 \\ 0 & 2 & 1 & 1 \end{array}\right) \begin{array}{l} \\ \\ 2\cdot\text{II}-\text{III} \end{array}$$

$$\left(\begin{array}{ccc|c} 2 & 1 & 1 & 5 \\ 0 & 1 & 4 & 4 \\ \mathbf{0} & \mathbf{0} & \mathbf{7} & \mathbf{7} \end{array}\right)$$

LGS hat
eindeutige Lösung

$$\begin{aligned} \text{III}: 7x_3 &= 7 \\ x_3 &= 1 \end{aligned}$$

$$\begin{aligned} \text{in II}: x_2 + 4\cdot 1 &= 4 \\ x_2 &= 0 \end{aligned}$$

$$\begin{aligned} \text{in I}: 2x_1 + 0 + 1 &= 5 \\ x_1 &= 2 \end{aligned}$$

Lösungsvektor: $\vec{x} = \begin{pmatrix} 2 \\ 0 \\ 1 \end{pmatrix}$

Beispiel 2

$$\begin{aligned} 2x_1 - 2x_2 + x_3 &= -2 \\ x_1 - x_3 &= 1 \\ -x_1 - 2x_2 + 4x_3 &= 0 \end{aligned}$$

$$\left(\begin{array}{ccc|c} 2 & -2 & 1 & -2 \\ 1 & 0 & -1 & 1 \\ -1 & -2 & 4 & 0 \end{array}\right) \begin{array}{l} \\ \text{I}-2\cdot\text{II} \\ \text{II}+\text{III} \end{array}$$

$$\left(\begin{array}{ccc|c} 2 & -2 & 1 & -2 \\ 0 & -2 & 3 & -4 \\ 0 & -2 & 3 & 1 \end{array}\right) \begin{array}{l} \\ \\ \text{II}-\text{III} \end{array}$$

$$\left(\begin{array}{ccc|c} 2 & -2 & 1 & -2 \\ 0 & -2 & 3 & -4 \\ \mathbf{0} & \mathbf{0} & \mathbf{0} & \mathbf{-5} \end{array}\right)$$

LGS hat
keine Lösung

da $\text{III}: 0x_3 = -5$
(Widerspruch)

Beispiel 3

$$\begin{aligned} 2x_1 - 3x_2 + 4x_3 &= 1 \\ -2x_1 + 2x_2 - 2x_3 &= 2 \\ x_1 - x_2 + x_3 &= -1 \end{aligned}$$

$$\left(\begin{array}{ccc|c} 2 & -3 & 4 & 1 \\ -2 & 2 & -2 & 2 \\ 1 & -1 & 1 & -1 \end{array}\right) \begin{array}{l} \\ \text{I}+\text{II} \\ \text{I}-2\cdot\text{III} \end{array}$$

$$\left(\begin{array}{ccc|c} 2 & -3 & 4 & 1 \\ 0 & -1 & 2 & 3 \\ 0 & -1 & 2 & 3 \end{array}\right) \begin{array}{l} \\ \\ \text{II}-\text{III} \end{array}$$

$$\left(\begin{array}{ccc|c} 2 & -3 & 4 & 1 \\ 0 & -1 & 2 & 3 \\ \mathbf{0} & \mathbf{0} & \mathbf{0} & \mathbf{0} \end{array}\right)$$

LGS hat
unendlich viele Lösungen

Setzen von $x_3 = t \quad (t \in \mathbb{R})$

in II:

$$\begin{aligned} -x_2 + 2t &= 3 \\ -x_2 &= -2t + 3 \\ x_2 &= 2t - 3 \end{aligned}$$

in I:

$$\begin{aligned} 2x_1 - 3\cdot(2t-3) + 4t &= 1 \\ 2x_1 - 6t + 9 + 4t &= 1 \\ 2x_1 &= 2t - 8 \\ x_1 &= t - 4 \end{aligned}$$

Lösungsvektor:

$$\vec{x} = \begin{pmatrix} t-4 \\ 2t-3 \\ t \end{pmatrix}; \; t \in \mathbb{R}$$

Hinweis: Sobald bei zwei Gleichungen in der ersten Spalte eine Null steht, sollte nur noch mit diesen beiden Gleichungen gerechnet werden. Grund: Wenn die andere Gleichung mit einbezogen wird, verschwindet eine Null aus der ersten Spalte wieder.

http://frv.tv/3o

2. **Übersicht** (vereinfacht)

Gegebenes LGS: $\left(\begin{array}{ccc|c} \bullet & \bullet & \bullet & \bullet \\ \bullet & \bullet & \bullet & \bullet \\ \bullet & \bullet & \bullet & \bullet \end{array}\right)$

↓ **Umformungen :**

- Zeile mit Zahl multiplizieren bzw. durch Zahl dividieren (außer 0)
- Vielfache von Zeilen addieren oder subtrahieren
- Zeilentausch
- Spaltentausch

LGS in Dreiecksform: $\left(\begin{array}{ccc|c} \bullet & \bullet & \bullet & \bullet \\ 0 & \bullet & \bullet & \bullet \\ 0 & 0 & \bullet & \bullet \end{array}\right)$

Letzte Zeile entscheidet über Lösbarkeit

$\left(\begin{array}{ccc|c} \bullet & \bullet & \bullet & \bullet \\ 0 & \bullet & \bullet & \bullet \\ \mathbf{0} & \mathbf{0} & \mathbf{\neq 0} & \bullet \end{array}\right)$

LGS hat **eine Lösung**

$\left(\begin{array}{ccc|c} \bullet & \bullet & \bullet & \bullet \\ 0 & \bullet & \bullet & \bullet \\ \mathbf{0} & \mathbf{0} & \mathbf{0} & \mathbf{\neq 0} \end{array}\right)$

LGS hat **keine Lösung**

$\left(\begin{array}{ccc|c} \bullet & \bullet & \bullet & \bullet \\ 0 & \bullet & \bullet & \bullet \\ \mathbf{0} & \mathbf{0} & \mathbf{0} & \mathbf{0} \end{array}\right)$

LGS hat **unendlich viele Lösungen**

Homogenes LGS

• Falls auf der **„rechten Seite"** eines LGS alle Zahlen den Wert **0** haben, wird das LGS als **homogen** bezeichnet.

• Ein homogenes LGS hat entweder eine eindeutige Lösung oder unendlich viele Lösungen, aber niemals keine Lösung. Falls ein homogenes LGS eine eindeutige Lösung hat, lautet diese stets $\boldsymbol{x_1 = 0;\ x_2 = 0;\ x_3 = 0}$.

3. Differenzialrechnung

3.1 Ableitungsregeln

Nr.	Beispiel	Vorgehen
	Elementarregeln	
1	$f(x) = x^5$ $f'(x) = 5 \cdot x^{5-1} = 5x^4$ $f(x) = x^2$ $f'(x) = 2x^1 = 2x$ $f(x) = x$ $f'(x) = 1 \cdot x^0 = 1 \cdot 1 = 1$ $f(x) = \frac{1}{x^2} = x^{-2}$ $f'(x) = -2 \cdot x^{-3} = -\frac{2}{x^3}$ $f(x) = \sqrt{x} = x^{\frac{1}{2}}$ $f'(x) = \frac{1}{2} \cdot x^{-\frac{1}{2}} = \frac{1}{2 \cdot x^{\frac{1}{2}}} = \frac{1}{2 \cdot \sqrt{x}}$	$f(x) = x^{Exponent}$ $f'(x) = Exponent \cdot x^{Exponent-1}$ (Potenzregel) **Vor dem Ableiten** $\frac{1}{x^n} = x^{-n}$ $\sqrt{x} = x^{\frac{1}{2}}$
2	$f(x) = e^x$ $f'(x) = e^x$	*Abschreiben*
3	$f(x) = \ln(x)$ (nur LK) $f'(x) = \frac{1}{x}$	*„In den Nenner"*
4	$f(x) = \sin(x)$ $f'(x) = \cos(x)$	sin ↘ cos ↙ −sin ↖ −cos ↗ sin *(Im Uhrzeigersinn!)*
5	$f(x) = \cos(x)$ $f'(x) = -\sin(x)$	

http://frv.tv/3p

Nr.	Beispiel	Vorgehen
Vorgehensregeln		
6	$f(x) = \mathbf{3} \cdot x^2$ $f'(x) = \mathbf{3} \cdot 2x = 6x$	*„Zahlen" mit · oder : „bleiben"* (Faktorregel)
7	$f(x) = x^2 + \mathbf{2}$ $f'(x) = 2x$	*„Zahlen" mit + oder − „verschwinden"*
8	$f(x) = x^2 - 4x$ $f'(x) = 2x - 4$	*+ und − Zeichen unterteilen die Funktion in Teilfunktionen, welche einzeln abgeleitet werden* (Summenregel)

Hinweis : Ableiten bei Funktionenscharen

Der Parameter t wird beim Ableiten wie eine Zahl und nicht wie die Variable x behandelt.

Beispiel: $f_t(x) = t^2x^3 + t$

$f_t'(x) = 3t^2x^2$

Produktregel		
9	$f(x) = x^2 \cdot \sin(x)$ $f'(x) = 2x \cdot \sin(x) + x^2 \cdot \cos(x)$	$f(x) = u(x) \cdot v(x)$ $f'(x) = u'(x) \cdot v(x) + u(x) \cdot v'(x)$ *Ableiten · Abschreiben + Abschreiben · Ableiten*

Quotientenregel		
10	$f(x) = \frac{x^2}{\sin(x)}$ $f'(x) = \frac{2x \cdot \sin(x) - x^2 \cdot \cos(x)}{(\sin(x))^2}$	$f(x) = \frac{u(x)}{v(x)}$ $f'(x) = \frac{u'(x) \cdot v(x) - u(x) \cdot v'(x)}{(v(x))^2}$

Nr.	Beispiel	Vorgehen
	Anwendungen der Kettenregel	
11	$f(x) = (2x+3)^5$ $f'(x) = 5\cdot(2x+3)^4\cdot 2$ $= 10\cdot(2x+3)^4$ $f(x) = \frac{1}{(x^2+3)^5}$ $= (x^2+3)^{-5}$ $f'(x) = -5\cdot(x^2+3)^{-6}\cdot 2x$ $= -\frac{10x}{(2x+3)^6}$	$f(x) = (\mathit{Klammerinhalt})^{\mathit{Exponent}}$ $f'(x) = \mathit{Exponent}\cdot(\mathit{Klammerinhalt})^{\mathit{Exponent}-1}\cdot \mathit{Klammerinhalt\ abgeleitet}$
12	$f(x) = e^{2x+3}$ $f'(x) = e^{2x+3}\cdot 2$	$f(x) = e^{\mathit{Exponent}}$ $f'(x) = e^{\mathit{Exponent}}\cdot \mathit{Exponent\ abgeleitet}$
13	$f(x) = \ln(2x+3)$ (nur LK) $f'(x) = \frac{1}{2x+3}\cdot 2$	$f(x) = \ln(\mathit{Klammerinhalt})$ $f'(x) = \frac{1}{\mathit{Klammerinhalt}}\cdot \mathit{Klammerinhalt\ abgeleitet}$
14	$f(x) = \sin(2x+3)$ $f'(x) = \cos(2x+3)\cdot 2$	$f(x) = \sin(\mathit{Klammerinhalt})$ $f'(x) = \cos(\mathit{Klammerinhalt})\cdot \mathit{Klammerinhalt\ abgeleitet}$
15	$f(x) = \cos(2x+3)$ $f'(x) = -\sin(2x+3)\cdot 2$	$f(x) = \cos(\mathit{Klammerinhalt})$ $f'(x) = -\sin(\mathit{Klammerinhalt})\cdot \mathit{Klammerinhalt\ abgeleitet}$

Die allgemeine Kettenregel, aus welcher sich die Regeln 11-15 ergeben, lautet:

$$f(x) = u(v(x)) \rightarrow f'(x) = \underbrace{u'(v(x))}_{\text{Äußere Abl.}} \cdot \underbrace{v'(x)}_{\text{Innere Abl.}}$$

3.2 Tangente und Normale

1. Aufgabentyp

Gegeben ist die Funktion f mit $f(x) = x^2 + 0{,}5$.
Bei dem x-Wert 1 werden eine Tangente und eine Normale an das Schaubild angelegt.
Berechnen Sie deren Gleichungen.

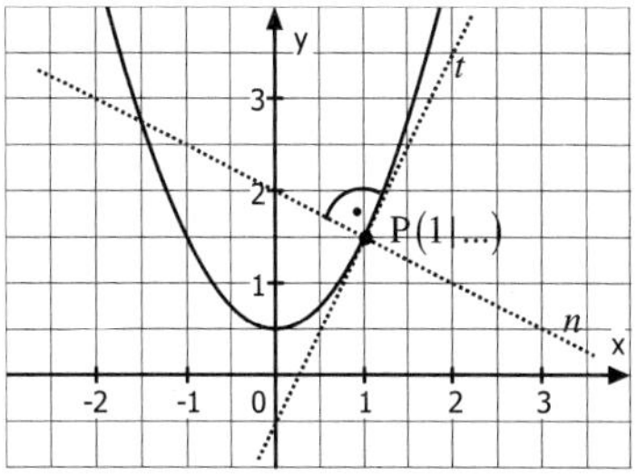

Tangente im Kurvenpunkt (geg. $f(x)$ und x-Wert des Kurvenpunktes)	**Normale im Kurvenpunkt** (geg. $f(x)$ und x-Wert des Kurvenpunktes)
Vorgehen **1. y - Wert des Kurvenpunktes berechnen** $f(1) = 1^2 + 0{,}5 = 1{,}5 \quad \rightarrow \mathrm{P}(1 \mid 1{,}5)$ **2. Tangentensteigung berechnen** $f'(x) = 2x$ $f'(1) = 2 \cdot 1 = 2 \quad (= m_t)$ **3. Tangentengleichung berechnen** $y = m_t \cdot x + b$ $1{,}5 = 2 \cdot 1 + b$ $1{,}5 = 2 + b \quad \mid -2$ $-0{,}5 = b$ $\Rightarrow$ Tangente: $y = 2x - 0{,}5$ (Alternativ mit: $y = f'(u) \cdot (x - u) + f(u)$)	**Vorgehen** **1. y - Wert des Kurvenpunktes berechnen** $f(1) = 1^2 + 0{,}5 = 1 \quad \rightarrow \mathrm{P}(1 \mid 1{,}5)$ **2. Tangentensteigung berechnen** $f'(x) = 2x$ $f'(1) = 2 \cdot 1 = 2 \quad (= m_t)$ **3. Normalensteigung berechnen (senkrecht zu m_t $\rightarrow$ neg. Kehrwert)** $m_n = -\frac{1}{m_t} = -\frac{1}{2} = -0{,}5$ **4. Normalengleichung berechnen** $y = m_n \cdot x + b$ $1{,}5 = -0{,}5 \cdot 1 + b$ $1{,}5 = -0{,}5 + b \quad \mid +0{,}5$ $2 = b$ $\Rightarrow$ Normale: $y = -0{,}5x + 2$ (Alternativ mit: $y = -\frac{1}{f'(u)} \cdot (x - u) + f(u)$)

2. Aufgabentyp

Gegeben ist die Funktion f mit $f(x) = x^2 + 0{,}5$. Eine Tangente und eine Normale, jeweils mit Steigung 2, werden an das Schaubild angelegt. Berechnen Sie deren Gleichungen.

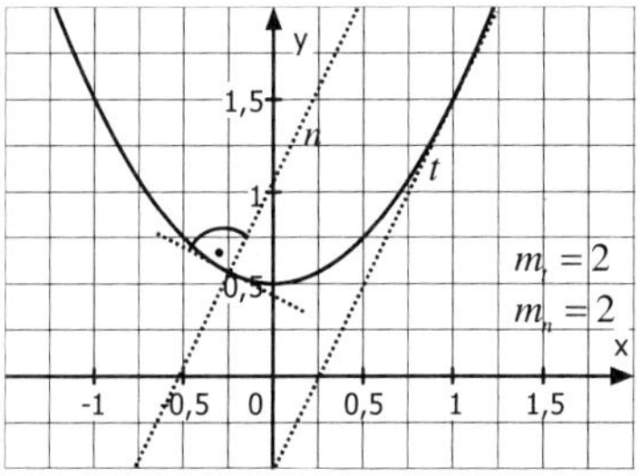

Tangente mit gegebener Steigung (geg. $f(x)$ und Steigung der Tangente)	**Normale mit gegebener Steigung** (geg. $f(x)$ und Steigung der Normale)
Vorgehen	**Vorgehen**
	1. Zu m_n senkrechte Steigung berechnen $m = -\frac{1}{m_n} = -\frac{1}{2} = -0{,}5$
1. $f'(x) = m_t$ liefert x - Wert des Kurvenpunktes $f'(x) = 2x$ $f'(x) = m_t$ $2x = 2$ $x = 1$ (*An dieser Stelle hat die Parabel die gegebene Steigung.*)	**2. $f'(x) = m$ liefert x - Wert des Kurvenpunktes** $f'(x) = 2x$ $f'(x) = m$ $2x = -0{,}5$ $x = -0{,}25$ (*An dieser Stelle hat die Parabel die Steigung $-0{,}5$ und ist damit senkrecht zur gesuchten Normalen.*)
2. y - Wert des Kurvenpunktes berechnen $f(1) = 1^2 + 0{,}5 = 1{,}5 \quad \rightarrow \mathrm{B}(1 \mid 1{,}5)$	**3. y - Wert des Kurvenpunktes berechnen** $f(-0{,}25) = (-0{,}25)^2 + 0{,}5 = 0{,}5625$ $\rightarrow \mathrm{P}(-0{,}25 \mid 0{,}5625)$
3. Tangentengleichung berechnen $y = m_t \cdot x + b$ $1{,}5 = 2 \cdot 1 + b$ $1{,}5 = 2 + b \quad \mid -2$ $-0{,}5 = b$ $\Rightarrow$ Tangente: $y = 2x - 0{,}5$	**4. Normalengleichung berechnen** $y = m_n \cdot x + b$ $0{,}5625 = 2 \cdot (-0{,}25) + b$ $0{,}5625 = -0{,}5 + b \quad \mid +0{,}5$ $1{,}0625 = b$ $\Rightarrow$ Normale: $y = 2x + 1{,}0625$

3. Aufgabentyp

Gegeben ist die Funktion f mit $f(x) = x^2$.
Zwei Tangenten an die Parabel verlaufen durch den Punkt P(0 | −1), welcher nicht auf der Parabel liegt.
Berechnen Sie deren Gleichungen.

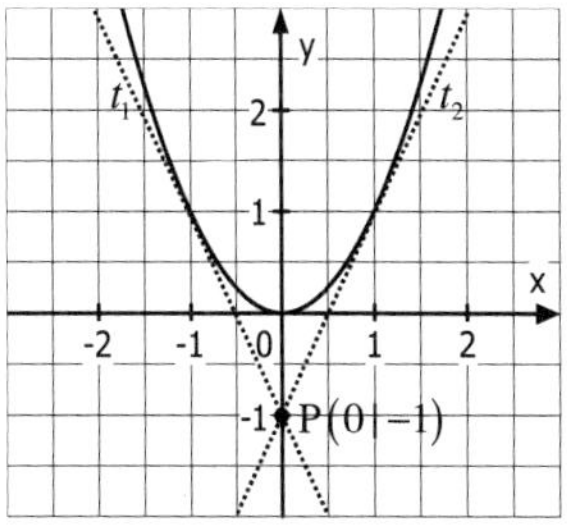

Tangente von Punkt aus (geg. $f(x)$ und Punkt, nicht auf Kurve)	**Normale von Punkt aus** (geg. $f(x)$ und Punkt, nicht auf Kurve)
Vorgehen **1. Allg. Tangentengleichung notieren** $y = f'(u) \cdot (x-u) + f(u)$ **2. $f(u)$ und $f'(u)$ einsetzen** $f(x) = x^2$; $\quad f'(x) = 2x$ $f(u) = u^2$; $\quad f'(u) = 2u$ $y = 2u \cdot (x-u) + u^2$ **3. P(0 | −1) einsetzen und Gleichung nach u auflösen** $-1 = 2u \cdot (0-u) + u^2$ $-1 = -2u^2 + u^2$ $-1 = -u^2 \quad \| \cdot (-1)$ $1 = u^2 \quad \| \sqrt{\ }$ $u_1 = -1$; $\quad u_2 = 1$ (x-*Werte der Berührpunkte*) **4. u-Werte in Tangentengleichung aus 2. einsetzen** $u_1 = -1$ eingesetzt: $y = 2 \cdot (-1) \cdot (x-(-1)) + (-1)^2$ $y = -2x - 1$ (1. Tangente) $u_2 = 1$ eingesetzt: $y = 2x - 1$ (2. Tangente)	Dieser Aufgabentyp ist sehr unüblich und wird deshalb nicht behandelt.

http://frv.tv/1q

3.3 Schnittpunkte (Berührpunkt, senkrechter Schnitt, Schnittwinkel)

Zwischen Schaubild und x - Achse $\left(\textbf{Ansatz: } f(x)=0\right)$		
Berührpunkt	**Senkrechter Schnitt**	**Schnittwinkel**
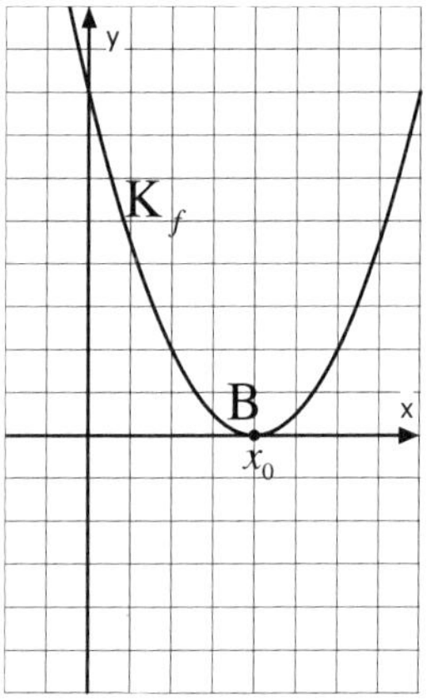	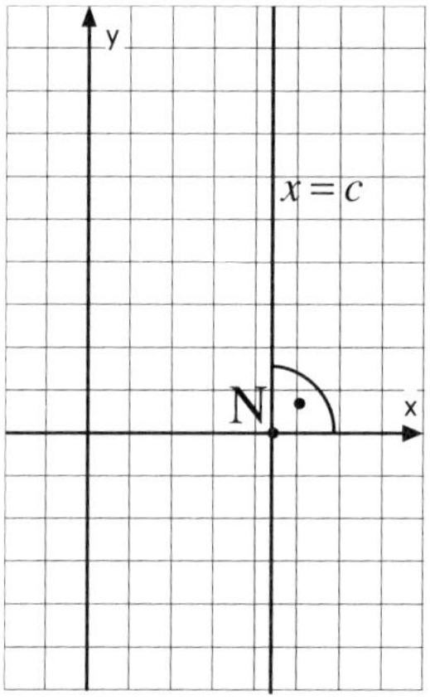	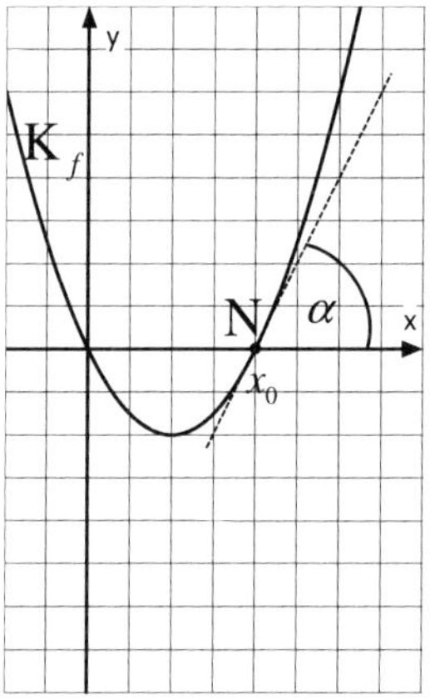
Beschreibung mit $f'(x)$ Hier gelten: **1.** $f(x_0)=0$ **(*Nullstelle*)** **2.** $f'(x_0)=0$ **(*Steigung* 0)** bzw. **Beschreibung ohne $f'(x)$** (für ganzrat. Funktionen) x_0 ist **doppelte** (bzw. dreifache oder vierfache, S. 11) **Lösung von $f(x)=0$** (*Diskriminante = 0 bei quadratischer Gleichung für doppelte Lösung!*)	**Bemerkung** Bei Geraden, die parallel zur y-Achse verlaufen, möglich. (z.B. $x=2,2$)	**Vorgehen zur Berechnung** **1. m berechnen** $f'(x_0)=m$ (Steigung K$_f$) **2. α berechnen** $m=\tan(\alpha) \quad \mid \tan^{-1}$ $\alpha=\left\|\tan^{-1}(m)\right\|$ ($\|\ \|$ *steht für den Betrag. Dieser wird verwendet, da das Vorzeichen des Winkels nicht relevant ist.*) **Achtung** TR hierfür von Bogenmaß (*rad*) auf Winkelmaß (*deg*) stellen!

http://frv.tv/1r

Zwischen zwei Schaubildern $\left(\textbf{Ansatz: } f(x)=g(x)\right)$		
Berührpunkt	**Senkrechter Schnitt**	**Schnittwinkel**
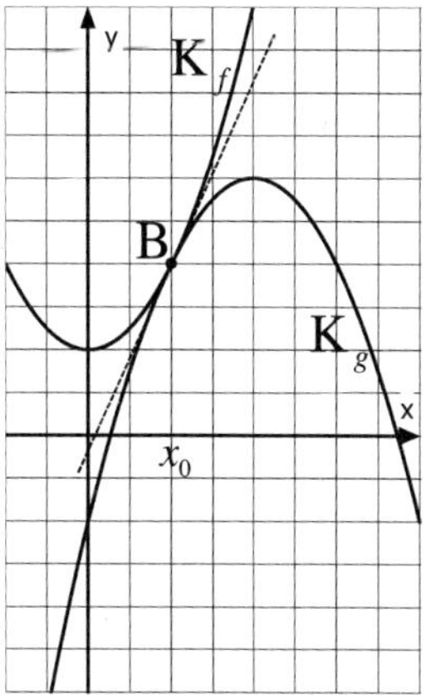	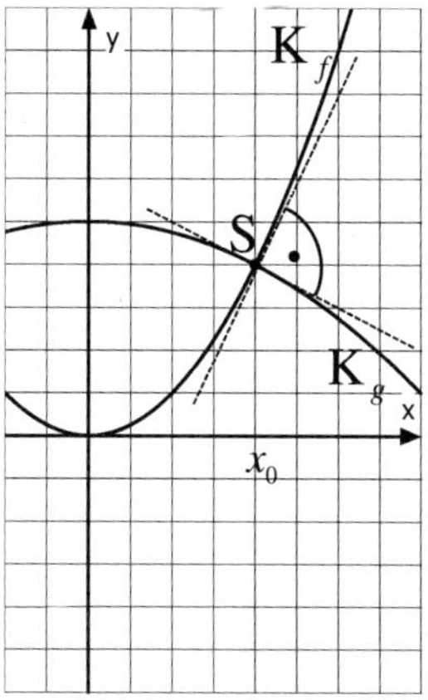	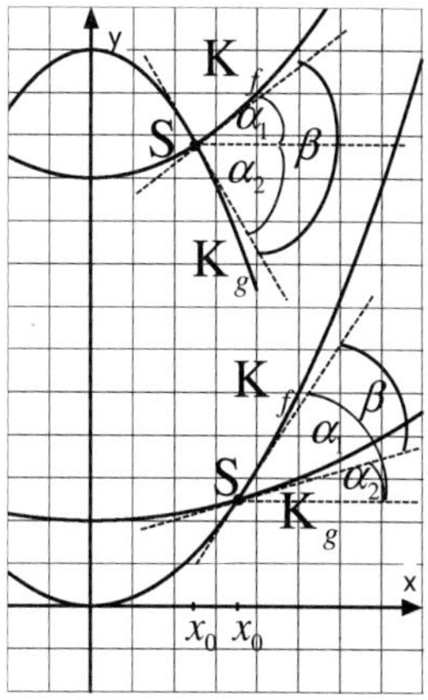
Beschreibung mit $f'(x)$ Hier gelten: **1.** $f(x_0)=g(x_0)$ (***gemeinsamer Punkt***) **2.** $f'(x_0)=g'(x_0)$ (***gleiche Steigung***) bzw. **Beschreibung ohne $f'(x)$** (für ganzrat. Funktionen) x_0 ist **doppelte** (bzw. dreifache oder vierfache) **Lösung von $f(x)=g(x)$** (*Diskriminante = 0 bei quadratischer Gleichung für doppelte Lösung!*)	**Beschreibung (mit $f'(x)$)** Hier gelten: **1.** $f(x_0)=g(x_0)$ (***gemeinsamer Punkt***) **2.** $f'(x_0)=\dfrac{-1}{g'(x_0)}$ (*allg.* $m_2=-1/m_1$ *bzw.* ***Steigungen sind negative Kehrwerte voneinander***)	**Vorgehen zur Berechnung** **1. m_1 und m_2 berechnen** $f'(x_0)=m_1$ (*Steigung* K_f) $g'(x_0)=m_2$ (*Steigung* K_g) **2. α_1 und α_2 berechnen** $m_1=\tan(\alpha_1) \quad \mid \tan^{-1}$ $\alpha_1=\left\|\tan^{-1}(m_1)\right\|$ (*Steigungswinkel* K_f) $m_2=\tan(\alpha_2) \quad \mid \tan^{-1}$ $\alpha_2=\left\|\tan^{-1}(m_2)\right\|$ (*Steigungswinkel* K_g) **3. β berechnen** $\beta=\alpha_1+\alpha_2$ (*oberes Bsp.*) bzw. $\beta=\alpha_1-\alpha_2$ (*unteres Bsp.*) Alternativ kann auch mit nachfolgender Formel gearbeitet werden: $\beta=\tan^{-1}\left\|\dfrac{f'(x_0)-g'(x_0)}{1+f'(x_0)\cdot g'(x_0)}\right\|$

3.4 Monotonie

(Vereinfachte) Definition	Beispiel
Gilt am x-Wert: $\boldsymbol{x_0}$ $f'(x_0) > 0$ | $f'(x_0) < 0$ so nennt man die Funktion hier **streng monoton steigend** | **streng monoton fallend** Männchen geht bergauf | Männchen geht bergab	**Einzunehmende Perspektive**: Sie sehen **von der Seite** auf das Männchen, welches ein hügeliges Gelände durchläuft. Das Gelände sehen Sie im Profil. 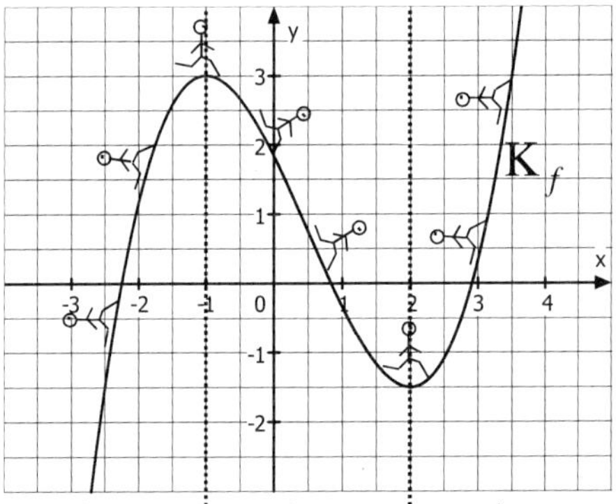 streng monoton steigend | streng monoton fallend | streng monoton steigend $f'(x) > 0$ | $f'(x) < 0$ | $f'(x) > 0$ 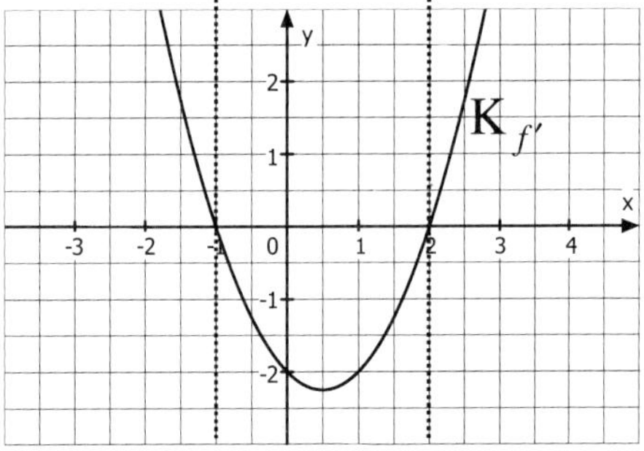

„Normale" Monotonie

Die Funktion ist nicht (überall) streng monoton steigend, jedoch (überall) monoton steigend.
Unterschied zwischen „normaler" und strenger Monotonie?
Bei normaler Monotonie sind auch Stellen, an welchen das Schaubild die **Steigung 0** besitzt, **erlaubt**.

$f'(x_0) \geq 0 \rightarrow$ monoton steigend
$f'(x_0) \leq 0 \rightarrow$ monoton fallend

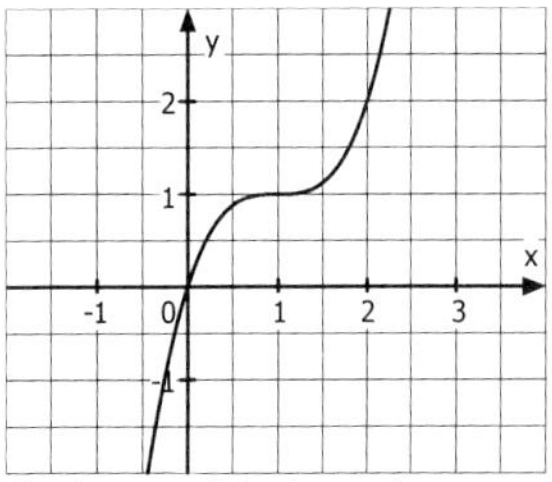

Steigung 0 bei $x = 1$

http://frv.tv/1s

3.5 Krümmung

(Vereinfachte) Definition

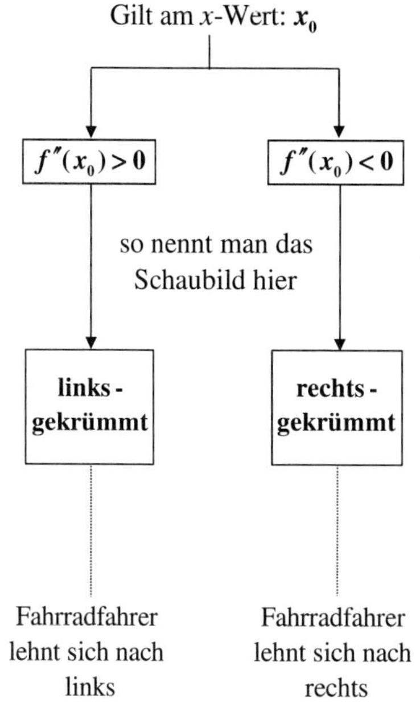

Beispiel

Einzunehmende Perspektive:
Sie sehen **von oben (Vogelperspektive)** auf den Fahrradfahrer, welcher eine kurvige Straße durchfährt und sich hierbei zunächst nach rechts, dann nach links lehnt.

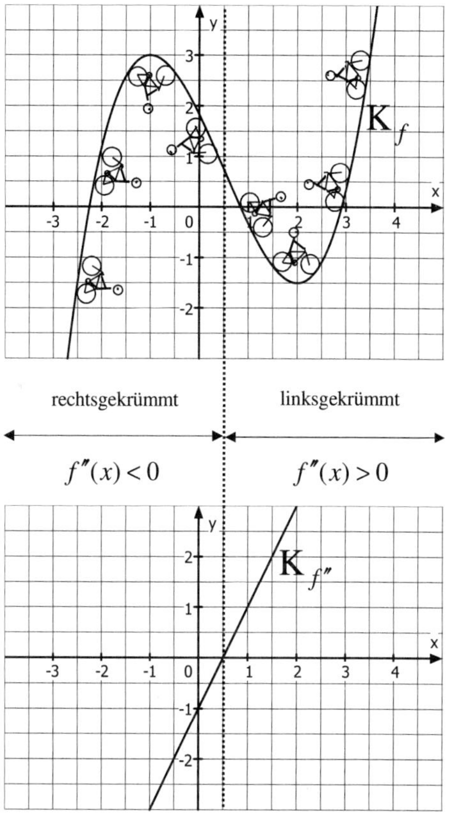

$f''(x)$ n**e**gativ $\Rightarrow$ r**e**chtsgekrümmt
($f''(x)$ pos**i**tiv $\Rightarrow$ l**i**nksgekrümmt)

3.6 Extrempunkte (Hochpunkte und Tiefpunkte)

Vorgehen zur Ermittlung von Hoch- und Tiefpunkten (am Beispiel)	
	$f(x)=\frac{1}{3}x^3-\frac{1}{2}x^2-2x+\frac{11}{6}$ (Beispiel) $f'(x)=x^2-x-2$ $f''(x)=2x-1$
1. Schritt: $f'(x)=0$ Stellen mit waagrechter Tangente (Steigung von 0) ermitteln.	$\boldsymbol{f'(x)=0}$ $x^2-x-2=0$ $x_{1/2}=\frac{-(-1)\pm\sqrt{(-1)^2-4\cdot1\cdot(-2)}}{2\cdot1}$ $=\frac{1\pm\sqrt{1+8}}{2}=\frac{1\pm3}{2}$ $\Rightarrow \boldsymbol{x_1=-1;\ x_2=2}$
2. Schritt: Einsetzen in $f''(x)$ Falls $\begin{cases}f''(x)<0\\f''(x)>0\end{cases}$ liegt $\begin{cases}\textbf{Hochpunkt}\\\textbf{Tiefpunkt}\end{cases}$ vor.	$f''(-1)=2\cdot(-1)-1=-3\quad \boldsymbol{<0}\quad \rightarrow \textbf{H}$ $f''(2)=2\cdot2-1=3\quad \boldsymbol{>0}\quad \rightarrow \textbf{T}$
3. Schritt: Einsetzen in $f(x)$ y-Koordinaten der Hoch- bzw. Tiefpunkte bestimmen.	$f(-1)=\frac{1}{3}\cdot(-1)^3-\frac{1}{2}\cdot(-1)^2-2\cdot(-1)+\frac{11}{6}$ $=\boldsymbol{3}\quad\rightarrow\quad \textbf{H}(\boldsymbol{-1}\,|\,\boldsymbol{3})$ $f(2)=\frac{1}{3}\cdot2^3-\frac{1}{2}\cdot2^2-2\cdot2+\frac{11}{6}$ $=\boldsymbol{-1{,}5}\quad\rightarrow\quad \textbf{T}(\boldsymbol{2}\,|\,\boldsymbol{-1{,}5})$

Alternative zum 2. Schritt: Untersuchung auf Vorzeichenwechsel

Hat f' eine Nullstelle mit Vorzeichenwechsel, dann hat das Schaubild von f hier einen Extrempunkt.

Bei einem Vorzeichenwechsel von $\begin{cases}+\text{ nach }-\\-\text{ nach }+\end{cases}$ liegt ein $\begin{cases}\text{Hochpunkt}\\\text{Tiefpunkt}\end{cases}$ vor.

z.B. bei $x_2=2$:

$f'(1)=1^2-1-2=-2\ <0$

$f'(3)=3^2-3-2=4\ >0$

VZW von $-$ nach $+$

$\Rightarrow$ somit Tiefpunkt

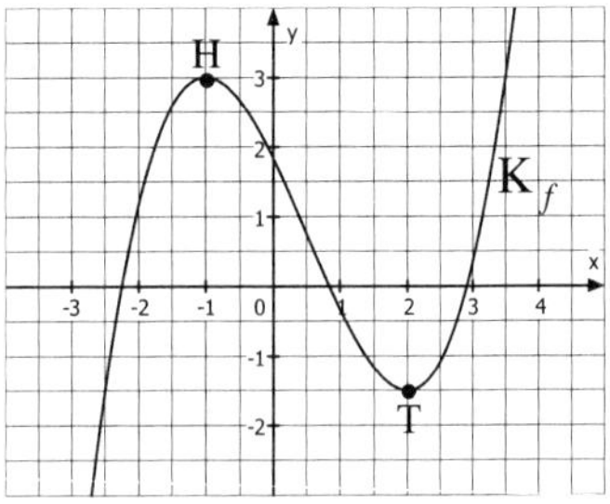

http://frv.tv/1t

3.7 Wendepunkte

Vorgehen zur Ermittlung von Wendepunkten (am Beispiel)	
1. Schritt: $f''(x)=0$ Stellen „ohne Krümmung" ermitteln.	$f(x)=\frac{1}{3}x^3-\frac{1}{2}x^2-2x+\frac{11}{6}$ (Beispiel) $f'(x)=x^2-x-2$ $f''(x)=2x-1$ $f'''(x)=2$ $f''(x)=0$ $2x-1=0 \quad \vert +1$ $2x=1 \quad \vert :2$ $x=0{,}5$
2. Schritt: Einsetzen in $f'''(x)$ Wendepunkt, falls $f'''(x)\neq 0$.	$f'''(0{,}5)=2 \quad \neq 0 \quad \rightarrow$ **W**
3. Schritt: Einsetzen in $f(x)$ y-Koordinaten der Wendepunkte bestimmen.	$f(0{,}5)=\frac{1}{3}\cdot 0{,}5^3-\frac{1}{2}\cdot 0{,}5^2-2\cdot 0{,}5+\frac{11}{6}$ $=0{,}75 \rightarrow \mathbf{W}(0{,}5\,\vert\,0{,}75)$

Alternative zum 2. Schritt: Untersuchung auf Vorzeichenwechsel

Hat f'' eine Nullstelle mit Vorzeichenwechsel, dann hat das Schaubild von f hier einen Wendepunkt.

am Beispiel: $x=0{,}5$:

$f''(0)=2\cdot 0-1=-1 \quad <0$

$f''(1)=2\cdot 1-1=1 \quad >0$

VZW

$\Rightarrow$ somit Wendepunkt

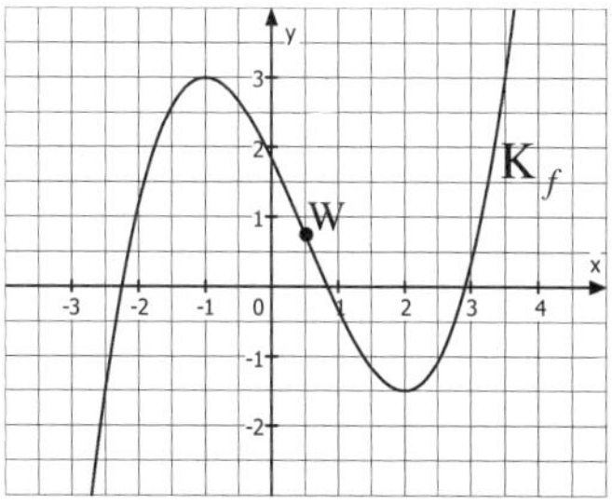

Bemerkungen

- Als **Wendetangente** wird eine Tangente bezeichnet, welche das Schaubild im Wendepunkt berührt. Die **Wendenormale** steht senkrecht zur Wendetangente und verläuft ebenfalls durch den Wendepunkt.
- An einer **Wendestelle** hat das Schaubild entweder die **größte** oder die **kleinste Steigung**. Das Schaubild von $f'(x)$ hat hier deshalb entweder einen Hochpunkt oder einen Tiefpunkt.

http://frv.tv/1u

3.8 Sattelpunkte

Ein Sattelpunkt ist ein **Wendepunkt mit waagrechter Tangente**, also mit einer Steigung von 0.
Somit hat ein Sattelpunkt neben den Eigenschaften eines Wendepunktes $\left(f''(x)=0 \text{ und } f'''(x)\neq 0\right)$ noch die **zusätzliche Eigenschaft $f'(x)=0$.**

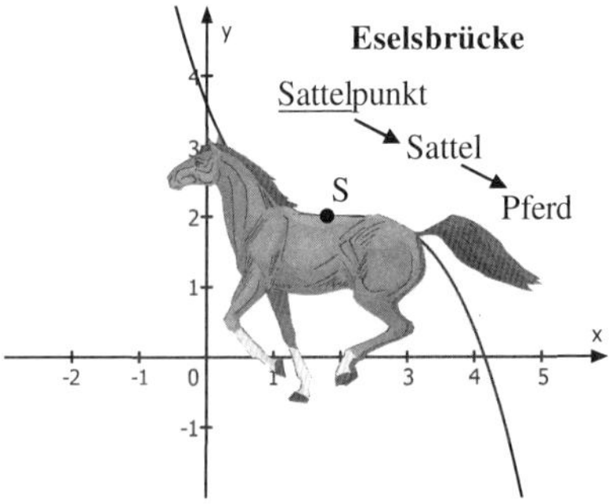

Vorgehen zur Ermittlung von Sattelpunkten (am Beispiel)

(1. bis 3. Schritt: Ebenso wie bei der Ermittlung von Wendepunkten)

	$f(x)=\frac{1}{4}x^4-\frac{2}{3}x^3+2$ (Beispiel) $f'(x)=x^3-2x^2$ $f''(x)=3x^2-4x$ $f'''(x)=6x-4$
1. Schritt: $f''(x)=0$ Stellen „ohne Krümmung" ermitteln.	$\boldsymbol{f''(x)=0}$ $3x^2-4x=0$ $x\cdot(3x-4)=0$ **S. v. Nullpr.** $x_1=0$ $\quad$ $3x-4=0$ $3x=4$ $\boldsymbol{x_2=\frac{4}{3}}$
2. Schritt: Einsetzen in $f'''(x)$ Wendepunkt, falls $\boldsymbol{f'''(x)\neq 0}$.	$f'''(\mathbf{0})=6\cdot 0-4=-4 \quad \boldsymbol{\neq 0} \rightarrow \mathbf{W}$ $f'''\left(\frac{\mathbf{4}}{\mathbf{3}}\right)=6\cdot\frac{4}{3}-4=4 \quad \boldsymbol{\neq 0} \rightarrow \mathbf{W}$
3. Schritt: Einsetzen in $f(x)$ y-Koordinaten der Wendepunkte bestimmen.	$f(\mathbf{0})=\frac{1}{4}\cdot 0^4-\frac{2}{3}\cdot 0^3+2=\mathbf{2} \quad \rightarrow \mathbf{W}(\mathbf{0}\mid\mathbf{2})$ $f\left(\frac{\mathbf{4}}{\mathbf{3}}\right)=\frac{1}{4}\cdot\left(\frac{4}{3}\right)^4-\frac{2}{3}\cdot\left(\frac{4}{3}\right)^3+2=\frac{\mathbf{98}}{\mathbf{81}} \rightarrow \mathbf{W}\left(\frac{\mathbf{4}}{\mathbf{3}}\mid\frac{\mathbf{98}}{\mathbf{81}}\right)$

(4. Schritt: **Zusätzlich**)

4. Schritt: Gilt $f'(x)=0$? In diesem Fall liegt ein Sattelpunkt vor. Ansonsten handelt es sich um einen „gewöhnlichen" Wendepunkt.	$f'(\mathbf{0})=0^3-2\cdot 0^2 \quad \mathbf{=0} \rightarrow \mathbf{S}(\mathbf{0}\mid\mathbf{2})$ $f'\left(\frac{\mathbf{4}}{\mathbf{3}}\right)=\left(\frac{4}{3}\right)^3-2\cdot\left(\frac{4}{3}\right)^2=-\frac{32}{27} \quad \boldsymbol{\neq 0} \rightarrow \mathrm{W}$

http://frv.tv/1v

Im Koordinatensystem finden Sie das Schaubild der Funktion f mit $f(x)=\frac{1}{4}x^4-\frac{2}{3}x^3+2$ und den berechneten Sattelpunkt.

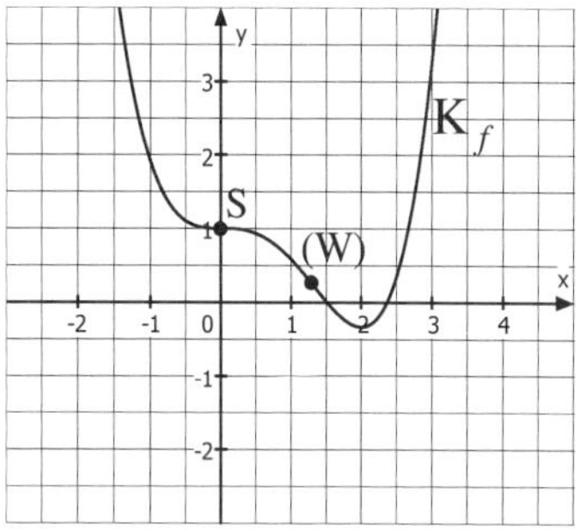

Jeder Sattelpunkt ist auch ein Wendepunkt, aber nicht jeder Wendepunkt ist auch ein Sattelpunkt!

Alternative Ermittlung von Sattelpunkten bei ganzrationalen Funktionen

Grundsätzlich gilt :

Falls das Schaubild der Ableitungsfunktion f' an einem bestimmten x-Wert eine doppelte Nullstelle (gerade Vielfachheit) aufweist, besitzt das Schaubild der Funktion f an diesem x-Wert einen Sattelpunkt (S. 54).

Untersuchung auf Sattelpunkte

$f(x)=\frac{1}{4}x^4-\frac{2}{3}x^3+2$ (Beispiel)

$f'(x)=x^3-2x^2$

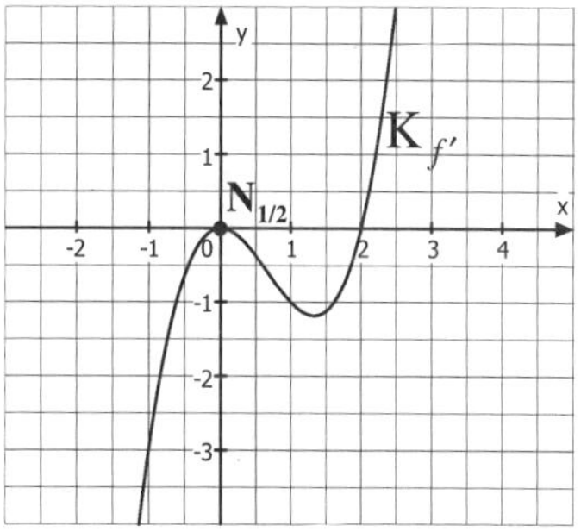

$$f'(x)=0$$
$$x^3-2x^2=0$$
$$x^2\cdot(x-2)=0$$

S. v. Nullpr.

$x^2=0 \quad |\sqrt{}$ $\qquad x-2=0$

$\mathbf{x_{1/2}=0}$ $\qquad (x_3=2)$

(doppelte Lösung)

$\rightarrow$ $\mathbf{S(0\,|\,f(0))}$

Bemerkung

Falls bei einer quadratischen Gleichung die Diskriminante den Wert 0 annimmt, liegt eine doppelte Lösung vor.

3.9 Ortskurve

Begriffserklärung

Bei einer Funktionenschar $f_t(x)$ sind die Koordinaten besonderer Punkte, wie Hochpunkte, Tiefpunkte und Wendepunkte, meist vom Wert des Parameters t abhängig.

Für jeden Wert des Parameters, also für jede Funktion aus der Schar, haben diese Punkte deshalb verschiedene Koordinaten.
Eine **„Verbindungslinie"**, die beispielsweise durch alle Tiefpunkte der Schar verläuft, wird als die Ortskurve der Tiefpunkte bezeichnet.

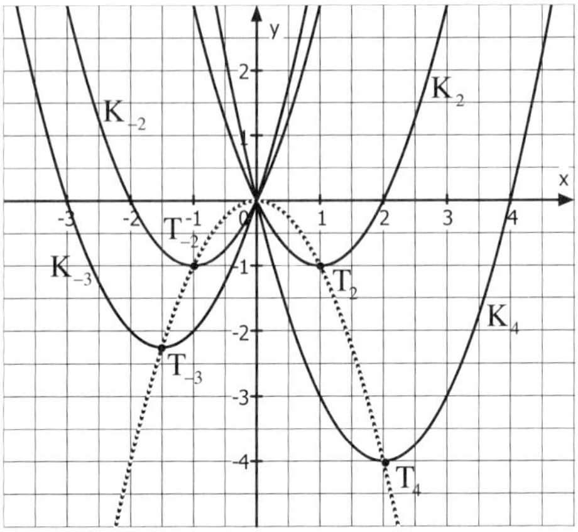

Beispiel

Die Parabelschar $f_t(x) = x^2 - tx$ mit $t \in \mathbb{R}$

hat den allgemeinen Tiefpunkt $T_t\left(\frac{t}{2}\middle|-\frac{t^2}{4}\right)$

(z.B. $T_2(1|-1)$; $T_4(2|-4)$; ...).

Die **Ortskurve der Tiefpunkte** hat die Funktionsgleichung: $\boldsymbol{y = -x^2}$

Ermittlung der Koordinaten des allgemeinen Tiefpunktes

$f_t(x) = x^2 - tx$

$f_t'(x) = 2x - t$

$f_t''(x) = 2$

1\. Schritt:
$$\begin{aligned} f_t'(x) &= 0 \\ 2x - t &= 0 \quad |+t \\ 2x &= t \quad |:2 \\ x &= \frac{t}{2} \end{aligned}$$

2\. Schritt: $f_t''\left(\frac{t}{2}\right) = 2 > 0 \rightarrow \mathrm{T}$

3\. Schritt: $f_t\left(\frac{t}{2}\right) = \left(\frac{t}{2}\right)^2 - t \cdot \frac{t}{2} = \frac{t^2}{4} - \frac{t^2}{2} = -\frac{t^2}{4} \quad \rightarrow \quad T_t\left(\frac{t}{2}\middle|-\frac{t^2}{4}\right)$

http://frv.tv/1w

Vorgehen zur Ermittlung der Funktionsgleichung der Ortskurve	
1. Schritt Koordinaten des allg. Tiefpunktes bestimmen	$T_t\left(\frac{t}{2}\middle\vert -\frac{t^2}{4}\right)$ (siehe Vorseite)
2. Schritt x- und y-Koordinaten explizit notieren, man erhält ein Gleichungssystem	$x = \frac{t}{2}$ $y = -\frac{t^2}{4}$
3. Schritt x- Gleichung nach t auflösen	$x = \frac{t}{2} \quad \vert \cdot 2$ $2x = t$
4. Schritt t-Wert in y-Gleichung einsetzen	$y = -\frac{t^2}{4}$ $y = -\frac{(2x)^2}{4}$ $y = -\frac{4x^2}{4}$ $\boldsymbol{y = -x^2}$ (Gleichung der Ortskurve)

Einschränkungen im Parameter und Wirkung auf Ortskurve

- Falls der Parameter t laut Aufgabenstellung beispielsweise nur positive Werte annehmen kann ($t > 0$), haben alle Tiefpunkte $T_t\left(\frac{t}{2}\middle\vert ...\right)$ einen positiven x-Wert.
  Somit ist auch nur der Teil des Schaubildes von $y = -x^2$ Ortskurve, welcher rechts von der y-Achse ($x > 0$) liegt.
- Falls der Parameter t laut Aufgabenstellung hingegen alle reellen Werte annehmen kann ($t \in \mathbb{R}$), gibt es sowohl Tiefpunkte $T_t\left(\frac{t}{2}\middle\vert ...\right)$ mit positiven, als auch mit negativen x-Werten und ebenfalls einen Tiefpunkt mit dem x-Wert 0.
  Somit ist hier das gesamte Schaubild von $y = -x^2$ Ortskurve.

3.10 Zusammenhang zwischen den Schaubildern von Funktion und Ableitung

1. Grundsätzlicher Zusammenhang

Der y-Wert des Schaubildes von f' entspricht an jedem x-Wert der Steigung des Schaubildes von f.

2. Zusammenhang zwischen den besonderen Punkten

Kurzversion (Merkregel: In jeder Zeile steht das englische Wort für „neu"; 3-stufig)

$f(x)$	**N**	**E**	**W**		
$f'(x)$		**N**	**E**	**W**	
$f''(x)$			**N**	**E**	**W**

Ausführliche Version (nur 2-stufig dargestellt)

$f(x)$ bzw. $f'(x)$	**N**	**H**	**T**	**W** (von **Lk** zu **Rk**	**W** (von **Rk** zu **Lk**)	**S**
$f'(x)$ bzw. $f''(x)$		**N** „von + nach –"	**N** „von – nach +"	**H**	**T**	**N** ohne **VZW** (z.B. doppelte N) bzw. **H** oder **T** auf der x-Achse

Abkürzungen

Nullstelle
Extrempunkt (**H**och- oder **T**iefpunkt)
Link**sk**rümmung / **R**echts**k**rümmung
Wendepunkt
Sattelpunkt
Vor**Z**eichen**W**echsel

Bemerkungen

- Die obigen Zusammenhänge gelten natürlich auch zwischen der Stammfunktion F und der zugehörigen Funktion f.
- Die Symmetrieart eines Schaubildes „pendelt" beim Ableiten.

Beispiel: K_f ist symmetrisch zur y-Achse $\Rightarrow K_{f'}$ ist symmetrisch zum Ursprung $\Rightarrow K_{f''}$ ist symmetrisch zur y-Achse $\Rightarrow ...$

http://frv.tv/1x

Beispiel

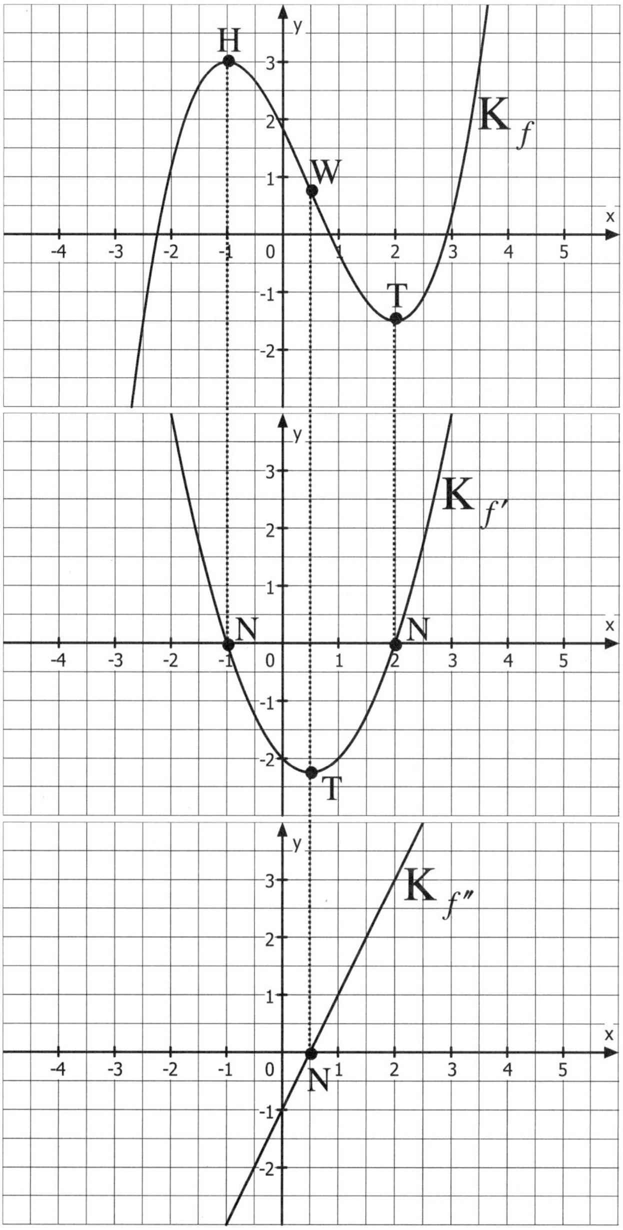

3.11 Ermittlung von Funktionsgleichungen

1. Möglichkeit: „Steckbriefaufgaben“

Beispiel

Gesucht ist die Gleichung einer Funktion 4. Grades, deren Schaubild symmetrisch zur y-Achse ist. Das Schaubild hat den Tiefpunkt $T(2\,|\,1)$ und besitzt an der Stelle 1 die Steigung $-2{,}4$.

Lösung

Allgemeiner Ansatz: $f(x) = ax^4 + bx^3 + cx^2 + dx + e$

Da symm. zur y-Achse: $f(x) = ax^4 + cx^2 + e$ (*nur gerade Hochzahlen*)

$f'(x) = 4ax^3 + 2cx$

Bedingungen

$T(2\,|\,1)$ (*Punktprobe*): $f(2) = a\cdot 2^4 + c\cdot 2^2 + e = 1 \quad\Rightarrow\quad 16a + 4c + e = 1$

$T(2\,|\,1)$ (*Bed.* $f'(x) = 0$): $f'(2) = 4a\cdot 2^3 + 2c\cdot 2 = 0 \quad\Rightarrow\quad 32a + 4c = 0$

In $x = 1$ Steigung $-2{,}4$: $f'(1) = 4a\cdot 1^3 + 2c\cdot 1 = -2{,}4 \quad\Rightarrow\quad 4a + 2c = -2{,}4$

Lösen des LGS

$$\left(\begin{array}{ccc|c} 16 & 4 & 1 & 1 \\ 32 & 4 & 0 & 0 \\ 4 & 2 & 0 & -2{,}4 \end{array}\right) \sim \left(\begin{array}{ccc|c} 16 & 4 & 1 & 1 \\ 0 & 2 & 1 & 1 \\ 0 & -4 & 1 & 10{,}6 \end{array}\right) \sim \left(\begin{array}{ccc|c} 16 & 4 & 1 & 1 \\ 0 & 2 & 1 & 1 \\ 0 & 0 & 3 & 12{,}6 \end{array}\right)$$

(Hinweis: Schnelleres Lösen des LGS durch Tausch der 1. mit der 3. Spalte möglich.)

III: $3e = 12{,}6$

$e = 4{,}2$

in II: $2c + 1\cdot 4{,}2 = 1$

$c = -1{,}6$

in I: $16a + 4\cdot(-1{,}6) + 1\cdot 4{,}2 = 1$

$a = 0{,}2$

Man erhält: $f(x) = 0{,}2x^4 - 1{,}6x^2 + 4{,}2$

Notwendig

Mindestens so viele Bedingungen bzw. Gleichungen wie unbekannte Koeffizienten im Ansatz vorhanden (im Beispiel: 3 Bedingungen bzw. Koeffizienten).

Typische Beschreibungen von Schaubildern und zugehörige math. Bedingungen

Beschreibungen des Schaubildes	Mathematische Bedingungen
Schaubild ist punktsymmetrisch zum Ursprung	$f(x)$ *enthält nur ungerade Hochzahlen* *z.B.* $f(x)=ax^3+cx$ *bei Grad 3*
Schaubild ist achsensymmetrisch zur y-Achse	$f(x)$ *enthält nur gerade Hochzahlen* *z.B.* $f(x)=ax^4+cx^2+\mathrm{e}$ *bei Grad 4*
Schaubild verläuft durch P(3 | 8)	$f(3)=8$
Schaubild besitzt an der Stelle 2 die Steigung 5 (oder: besitzt am x-Wert 2 eine Tangente mit Steigung 5)	$f'(2)=5$
Schaubild berührt an der Stelle 3 die x-Achse	$\begin{cases} f(3)=0 & (\textit{verläuft durch } \mathrm{P}(3\mid 0)) \\ f'(3)=0 & (\textit{hier Steigung } 0) \end{cases}$
Schaubild besitzt den Hochpunkt H(−2 | 3)	$\begin{cases} f(-2)=3 & (\textit{verläuft durch } \mathrm{P}(-2\mid 3)) \\ f'(-2)=0 & (\textit{hier Steigung } 0) \end{cases}$
Schaubild besitzt den Tiefpunkt T(−2 | 3)	*gleiche Bedingungen wie bei* H(−2 | 3)
Schaubild besitzt den Wendepunkt W(5 | 7)	$\begin{cases} f(5)=7 & (\textit{verläuft durch } \mathrm{P}(5\mid 7)) \\ f''(5)=0 & (\textit{hier „keine Krümmung“}) \end{cases}$
Schaubild besitzt den Sattelpunkt S(1 | 4)	$\begin{cases} f(1)=4 & (\textit{verläuft durch } \mathrm{P}(1\mid 4)) \\ f'(1)=0 & (\textit{hier Steigung } 0) \\ f''(1)=0 & (\textit{hier „keine Krümmung“}) \end{cases}$
Schaubild schneidet das Schaubild der bekannten Funktion $g(x)$ an der Stelle 2	$f(2)=g(2)$ $(\textit{hier gleicher } y\textit{-Wert})$
Schaubild berührt das Schaubild der bekannten Funktion $g(x)$ an der Stelle 4	$\begin{cases} f(4)=g(4) & (\textit{hier gleicher } y\textit{-Wert}) \\ f'(4)=g'(4) & (\textit{hier gleiche Steigung}) \end{cases}$

2. Möglichkeit: Regression

Beispiel:
Gesucht ist die Gleichung einer Parabel (2. Grades), deren Schaubild **näherungsweise** durch die dargestellten Punkte verläuft.

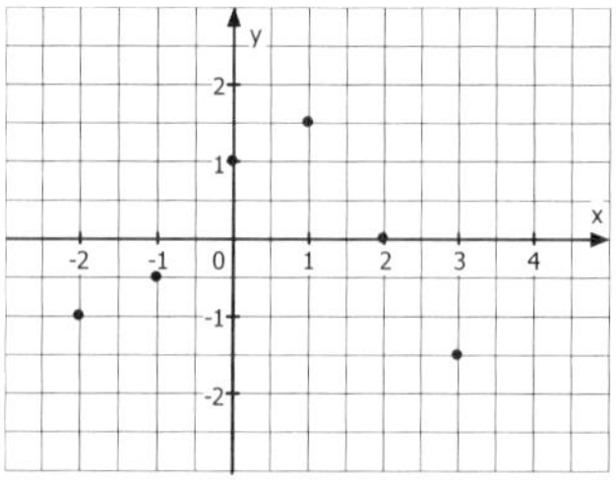
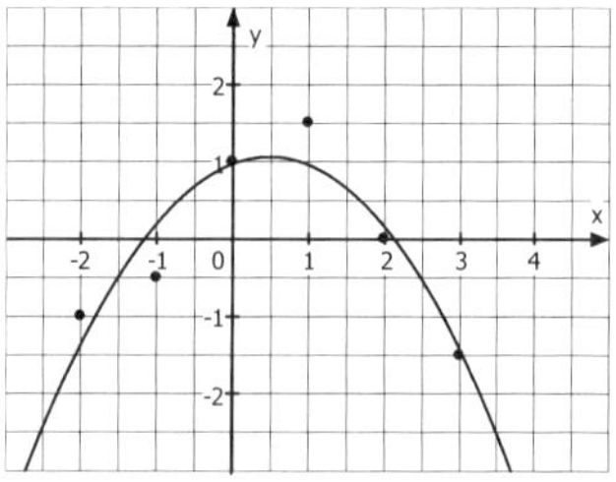

CASIO fx-87DE X		TI-30X Plus MultiView	
[MENU] [3]		[data]	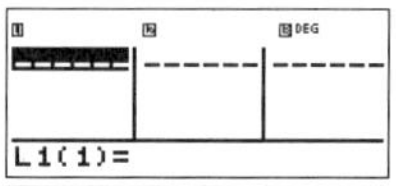
[3]	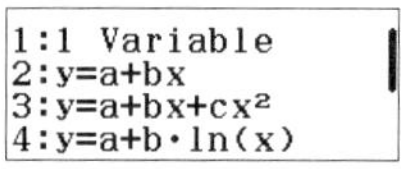	Koordinaten aller Punkte eintragen;	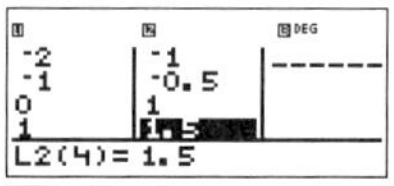
Koordinaten aller Punkte eintragen;	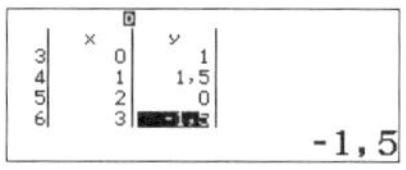	[2nd]; [mode]	
[AC]	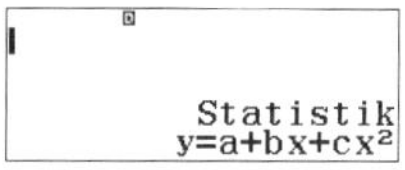	[2nd]; [data]	
[OPTN]; [3]	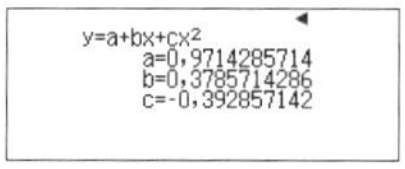	[↓]; [↓]; [↓]; [↓]	
Achtung: Der CASIO-WTR geht von $y = a + bx + cx^2$ aus!		[enter]	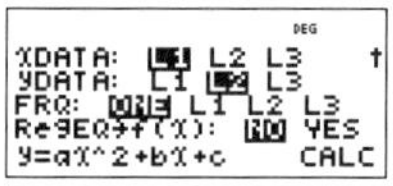
		[↓]; [↓]; [↓]; [→]; [↓]; [enter]	

Gleichung der Regressionsfunktion: $f(x) = -0,393x^2 + 0,379x + 0,971$

Notwendig: Mindestens so viele Punkte wie unbekannte Koeffizienten im Ansatz.

Das Bestimmtheitsmaß r^2

• Gibt die **Güte einer Regression** an, beurteilt also, wie „genau" die Kurve durch die Punkte verläuft.

• r^2 kann hierbei Werte zwischen 0 (Kurve „passt nicht" zur Punktwolke) und 1 (Kurve verläuft durch alle Punkte) annehmen.

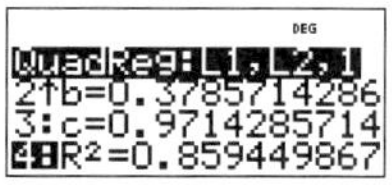

Im Beispiel gilt $r^2 \approx 0,86$, was auf eine „recht hohe" Anpassung der Kurve an die Punkte hindeutet.

http://frv.tv/6o

3. Möglichkeit: Nullstellenansatz bei ganzrationalen Funktionen

Beispiel

Gesucht ist die Funktionsgleichung zum nebenstehenden Schaubild.

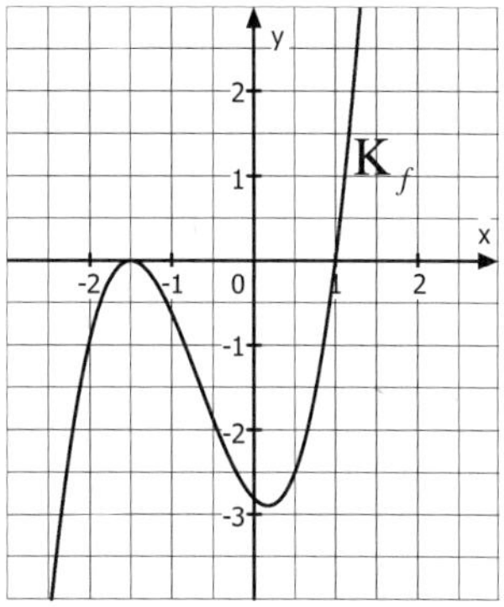

Lösung

Da die Nullstellen $(x_{1/2} = -1{,}5;\ x_3 = 1)$ des Schaubildes ablesbar sind, kann der Nullstellenansatz der Funktion (S. 10) weitgehend aufgestellt werden:

$f(x) = a \cdot (x+1{,}5)^2 \cdot (x-1)$

Dann werden die Koordinaten eines weiteren Punktes, der kein Schnittpunkt mit der x-Achse ist, eingesetzt:

P$(0{,}5 \mid -2{,}5)$:

$$\begin{aligned} f(x) &= a \cdot (x+1{,}5)^2 \cdot (x-1) \\ -2{,}5 &= a \cdot (0{,}5+1{,}5)^2 \cdot (0{,}5-1) \\ -2{,}5 &= -2a \\ \frac{5}{4} &= a \end{aligned}$$

$$\Rightarrow f(x) = \frac{5}{4} \cdot (x+1{,}5)^2 \cdot (x-1)$$

Notwendig

$\begin{cases} 2 \\ 3 \\ 4 \end{cases}$ Nullstellen bei einer ganzrationalen Funktion $\begin{cases} 2. \\ 3. \\ 4. \end{cases}$ Grades und mind. ein weiterer Punkt.

3.12 Extremwertaufgaben

Beispiel

Aus einer parabelförmigen Holzplatte soll ein möglichst großes Dreieck (s. Skizze, mit rechtem Winkel rechts unten) herausgesägt werden.
Der Rand der Holzplatte wird durch das Schaubild der Funktion f mit $f(x) = -\frac{7}{72}x^2 + \frac{7}{2}$ beschrieben.
Welchen Flächeninhalt kann ein solches Dreieck höchstens haben?

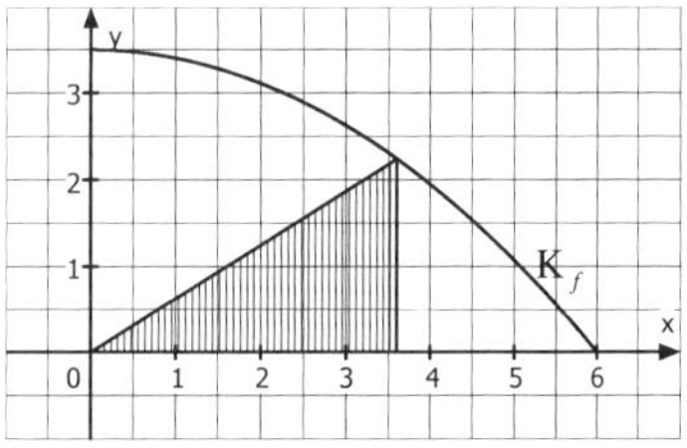

<table>
<tr><th colspan="2">Das Rezept</th></tr>
<tr><td colspan="2">Zutaten </td></tr>
<tr><td>1. Skizze machen: Alles einzeichnen was in der Aufgabenstellung beschrieben wird.</td><td>(hier gegeben)</td></tr>
<tr><td>2. Koordinaten möglichst vieler relevanter Punkte (eventuell in Abhängigkeit von u) angeben.
Hierbei beachten: Ein Punkt, der „irgendwo auf dem Schaubild“ liegt, besitzt die Koordinaten $(u \mid f(u))$.</td><td>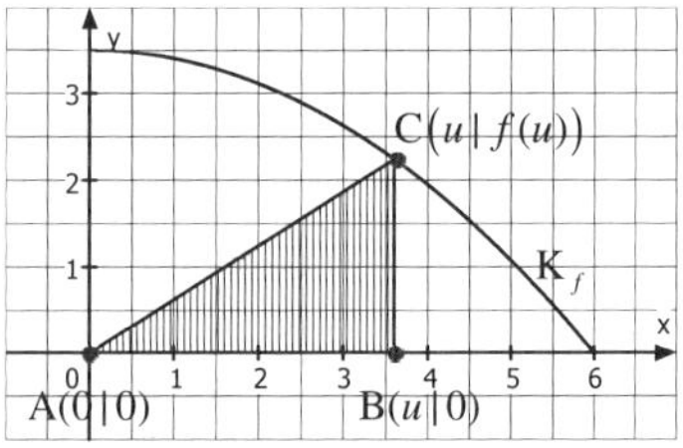
</td></tr>
<tr><td colspan="2">Kochen </td></tr>
<tr><td>3. Allgemeine Zielfunktion bestimmen.
Formel für die Größe suchen, die maximal (bzw. minimal) werden soll.
(z.B. $A = \frac{1}{2} \cdot a \cdot b$; $A = \frac{1}{2} \cdot c \cdot h_c$; $A = a \cdot b$; $U = 2 \cdot a + 2 \cdot b$; ...)</td><td>Flächeninhalt rechtwinkliges Dreieck:
$A = \frac{1}{2} \cdot a \cdot b$ (Allgemeine Zielfunktion)</td></tr>
<tr><td>4. Benötigte Strecken (a, b, c, h_c, ...) für Allgemeine Zielfunktion in Skizze einzeichnen.</td><td>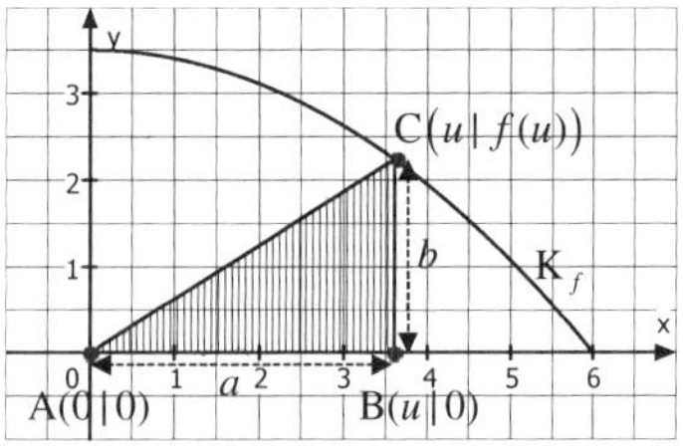
</td></tr>
</table>

5. Konkrete Zielfunktion bestimmen. **Streckenlängen** durch die Koordinaten der Punkte aus 2. **ausdrücken**. Hierbei beachten: - waagr. Streckenlänge: $x_{\text{rechts}} - x_{\text{links}}$ - senkr. Streckenlänge: $y_{\text{oben}} - y_{\text{unten}}$ **Funktionsterm** aus Aufgabenstellung **einsetzen**.	$A(u) = \frac{1}{2} \cdot a \cdot b$ $A(u) = \frac{1}{2} \cdot (u - 0) \cdot (f(u) - 0)$ $A(u) = \frac{1}{2} \cdot u \cdot \left(-\frac{7}{72}u^2 + \frac{7}{2} - 0\right)$ (Konkrete Zielfunktion)
6. Schaubild der **Konkreten Zielfunktion** auf **Hochpunkt** (bzw. Tiefpunkt) **untersuchen**.	$A(u) = \frac{1}{2} \cdot u \cdot \left(-\frac{7}{72}u^2 + \frac{7}{2}\right) = -\frac{7}{144}u^3 + \frac{7}{4}u;$ $A'(u) = -\frac{7}{48}u^2 + \frac{7}{4};\ A''(u) = -\frac{7}{24}u$ 1. $A'(u) = 0:\ -\frac{7}{48}u^2 + \frac{7}{4} = 0$ Lösung: $u_1 \approx 3{,}46 \quad (u_2 \approx -3{,}46$ nicht in D) 2. $A''(3{,}46) \approx -\frac{7}{24} \cdot 3{,}46 < 0 \quad \rightarrow H$ 3. $A(3{,}46) \approx -\frac{7}{144} \cdot 3{,}46^3 + \frac{7}{4} \cdot 3{,}46 \approx 4{,}04$ $\rightarrow H(3{,}46 \mid 4{,}04)$
7. Randwertuntersuchung **Grenzen des Definitionsbereiches** für u in Konkrete Zielfunktion **einsetzen**. Erhaltene y-Werte mit dem y-Wert des Hochpunktes (bzw. Tiefpunktes) **vergleichen**.	Definitionsbereich: $D = [0;\ 6]$ (s. Skizze) $A(0) = 0 \quad < 4{,}04$ $A(6) = 0 \quad < 4{,}04$
Servieren	
8. Antwortsatz Für $u = \ldots$ (x-Wert Extrempunkt) wird ... (gesuchte Größe) maximal (bzw. minimal). Diese beträgt dann ... (y-Wert Extrempunkt).	**Antwortsatz** Für $u \approx 3{,}46$ wird der Flächeninhalt des Dreiecks maximal. Dieser beträgt dann ungefähr 4,04 Flächeneinheiten.

3.13 Wachstum und Zerfall (nur LK)

1. (Natürliches) exponentielles Wachstum bzw. Zerfall

Exponentielles Wachstum	**Exponentieller Zerfall**

Beispiel

Exponentielles Wachstum	Exponentieller Zerfall
Ein Geldbetrag von 500 EUR wird bei einer Bank zu einem Zinssatz von 5 % angelegt.	Von dem radioaktiven Jod 131 sind zu Beginn 7 mg vorhanden. Täglich zerfallen 8 % der vorhandenen Menge.

Funktionsterm $f(t) = a \cdot e^{k \cdot t}$

$(a\text{: Anfangsbestand} = f(0))$

Exponentielles Wachstum	Exponentieller Zerfall
$f(t) = 500 \cdot e^{\ln(1+\frac{5}{100})\cdot t} = 500 \cdot e^{0{,}0488 \cdot t}$ $(k > 0)$	$f(t) = 7 \cdot e^{\ln(1-\frac{8}{100})\cdot t} = 7 \cdot e^{-0{,}0834 \cdot t}$ $(k < 0)$

Schaubild

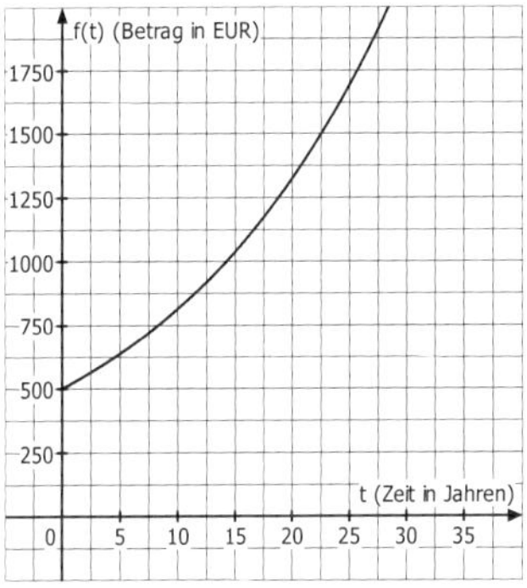

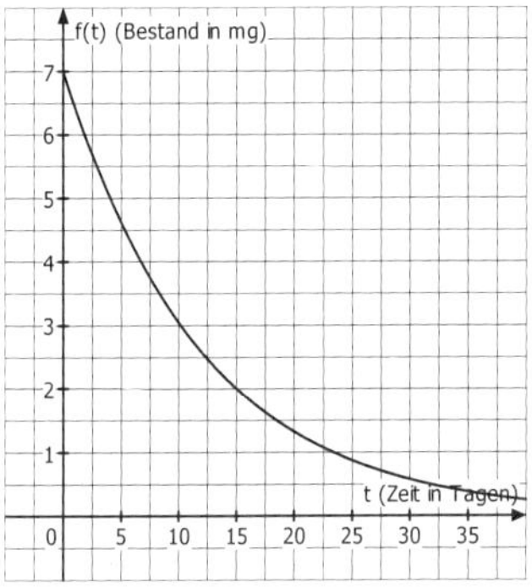

Verdopplungszeit	**Halbwertszeit**
$t_V = \frac{\ln(2)}{k} = \frac{\ln(2)}{0{,}0488} = 14{,}2$ (Jahre)	$t_H = \frac{\ln(0{,}5)}{k} = \frac{\ln(0{,}5)}{-0{,}0834} = 8{,}31$ (Tage)

Merkmal

Bestand ändert sich von Zeitschritt zu Zeitschritt stets um den gleichen Faktor bzw. Prozentsatz.

Differentialgleichung : $f'(t) = k \cdot f(t)$

(k: Wachstums- bzw. Zerfallskonstante; $f'(t)$: Wachstums- bzw. Zerfallsgeschwindigkeit)

Die Änderungsgeschwindigkeit $f'(t)$ ist also proportional zum vorhandenen Bestand $f(t)$.

„Je mehr Bestand vorhanden ist, desto größer ist die Änderung“.

http://frv.tv/2a

2. Beschränktes Wachstum bzw. Zerfall

Beschränktes Wachstum	Beschränkter Zerfall

Beispiel

Ein Glas mit Milch wird aus dem Kühlschrank (5 °C) genommen und ins Wohnzimmer (20 °C) gestellt.	Eine Pizza wird aus dem Backofen (160 °C) genommen und ins Wohnzimmer (20 °C) gelegt.

Funktionsterm: $\boldsymbol{f(t) = \mathrm{S} - a \cdot e^{-k \cdot t}}$

$\left(\mathrm{S}\text{: Schranke; } a = \mathrm{S} - f(0) = \text{Schranke} - \text{Anfangsbestand}\right)$

$(k = 0{,}2 \text{ hier gegeben})$

$f(t) = 20 - (20 - 5) \cdot e^{-0,2 \cdot t} = 20 - 15 \cdot e^{-0,2 \cdot t}$	$f(t) = 20 - (20 - 160) \cdot e^{-0,2 \cdot t} = 20 + 140 \cdot e^{-0,2 \cdot t}$
(Wachstum, da $a = \mathrm{S} - f(0) > 0$; Schranke größer als Anfangsbestand)	(Zerfall, da $a = \mathrm{S} - f(0) < 0$; Schranke geringer als Anfangsbestand)

Schaubild

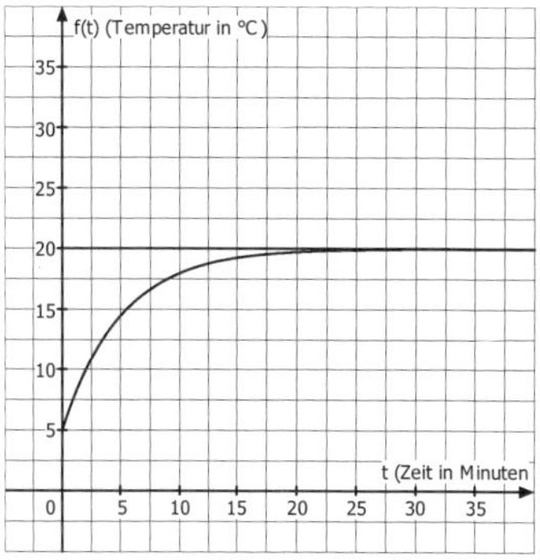

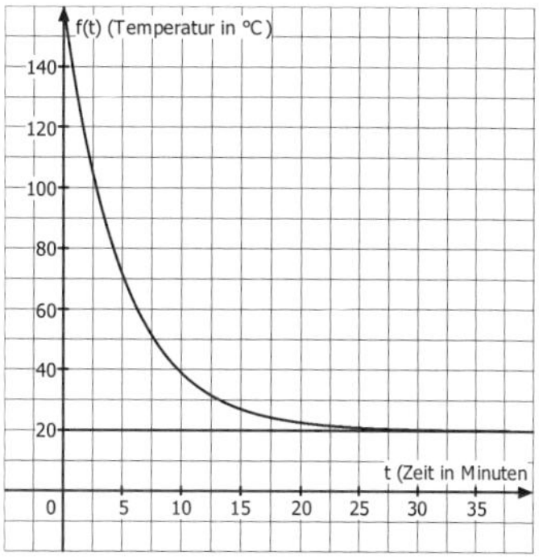

Merkmal

Der Bestand einer zu- oder abnehmenden Größe ist durch eine obere oder untere **Schranke** (**Asymptote** $y = \mathrm{S}$) beschränkt.

Differentialgleichung: $\boldsymbol{f'(t) = k \cdot (\mathrm{S} - f(t))}$

(k: Wachstums- bzw. Zerfallskonstante; $f'(t)$: Wachstums- bzw. Zerfallsgeschwindigkeit)

Die Änderungsgeschwindigkeit $f'(t)$ ist also proportional zum Sättigungsmanko $\mathrm{S} - f(t)$.

„Je mehr Abstand noch bis zur Schranke vorhanden ist, desto größer ist die Änderung“.

4. Integralrechnung

4.1 Integrationsregeln („Aufleitungsregeln“)

Nr.	Beispiel	Vorgehen
Elementarregeln		
1	$f(x) = x^5$ $F(x) = \frac{1}{6}x^6$ $f(x) = 1$ $F(x) = x$ $f(x) = \frac{1}{x^2} = x^{-2}$ $F(x) = \frac{1}{-1} \cdot x^{-1} = -\frac{1}{x}$ Spezialfall: $f(x) = \frac{1}{x}$ (nur LK) $F(x) = \ln\lvert x\rvert$	$f(x) = x^{Exponent}$ $F(x) = \frac{1}{Exponent+1} \cdot x^{Exponent+1}$ (Potenzregel)
2	$f(x) = e^x$ $F(x) = e^x$	*Abschreiben*
3	$f(x) = \sin(x)$ $F(x) = -\cos(x)$	sin ↙ ↖ −cos cos ↘ ↗ −sin (*Gegen den Uhrzeigersinn!*)
4	$f(x) = \cos(x)$ $F(x) = \sin(x)$	

http://frv.tv/3s

Nr.	Beispiel	Vorgehen
	Vorgehensregeln	
5	$f(x) = \mathbf{2} \cdot x^2$ $F(x) = \mathbf{2} \cdot \frac{1}{3}x^3 = \frac{2}{3}x^3$	*„Zahlen" mit · oder : „bleiben"* (Faktorregel)
6	$f(x) = x^2 + \mathbf{2}$ $F(x) = \frac{1}{3}x^3 + \mathbf{2x}$	*„Zahlen" mit + oder − „erhalten ein x"*
7	$f(x) = x^2 - 4x$ $F(x) = \frac{1}{3}x^3 - 2x^2$	*+ und − Zeichen unterteilen die Funktion in Teilfunktionen, welche einzeln aufgeleitet werden* (Summenregel)

	Zusatz: Partielle Integration („Produktregel zum Aufleiten")	
8	$f(x) = x \cdot \sin(x)$ $\begin{pmatrix} u(x) = x; & v'(x) = \sin(x) \\ \downarrow & \downarrow \\ u'(x) = 1; & v(x) = -\cos(x) \end{pmatrix}$ $F(x) = x \cdot (-\cos(x)) - \int -\cos(x)\,dx$ $= -x \cdot \cos(x) + \sin(x)$ $f(x) = e^{2x} \cdot x$ $\begin{pmatrix} u(x) = x; & v'(x) = e^{2x} \\ \downarrow & \downarrow \\ u'(x) = 1; & v(x) = \frac{1}{2}e^{2x} \end{pmatrix}$ $F(x) = \frac{1}{2}x \cdot e^{2x} - \int \left(\frac{1}{2}e^{2x}\right)dx$ $= \frac{1}{2}x \cdot e^{2x} - \frac{1}{4}e^{2x}$	*Ein Faktor wird als „abgeleitet angenommen"* $\downarrow$ $f(x) = u(x) \cdot v'(x)$ $F(x) = u(x) \cdot v(x) - \int \left(u'(x) \cdot v(x)\right)dx$ $\uparrow$ *bedeutet: „Aufleiten"!*

Hinweis: Auch beim 2. Beispiel wird $u(x) = x$ (und nicht $u(x) = e^{2x}$) gewählt, da dann das „Aufleiten" von $u'(x) \cdot v(x)$ (wegen $u'(x) = 1$) direkt möglich ist.

Nr.	Beispiel	Vorgehen
	Anwendungen der Kettenregel	
9	$f(x)=(2x+3)^5$ $F(x)=\frac{1}{6}\cdot(2x+3)^6\cdot\frac{1}{2}$ $=\frac{1}{12}\cdot(2x+3)^6$ $f(x)=\frac{1}{(2x+3)^5}$ $=(2x+3)^{-5}$ $F(x)=\frac{1}{-4}\cdot(2x+3)^{-4}\cdot\frac{1}{2}$ $=-\frac{1}{8}\frac{1}{(2x+3)^4}$ Spezialfall: $f(x)=\frac{1}{(2x+3)}$ (nur LK) $F(x)=\ln\lvert 2x+3\rvert\cdot\frac{1}{2}$	$f(x)=(\mathit{Klammerinhalt})^{\mathit{Exponent}}$ $F(x)=\frac{1}{\mathit{Exponent}+1}\cdot(\mathit{Klammerinhalt})^{\mathit{Exponent}+1}\cdot\frac{1}{\mathit{Klammerinhalt\ abgeleitet}}$ Spezialfall: $f(x)=\frac{1}{(\mathit{Klammerinhalt})}$ $F(x)=\ln\lvert\mathit{Klammerinhalt}\rvert\cdot\frac{1}{\mathit{Klammerinhalt\ abgeleitet}}$
10	$f(x)=e^{2x+3}$ $F(x)=e^{2x+3}\cdot\frac{1}{2}$	$f(x)=e^{\mathit{Exponent}}$ $F(x)=e^{\mathit{Exponent}}\cdot\frac{1}{\mathit{Exponent\ abgeleitet}}$
11	$f(x)=\sin(2x+3)$ $F(x)=-\cos(2x+3)\cdot\frac{1}{2}$	$f(x)=\sin(\mathit{Klammerinhalt})$ $F(x)=-\cos(\mathit{Klammerinhalt})\cdot\frac{1}{\mathit{Klammerinhalt\ abgeleitet}}$
12	$f(x)=\cos(2x+3)$ $F(x)=\sin(2x+3)\cdot\frac{1}{2}$	$f(x)=\cos(\mathit{Klammerinhalt})$ $F(x)=\sin(\mathit{Klammerinhalt})\cdot\frac{1}{\mathit{Klammerinhalt\ abgeleitet}}$

Hinweis: Streng genommen gilt das obige Vorgehen nur, falls der *Klammerinhalt* bzw. *Exponent* **linear** („enthält nur x, also kein $x^2, e^x, \ldots$“) ist.
Andere Funktionen müssen im Abitur jedoch auch nicht „aufgeleitet“ werden.

1. Bemerkung (Integrationskonstante)

Eine Funktion hat **nur eine** Ableitungsfunktion, aber **unendlich viele** Stammfunktionen, da der hintere Summand ***c*** (genannt: Integrationskonstante) beim Ableiten verschwindet.

Allg.: $\mathrm{F}(x)=\frac{1}{3}x^3+\boldsymbol{c}$

$$\mathrm{F}(x)=\frac{1}{3}x^3 \qquad \mathrm{F}(x)=\frac{1}{3}x^3+2 \qquad \mathrm{F}(x)=\frac{1}{3}x^3-3$$

$$\nwarrow \qquad \uparrow \qquad \nearrow$$

$$f(x)=x^2$$

$$\downarrow$$

$$f'(x)=2x$$

Grafische Erklärung : c verschiebt das Schaubild der Stammfunktion nur nach oben bzw. unten und ist also für die Steigung unerheblich. Deshalb haben „alle Stammfunktionen" F dieselbe (abgeleitete) Funktion f.

2. Bemerkung („Aufleiten" bei Funktionenscharen)

Der Parameter (t) wird beim „Aufleiten" wie eine Zahl behandelt.

Beispiel: $f_t(x)=t^2x^3+t$

$$\mathrm{F}_t(x)=\frac{1}{4}t^2x^4+tx$$

4.2 Flächeninhaltsberechnung zwischen Schaubild und *x*-Achse

1. Fläche oberhalb der *x*-Achse

Beispiel

Gegeben ist die Funktion f mit $f(x) = -x^2 + 1$.
Welchen Inhalt besitzt die schraffierte Fläche?

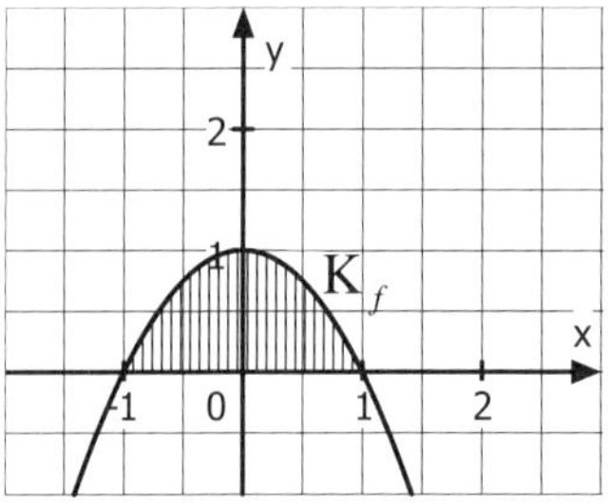

Ansatz

$$\mathbf{A} = \int_a^b f(x)\,dx = [\mathbf{F}(x)]_a^b = \mathbf{F}(b) - \mathbf{F}(a)$$

Lösung

$$\mathrm{A} = \int_{-1}^{1} \left(-x^2 + 1\right) dx = \left[-\frac{1}{3}x^3 + x\right]_{-1}^{1} = -\frac{1}{3}\cdot 1^3 + 1 - \left(-\frac{1}{3}\cdot(-1)^3 + (-1)\right) \approx 1{,}333 \text{ FE}$$

Rechte Grenze nach oben, linke nach unten — *aufleiten* — *Rechte und linke Grenze in Stammfunktion einsetzen, voneinander subtrahieren*

Merkregel

$$\mathbf{A} = \int_{\text{linke Grenze}}^{\text{rechte Grenze}} (\textbf{Funktionsterm})\ dx$$

2. Fläche unterhalb der *x*-Achse

Unterschied

$$\mathrm{A} = \int_{-1}^{1} -f(x)\,dx$$

Minuszeichen beachten!
Sonst: negatives Ergebnis

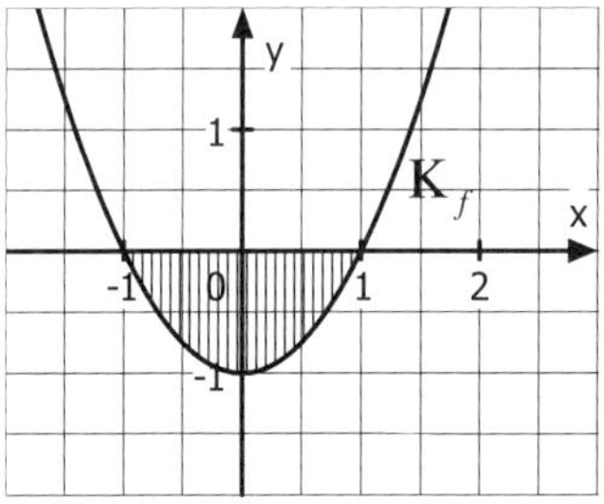

Hinweis: Falls Sie versehentlich ein negatives Ergebnis erhalten, können Sie dies korrigieren, indem Sie **Betragsstriche** setzen.

http://frv.tv/3t

3. Zusammengesetzte Fläche

Beispiel : Gegeben ist die Funktion f mit $f(x)=\frac{1}{3}x^3-\frac{1}{6}x^2-\frac{5}{3}x$. Welchen Inhalt besitzt die schraffierte Fläche?

Vorgehen (am Beispiel)

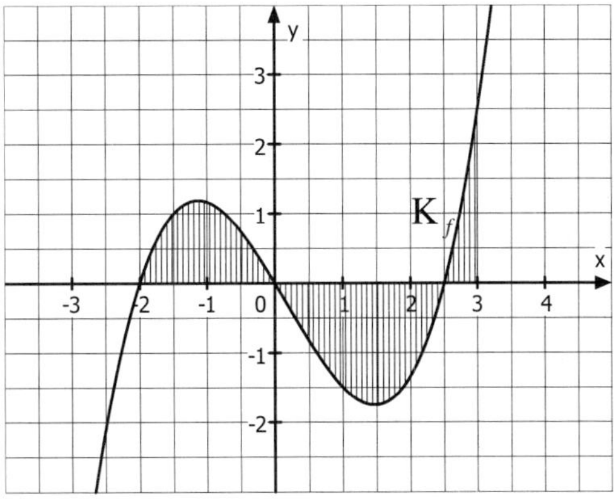

1. Nullstellen bestimmen

$f(x)=0 \rightarrow x_1=-2;\ x_2=0;\ x_3=2,5$

2. Teilflächeninhalte bestimmen

$A_1=\int_{-2}^{0} f(x)dx \approx 1,56;$

$A_2=\int_{0}^{2,5} -f(x)\ dx \approx 2,82;$

$A_3=\int_{2,5}^{3} f(x)\ dx \approx 0,57$

3. Gesamtflächeninhalt bestimmen

$A=A_1+A_2+A_3 \approx 1,56+2,82+0,57=4,95$ FE

Von Nullstelle zu Nullstelle integrieren!
Ansonsten werden positive und negative Flächeninhaltswerte zu einer **„Flächenbilanz"** verrechnet.

4. Interpretation von Flächeninhalten

Der Inhalt der markierten Fläche gibt an …

Beispiel 1

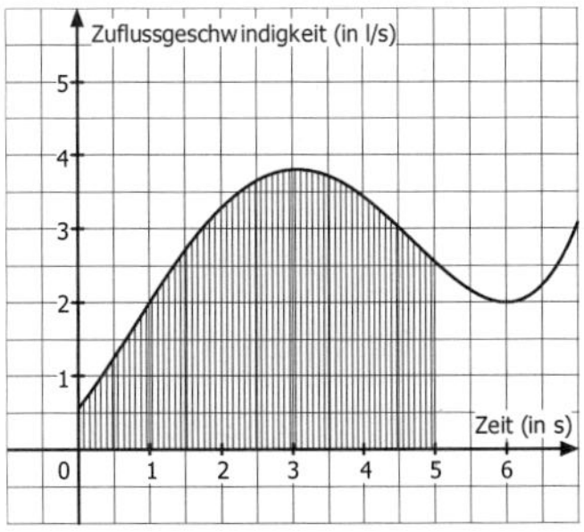

… welche Wassermenge (in l) innerhalb von 5 s zugeflossen ist.

Beispiel 2

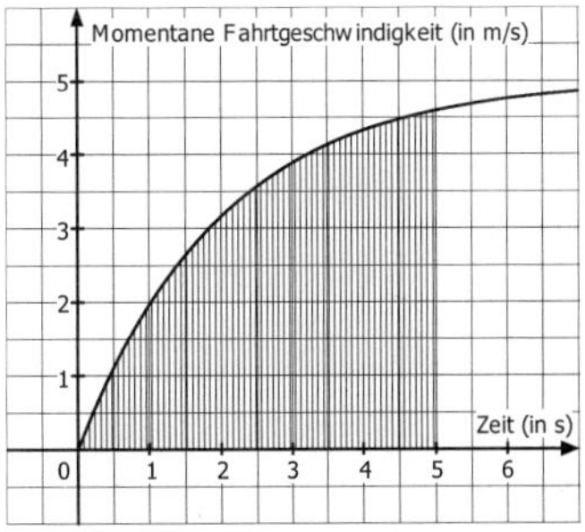

… welche Strecke (in m) innerhalb von 5 s zurückgelegt wurde.

Tipp : Einheit Integral („Fläche")= Einheit Funktion · Einheit Variable (z.B. $m=\frac{m}{s}\cdot s$)

4.3 Flächeninhaltsberechnung zwischen zwei Schaubildern

1. Einzelfläche

Beispiel

Gegeben sind die Funktionen f mit $f(x)=-x^2+1$ und g mit $g(x)=x-1$.
Welchen Inhalt besitzt die schraffierte Fläche?

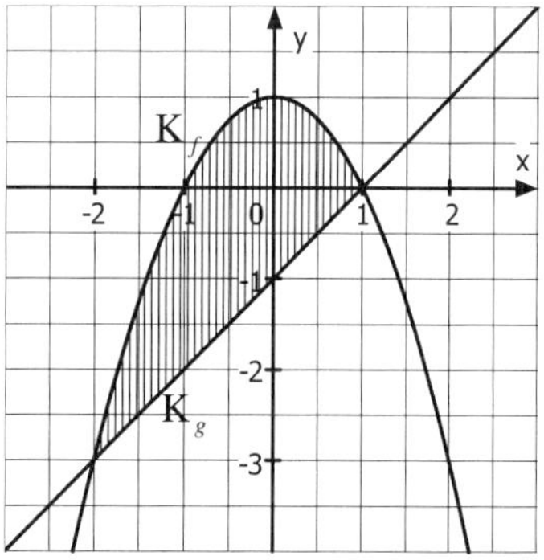

Ansatz

$$\mathbf{A}=\int_a^b \big(\boldsymbol{f(x)}-\boldsymbol{g(x)}\big)\,\boldsymbol{dx}$$

Lösung

Rechte Grenze nach oben, linke nach unten ↘ *Oberer Funktionsterm minus unterer Funktionsterm* ↙ *eventuell vereinfachen* ⟶ *aufleiten* ⟶

$$\mathrm{A}=\int_{-2}^{1}\big((-x^2+1)\;-\;(x-1)\big)\,dx \;=\; \int_{-2}^{1}\big(-x^2-x+2\big)\,dx \;=\; \left[-\frac{1}{3}x^3-\frac{1}{2}x^2+2x\right]_{-2}^{1}$$

$$=-\frac{1}{3}\cdot 1^3-\frac{1}{2}\cdot 1^2+2\cdot 1\;-\;\left(-\frac{1}{3}\cdot(-2)^3-\frac{1}{2}\cdot(-2)^2+2\cdot(-2)\right)\;=\;4{,}5\text{ FE}$$

⟶ *Rechte und linke Grenze in Stammfunktion einsetzen, voneinander subtrahieren*

Merkregel

$$\mathbf{A}=\int_{\text{linke Grenze}}^{\text{rechte Grenze}}\textbf{(oberer Funktionsterm – unterer Funktionsterm)}\;\boldsymbol{dx}$$

Bemerkung (Lage zur x - Achse)

Bei einer Fläche, die zwischen zwei Schaubildern liegt, ist es hingegen völlig unerheblich, ob sich diese oberhalb oder unterhalb der x-Achse befindet.

http://frv.tv/3u

2. Zusammengesetzte Fläche

Beispiel : Gegeben sind die Funktionen f mit $f(x)=\frac{1}{3}x^3-\frac{1}{6}x^2-\frac{5}{3}x$ und g mit $g(x)=-0,5x$. Welchen Inhalt besitzt die schraffierte Fläche?

Vorgehen (am Beispiel)

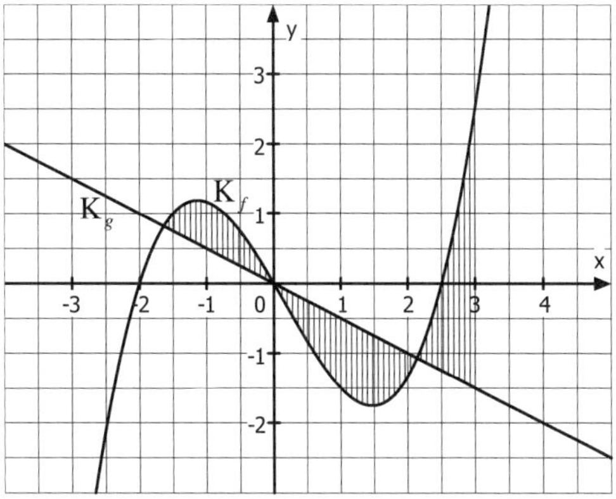

1. Schnittstellen bestimmen

$f(x)=g(x) \rightarrow x_1 \approx -1,64;\ x_2=0;\ x_3 \approx 2,14$

2. Teilflächeninhalte bestimmen

$$A_1=\int_{-1,64}^{0}\left(f(x)-g(x)\right)dx \approx 0,72;$$

$$A_2=\int_{0}^{2,14}\left(g(x)-f(x)\right)dx \approx 1,47;$$

$$A_3=\int_{2,14}^{3}\left(f(x)-g(x)\right)dx \approx 1,47$$

3. Gesamtflächeninhalt bestimmen

$A=A_1+A_2+A_3 \approx 0,72+1,47+1,47=3,66$ FE

Von Schnittstelle zu Schnittstelle integrieren!
Ansonsten werden positive und negative Flächeninhaltswerte zu einer **„Flächenbilanz“** verrechnet.

4.4 Berechnung des Rotationsvolumens (nur LK): Fläche zwischen Schaubild und x-Achse rotiert um die x-Achse

Beispiel

Gegeben ist die Funktion f mit $f(x) = x + 0,5$.
Deren Schaubild rotiert zwischen den beiden Grenzen $a = 0$ und $b = 2$ um die x-Achse.
Welches Volumen besitzt der entstehende Rotationskörper?

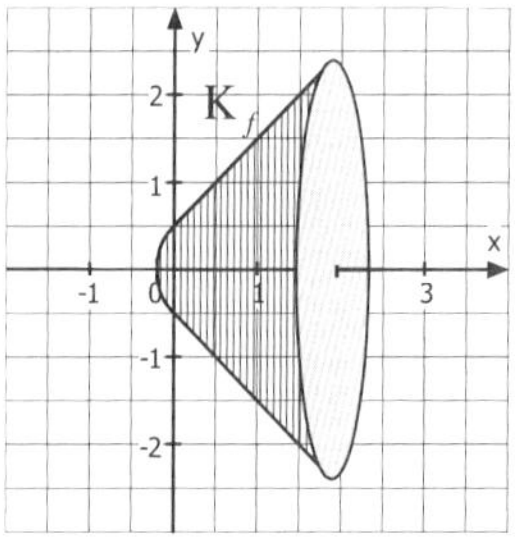

Ansatz

$$\mathbf{V}_{rot} = \pi \cdot \int_a^b \left(f(x)\right)^2 dx$$

Lösung

Rechte Grenze nach oben, linke nach unten ↓ — *quadrieren, 1. Binomische Formel* ⟶ — *aufleiten* ⟶

$$\mathrm{V}_{rot} = \pi \cdot \int_0^2 \left((x+0,5)^2\right) dx = \pi \cdot \int_0^2 \left(x^2 + x + 0,25\right) dx = \pi \cdot \left[\frac{1}{3}x^3 + \frac{1}{2}x^2 + 0,25x\right]_0^2$$

$$= \pi \cdot \left(\frac{1}{3} \cdot 2^3 + \frac{1}{2} \cdot 2^2 + 0,25 \cdot 2 \; - \; (0)\right) = 16,23 \text{ VE}$$

⟶ *Rechte und linke Grenze in Stammfunktion einsetzen, voneinander subtrahieren*

http://frv.tv/3v

4.5 Berechnung des Rotationsvolumens (nur LK): Fläche zwischen zwei Schaubildern rotiert um die x-Achse

Beispiel

Gegeben sind die beiden Funktionen f mit $f(x)$ und g mit $g(x)$. Die Fläche zwischen den beiden zugehörigen Schaubildern und den Grenzen $a=0$ und $b=2$ rotiert um die x-Achse. Welches Vorgehen führt zum Volumen des entstehenden Rotationskörpers?

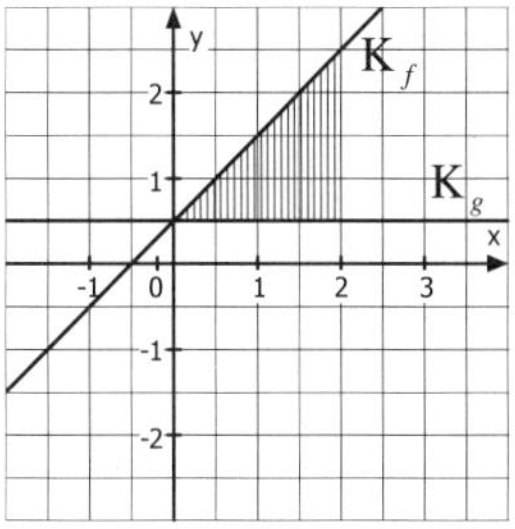

→

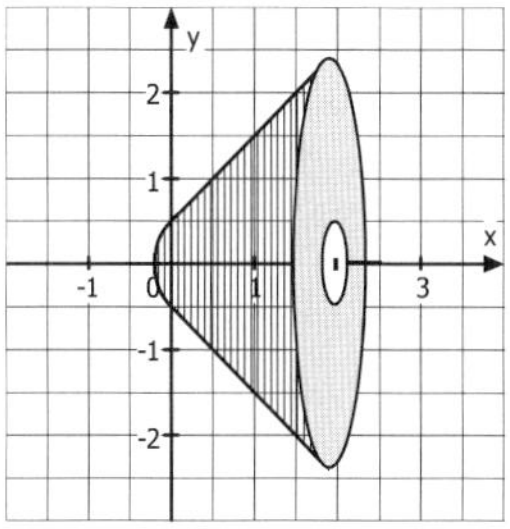

Vorgehen (am Beispiel)

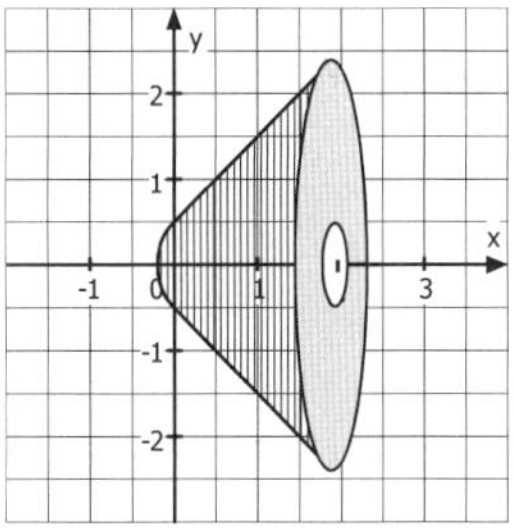

=

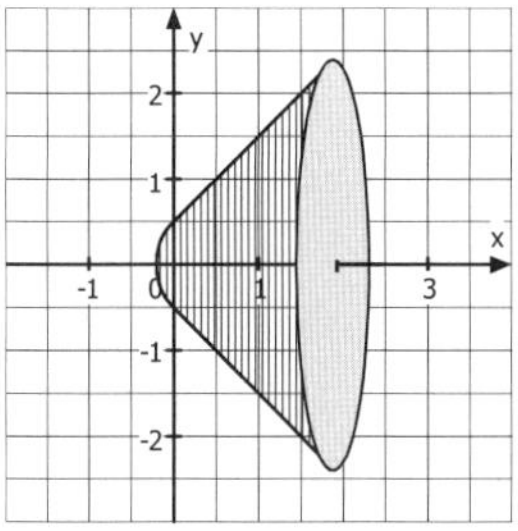

−

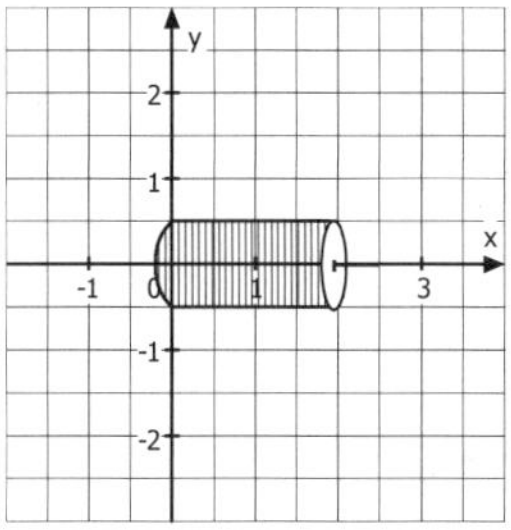

$$V_{rot} = V_{gesamt} - V_{\text{„Hohlraum"}}$$

$$= \pi \cdot \int_0^2 \left(f(x)\right)^2 dx - \pi \cdot \int_0^2 \left(g(x)\right)^2 dx$$

$$= \pi \cdot \int_0^2 \left(f(x)\right)^2 - \left(g(x)\right)^2 dx$$

$$\left(\neq \quad \pi \cdot \int_0^2 \left(f(x) - g(x)\right)^2 dx \quad \text{Falscher Ansatz!} \right)$$

4.6 Mittelwert (durchschnittlicher y-Wert) einer Funktion

Beispiel

Die Funktion f mit $f(x)=-10x^2+60x$ gibt zu jedem Zeitpunkt die momentane Geschwindigkeit eines Zuges während einer 6-stündigen Zugfahrt an. Welche **durchschnittliche Geschwindigkeit** hat der Zug von der 2. bis zur 5. Stunde?

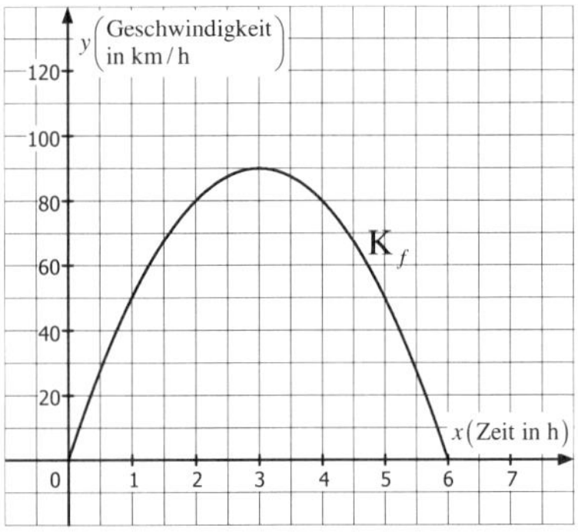

Ansatz

$$\overline{m}=\frac{1}{b-a}\cdot\int_a^b f(x)\,dx$$

Lösung

$$\overline{m}=\frac{1}{5-2}\cdot\int_2^5\left(-10x^2+60x\right)dx=\frac{1}{3}\cdot\left[-\frac{10}{3}x^3+\frac{60}{2}x^2\right]_2^5$$

$$=\frac{1}{3}\cdot\left(-\frac{10}{3}\cdot 5^3+\frac{60}{2}\cdot 5^2\ -\ \left(-\frac{10}{3}\cdot 2^3+\frac{60}{2}\cdot 2^2\right)\right)=80\,[\text{km/h}]$$

Bemerkungen

- Der Ansatz zur Berechnung der **mittleren (durchschnittlichen) Steigung** eines Schaubildes in einem bestimmten Bereich lautet:

$$\frac{1}{b-a}\cdot\int_a^b f'(x)\,dx \qquad \left(\text{alternativ über Sekantensteigung: } \frac{y_2-y_1}{x_2-x_1}=\frac{f(b)-f(a)}{b-a}\right)$$

- Der Ansatz zur Berechnung der **mittleren (durchschnittlichen) Abweichung** zwischen den y-Werten zweier Funktionen (bzw. des mittleren Abstandes der zugehörigen Schaubilder) in einem bestimmten Bereich lautet:

$$\frac{1}{b-a}\cdot\int_a^b\left|f(x)-g(x)\right|dx$$

http://frv.tv/2f

4.7 Flächen, die bis ins Unendliche reichen (Uneigentliche Integrale) (nur LK)

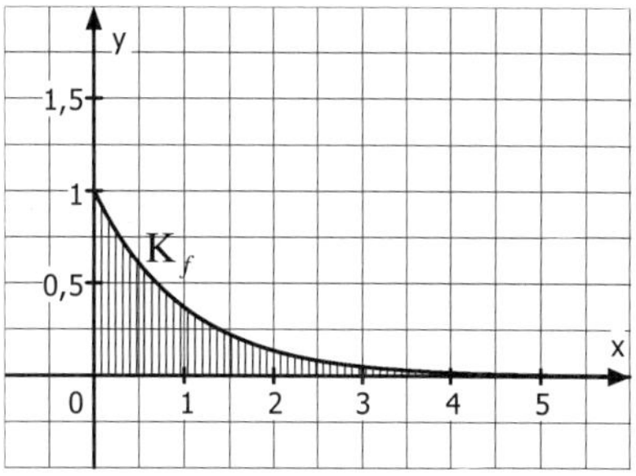

Beispiel

Der Inhalt der rechts offenen Fläche, die durch das Schaubild der Funktion f mit $f(x) = e^{-x}$ und die beiden Koordinatenachsen eingeschlossen wird, soll berechnet werden.

Problem : Schaubild schneidet die x-Achse nicht. Rechte Grenze liegt „unendlich weit rechts“.

Vorgehen (am Beispiel)

1. Unbekannte Grenze mit z bezeichnen, damit Flächeninhalt A(z) bestimmen

$$\mathrm{A}(z) = \int_0^z \left(e^{-x}\right) dx = \left[-e^{-x}\right]_0^z = -e^{-z} - \left(-e^{0}\right) = -e^{-z} - (-1) = -e^{-z} + 1$$

2. A(z) untersuchen, wenn z gegen $+\infty$ strebt $(z \to +\infty)$

(z.B. $z = 1000: \mathrm{A}(1000) = -e^{-10000} + 1 \approx 0 + 1 \approx 1$; „Nebenrechnung“)

$z \to +\infty \; : \; \mathrm{A}(z) = -e^{-z} + 1 \to 0 + 1 = 1 \Rightarrow$ Flächeninhalt strebt gegen 1 cm^2

Ist es für Sie wirklich einsichtig, dass der Flächeninhalt weniger als 1 cm^2 beträgt, obwohl sich die Fläche unendlich weit nach rechts erstreckt? Falls nicht, können Sie das schnell ändern, indem Sie das nachfolgende Gedankenexperiment durchführen!

Gedankenexperiment

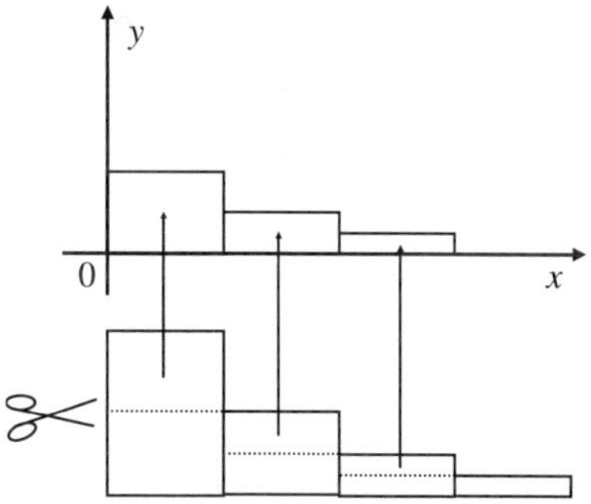

Mit einer Schere wird ein Blatt Papier halbiert.

Die obere Hälfte wird in ein Koordinatensystem gelegt.

Die untere Hälfte wird wiederum halbiert.

Deren obere Hälfte wird ebenfalls in das Koordinatensystem gelegt.

...

Nach und nach erhält man eine Fläche, welche der im oberen Koordinatensystem dargestellten Fläche ähnelt:
Die Höhe wird ebenfalls immer geringer und die Fläche erstreckt sich ebenfalls unendlich weit nach rechts. Man kann das Blatt ja (zumindest theoretisch) unendlich oft halbieren. Ist der Inhalt der Fläche unendlich groß?
Nein! Er kann niemals größer als die Fläche des Papierblattes sein!
Ebenso verhält es sich mit der oberen markierten Fläche.

http://frv.tv/2g

4.8 Wichtiges für Anwendungsorientierte Aufgaben

1. Typische Problemstellungen und benötigte Funktionen

Anwendungsorientierte Aufgaben („Textaufgaben") thematisieren oftmals (zumindest sinngemäß) eine der nachfolgenden Problemstellungen.
Hierbei liegt der Aufgabenschwerpunkt oftmals auf dem bedeutungsmäßigen Zusammenhang zwischen Funktion und Ableitungsfunktion.

Bedeutung von $f(x)$	**Bedeutung von $f'(x)$**	**Bedeutung von $\int_a^b (f'(x))\,dx$**
Pflanzenhöhe (z.B. in m) in Abhängigkeit von der Zeit (z.B. in s)	Momentane Wachstumsgeschwindigkeit einer Pflanze (z.B. in m/s) in Abh. von der Zeit	Zunahme der Pflanzenhöhe zwischen zwei Zeitpunkten
Vorhandene Wassermenge (z.B. in l) in Abh. von der Zeit (z.B. in s)	Momentane Zu- bzw. Abflussgeschwindigkeit von Wasser (z.B. in l/s) in Abh. von der Zeit	Änderung der vorhandenen Wassermenge zwischen zwei Zeitpunkten
Zurückgelegte Wegstrecke (z.B. in m) in Abh. von der Zeit (z.B. in s)	Momentane Fahrtgeschwindigkeit eines Autos (z.B. in m/s) in Abh. von der Zeit	Zurückgelegte Wegstrecke zwischen zwei Zeitpunkten
Vorhandene Alkoholmenge im Blut (z.B. in g) in Abh. von der Zeit (z.B. in min)	Momentane Abbaugeschwindigkeit von Alkohol im Blut (z.B. in g/min) in Abh. von der Zeit	Änderung der vorhandenen Alkoholmenge im Blut zwischen zwei Zeitpunkten
Beschreibt die: **Aktuellen Werte der „interessierenden Größe"** in Abh. von einer anderen Größe	Beschreibt die: **Momentane Änderung der „interessierenden Größe"** in Abh. von einer anderen Größe	
Häufiges Merkmal: **„Einheit ohne Bruch" (z.B. m)**	Häufiges Merkmal: **„Einheit mit Bruch" (z.B. m/s)**	

Hinweis: Die obigen Zusammenhänge gelten natürlich auch zwischen Stammfunktion F(x) und der zugehörigen Funktion $f(x)$.

http://frv.tv/2h

2. Von der Aufgabenformulierung zum Rechenansatz („Schlüsselwörter")

Da sich anwendungsorientierte Aufgaben auf alle Inhalte der Analysis beziehen können, ist es oftmals schwierig, von der Aufgabenformulierung zum zugehörigen Rechenansatz zu gelangen. Die nachfolgende Zusammenstellung soll Ihnen dabei helfen.

Aufgabenformulierung	Rechenansatz
Bestand zum Beobachtungsbeginn; Anfangsbestand; Startwert; ...	$f(0)$
Bestand bzw. Wert zu einem bestimmten Zeitpunkt; ...	gegebenen Zeitpunkt einsetzen: $f(x_0)$
Ab welchem bzw. bis zu welchem Zeitpunkt liegt mehr bzw. weniger als ein bestimmter Bestand vor; ein bestimmter Wert wird über- bzw. unterschritten; höher bzw. geringer als; ...	$f(x) = \text{Wert}$ (gleichsetzen um zum Anfangs- bzw. Endzeitpunkt zu gelangen)
Momentane Änderungsrate; Änderung zu einem Zeitpunkt; steil bzw. flach; Steigung; ...	$f'(x)$ bzw. $f'(x_0)$
kleinster (geringster) bzw. größter (höchster) Wert; ...	Hoch- oder Tiefpunkt von K_f
größte Änderung; stärkster Zuwachs bzw. stärkste Abnahme; steilste Stelle; ...	Wendepunkt von K_f bzw. Hoch oder Tiefpunkt von $K_{f'}$
Winkel; Steigungswinkel; ...	$\tan\alpha = m$
Größter bzw. kleinster Flächeninhalt, Volumen, Abstand, Länge, ...	Extremwertaufgabe
Langfristig, über sehr langen Zeitraum; Grenzwert; ... (bei *e*-Funktion)	Asymptote
gesamt; insgesamt; ...	$\int_a^b f(x)\,dx$
mittlerer; durchschnittlicher; ...	$\overline{m} = \frac{1}{b-a} \cdot \int_a^b (f(x))\,dx$
Volumen	$V_{rot} = \pi \cdot \int_a^b (f(x))^2\,dx$

II. Grundlagen Vektorgeometrie

1. Vorwissen

1.1 Punkte (im $\mathbb{R}^3$)

Beispiel: $A(4|3|5)$

Vom **Ursprung** geht man
4 Einheiten nach vorne, 3 nach rechts und 5 Einheiten nach oben.

$B(-3|2|-0{,}5)$; $C(0|-2|0)$

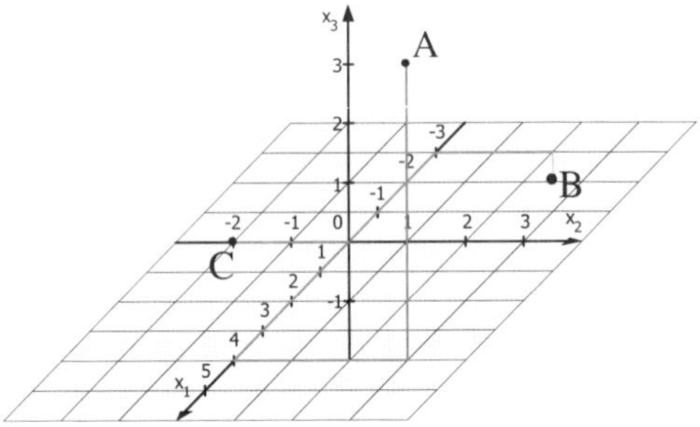

1.2 Vektoren (im $\mathbb{R}^3$)

Beispiel: $\vec{u} = \begin{pmatrix} 3 \\ 0 \\ -3 \end{pmatrix}$

Von einem beliebigen **Anfangspunkt** geht man
3 Einheiten nach vorne und
3 Einheiten nach unten.

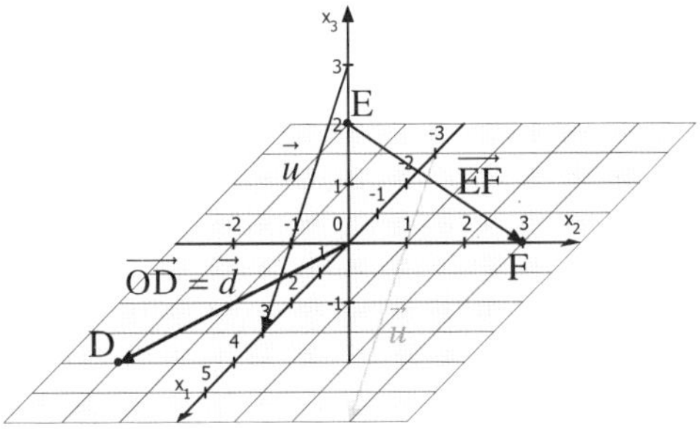

Bemerkungen

- **Ortsvektor** eines Punktes: Zeigt vom Ursprung auf den Punkt (also auf einen „Ort“).

Beispiel: $D(4|-2|0)$ und $\overrightarrow{OD} = \vec{d} = \begin{pmatrix} 4 \\ -2 \\ 0 \end{pmatrix}$.

- **Verbindungsvektor** zwischen 2 Punkten:

Beispiel: $E(0|0|2)$ und $F(0|3|0) \rightarrow \overrightarrow{EF} = \vec{f} - \vec{e} = \begin{pmatrix} 0-0 \\ 3-0 \\ 0-2 \end{pmatrix} = \begin{pmatrix} 0 \\ 3 \\ -2 \end{pmatrix}$

„Verbindungsvektor = Endpunkt − Startpunkt“

- **Spezielle Vektoren**

Nullvektor $\vec{O} = \begin{pmatrix} 0 \\ 0 \\ 0 \end{pmatrix}$; Einheitsvektoren: $\vec{e_1} = \begin{pmatrix} 1 \\ 0 \\ 0 \end{pmatrix}$; $\vec{e_2} = \begin{pmatrix} 0 \\ 1 \\ 0 \end{pmatrix}$; $\vec{e_3} = \begin{pmatrix} 0 \\ 0 \\ 1 \end{pmatrix}$

http://frv.tv/2i

1.3 Rechnen mit Vektoren

1. Addition und Subtraktion von Vektoren

$$\vec{a}+\vec{b}=\begin{pmatrix}a_1\\a_2\\a_3\end{pmatrix}+\begin{pmatrix}b_1\\b_2\\b_3\end{pmatrix}=\begin{pmatrix}a_1+b_1\\a_2+b_2\\a_3+b_3\end{pmatrix}$$

$$\begin{pmatrix}1\\0\\-2\end{pmatrix}+\begin{pmatrix}3\\-1\\2\end{pmatrix}=\begin{pmatrix}4\\-1\\0\end{pmatrix}$$ (Beispiel)

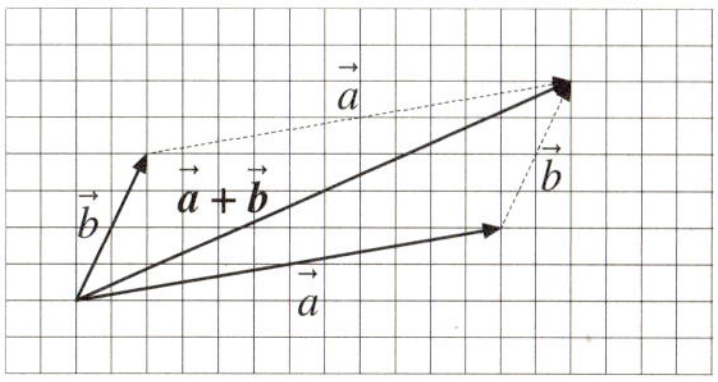

$$\vec{a}-\vec{b}=\begin{pmatrix}a_1\\a_2\\a_3\end{pmatrix}-\begin{pmatrix}b_1\\b_2\\b_3\end{pmatrix}=\begin{pmatrix}a_1-b_1\\a_2-b_2\\a_3-b_3\end{pmatrix}$$

$$\begin{pmatrix}1\\0\\-2\end{pmatrix}-\begin{pmatrix}3\\-1\\2\end{pmatrix}=\begin{pmatrix}-2\\1\\-4\end{pmatrix}$$ (Beispiel)

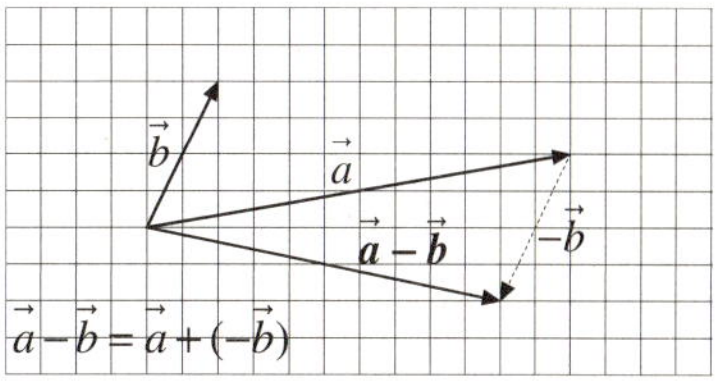

Hinweis: Grafisch wird bei der Subtraktion der Gegenvektor $-\vec{b}$ addiert.

2. Länge (Betrag) eines Vektors

$$\vec{a}=\begin{pmatrix}a_1\\a_2\\a_3\end{pmatrix}\rightarrow|\vec{a}|=\sqrt{a_1^2+a_2^2+a_3^2};\quad \text{Beispiel: } \vec{a}=\begin{pmatrix}3\\0\\-4\end{pmatrix}\rightarrow|\vec{a}|=\sqrt{3^2+0^2+(-4)^2}=\sqrt{25}=5 \text{ LE}$$

3. S(kalare) – Multiplikation (Zahl · Vektor)

$$k\cdot\vec{a}=\begin{pmatrix}k\cdot a_1\\k\cdot a_2\\k\cdot a_3\end{pmatrix}\ (k\in\mathbb{R})\qquad \text{Beispiel: } 2\cdot\begin{pmatrix}3\\0\\-4\end{pmatrix}=\begin{pmatrix}6\\0\\-8\end{pmatrix}$$

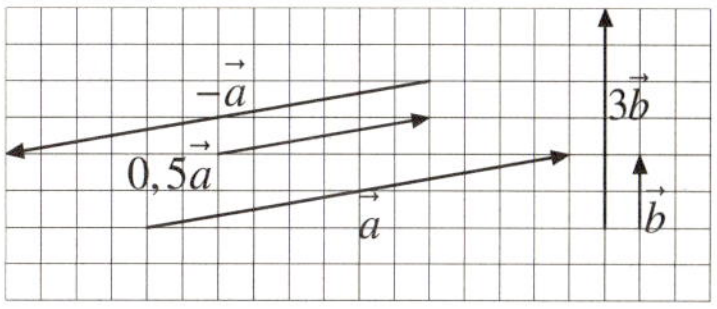

Bemerkungen

- Der Vektor $k\cdot\vec{a}$ hat die $|k|$-fache Länge von $\vec{a}$ und ist parallel zu $\vec{a}$.
- Der **Gegenvektor** $-\vec{a}$ ist parallel und besitzt die gleiche Länge wie $\vec{a}$, ist jedoch entgegengesetzt gerichtet.

Beispiel: $\vec{a}=\begin{pmatrix}-2\\1\\3\end{pmatrix};\ -\vec{a}=\begin{pmatrix}2\\-1\\-3\end{pmatrix}$

- Ein **Einheitsvektor** ist ein Vektor, dessen **Länge 1** ist. Teilt man einen gegebenen Vektor durch seine Länge (Betrag), erhält man den zugehörigen Einheitsvektor.

Beispiel: $\vec{a}=\begin{pmatrix}3\\0\\-4\end{pmatrix}$ hat die Länge $|\vec{a}|=5$; Einheitsvektor: $\vec{a_0}=\frac{1}{|\vec{a}|}\cdot\vec{a}=\frac{1}{5}\cdot\begin{pmatrix}3\\0\\-4\end{pmatrix}=\begin{pmatrix}0,6\\0\\-0,8\end{pmatrix}$

http://frv.tv/2j

4. Linearkombination von Vektoren

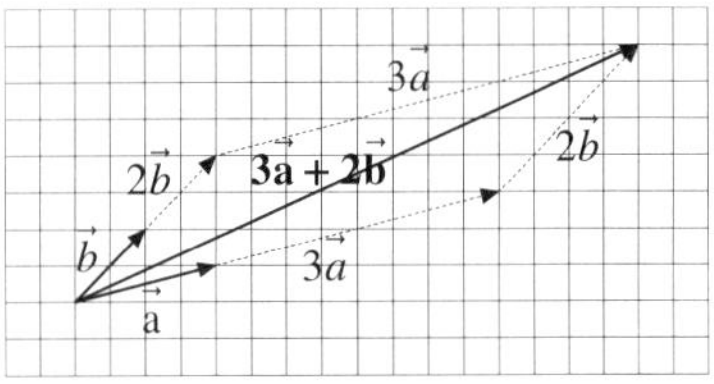

$\boldsymbol{k}\cdot\vec{\boldsymbol{a}}+\boldsymbol{l}\cdot\vec{\boldsymbol{b}}$ (mit $k,\ l\in\mathbb{R}$)

ist eine Summe von Vielfachen von Vektoren. Man bildet auf diese Art „neue“ Vektoren.

5. Lineare Abhängigkeit und Unabhängigkeit

2 Vektoren im $\mathbb{R}^2$

$\vec{a}$ und $\vec{b}$ sind linear abhängig

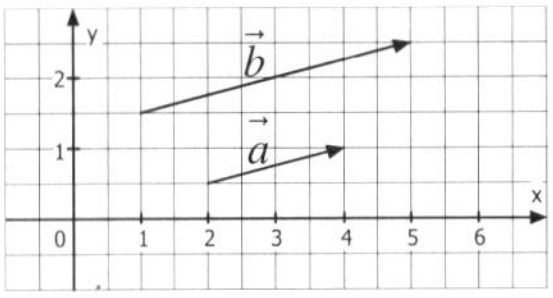

Beispiel:
$$\begin{pmatrix}4\\1\end{pmatrix}=2\cdot\begin{pmatrix}2\\0,5\end{pmatrix}$$

Es gilt: $\vec{\boldsymbol{b}}=\boldsymbol{k}\cdot\vec{\boldsymbol{a}}$ (mit $k\in\mathbb{R}$)

Der Vektor $\vec{b}$ ist ein (skalares) **Vielfaches** des Vektors $\vec{a}$. $\vec{a}$ und $\vec{b}$ sind **parallel**.

$\vec{a}$ und $\vec{b}$ sind linear unabhängig

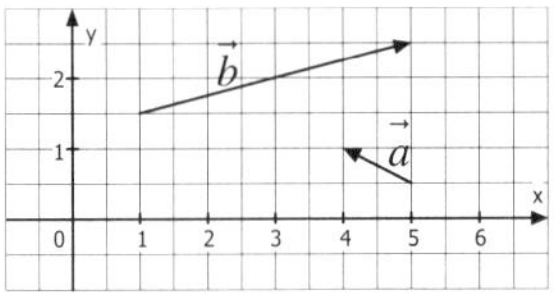

Beispiel:
$$\begin{pmatrix}4\\1\end{pmatrix}\neq k\cdot\begin{pmatrix}-1\\0,5\end{pmatrix}$$

Es gilt: $\vec{\boldsymbol{b}}\neq\boldsymbol{k}\cdot\vec{\boldsymbol{a}}$ (mit $k\in\mathbb{R}$)

$\vec{a}$ und $\vec{b}$ sind **nicht parallel**.

3 Vektoren im $\mathbb{R}^3$

$\vec{a}$, $\vec{b}$ und $\vec{c}$ sind linear abhängig

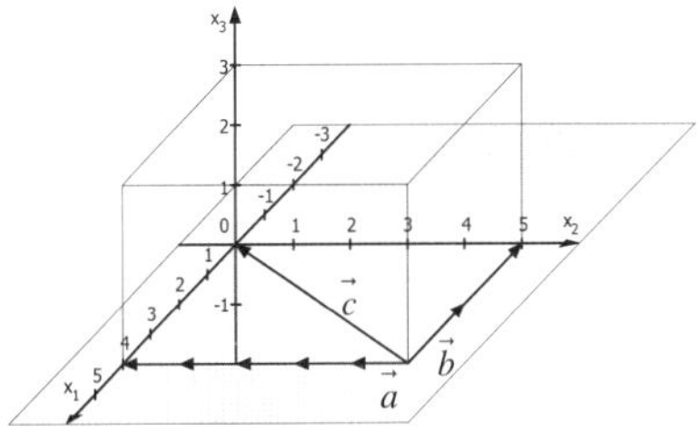

Beispiel: $\vec{c}=5\vec{a}+2\vec{b}$

Es gilt: $\vec{c}=k\cdot\vec{a}+l\cdot\vec{b}$ (mit $k,\ l\in\mathbb{R}$)

Der Vektor $\vec{c}$ lässt sich als **Linear - kombination** aus $\vec{a}$ und $\vec{b}$ darstellen.

$\vec{a}$, $\vec{b}$ und $\vec{c}$ **liegen in einer Ebene**.

$\vec{a}$, $\vec{b}$ und $\vec{c}$ sind linear unabhängig

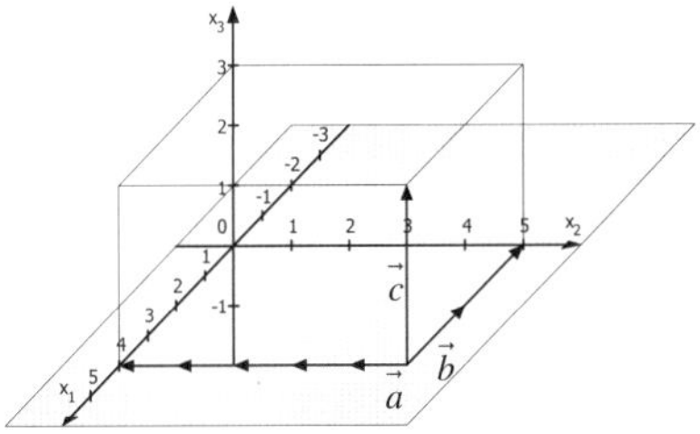

Kein Vektor lässt sich als **Linear- kombination** aus den beiden anderen Vektoren darstellen.

$\vec{a}$, $\vec{b}$ und $\vec{c}$ **spannen einen Raum auf**.

Bedeutung der linearen Unabhängigkeit

- Durch eine Linearkombination aus 3 linear unabhängigen Vektoren kann jeder beliebige Vektor im $\mathbb{R}^3$ dargestellt werden.
- 2 linear unabhängige Vektoren spannen im $\mathbb{R}^3$ eine Ebene auf.

http://frv.tv/2k

6. Skalarprodukt (Vektor · Vektor)

Das Skalarprodukt zweier Vektoren **ergibt eine reelle Zahl**.

$$\begin{pmatrix} a_1 \\ a_2 \\ a_3 \end{pmatrix} \cdot \begin{pmatrix} b_1 \\ b_2 \\ b_3 \end{pmatrix} = \boldsymbol{a_1 \cdot b_1 + a_2 \cdot b_2 + a_3 \cdot b_3} \qquad \text{Beispiel: } \begin{pmatrix} 2 \\ 0 \\ -1 \end{pmatrix} \cdot \begin{pmatrix} 4 \\ -2 \\ 3 \end{pmatrix} = 2 \cdot 4 + 0 \cdot (-2) + (-1) \cdot 3 = 5$$

Das Skalarprodukt wird vor allem dazu verwendet, um zu untersuchen, ob zwei Vektoren **senkrecht (orthogonal)** aufeinander stehen. In diesem Fall ergibt ihr **Skalarprodukt 0**.

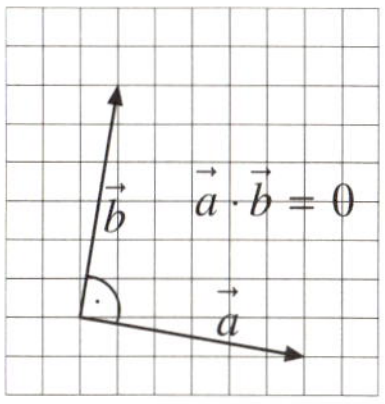

Beispiel: $\vec{a} \cdot \vec{b} = \begin{pmatrix} 1 \\ 1 \\ -4 \end{pmatrix} \cdot \begin{pmatrix} -1 \\ 9 \\ 2 \end{pmatrix} = 1 \cdot (-1) + 1 \cdot 9 + (-4) \cdot 2 = 0$

Somit stehen $\vec{a}$ und $\vec{b}$ senkrecht aufeinander.

7. Vektorprodukt bzw. Kreuzprodukt (Vektor × Vektor)

Das Vektorprodukt ist nur für den **LK** verpflichtender Inhalt. Es kann jedoch oft eingesetzt werden und erspart dann erheblich Rechenaufwand.

Das Vektorprodukt zweier Vektoren **ergibt einen Vektor**, der auf **beiden Vektoren senkrecht** steht.

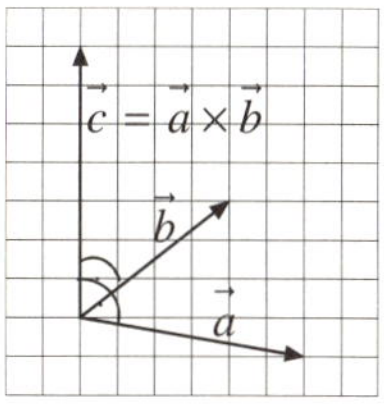

$$\vec{c} = \vec{a} \times \vec{b} = \begin{pmatrix} a_1 \\ a_2 \\ a_3 \end{pmatrix} \times \begin{pmatrix} b_1 \\ b_2 \\ b_3 \end{pmatrix} = \begin{pmatrix} a_2 \cdot b_3 - a_3 \cdot b_2 \\ a_3 \cdot b_1 - a_1 \cdot b_3 \\ a_1 \cdot b_2 - a_2 \cdot b_1 \end{pmatrix}$$

(Hilfsschema)

$$\begin{pmatrix} \not{a_1} & \not{b_1} \\ a_2 & b_2 \\ a_3 & b_3 \\ a_1 & b_1 \\ a_2 & b_2 \\ \not{a_3} & \not{b_3} \end{pmatrix}$$

Beispiel:

$$\vec{c} = \begin{pmatrix} 2 \\ -1 \\ 3 \end{pmatrix} \times \begin{pmatrix} -3 \\ 2 \\ 0 \end{pmatrix} = \begin{pmatrix} (-1) \cdot 0 & - \ 3 \cdot 2 \\ 3 \cdot (-3) & - \ 2 \cdot 0 \\ 2 \cdot 2 & - \ (-1) \cdot (-3) \end{pmatrix} = \begin{pmatrix} -6 \\ -9 \\ 1 \end{pmatrix}$$

$$\begin{pmatrix} \not{2} & \not{-3} \\ -1 & 2 \\ 3 & 0 \\ 2 & -3 \\ -1 & 2 \\ \not{3} & \not{0} \end{pmatrix}$$

Anwendungen des Vektorproduktes

Berechnung des Flächeninhaltes des durch die Vektoren $\vec{a}$ und $\vec{b}$ aufgespannten

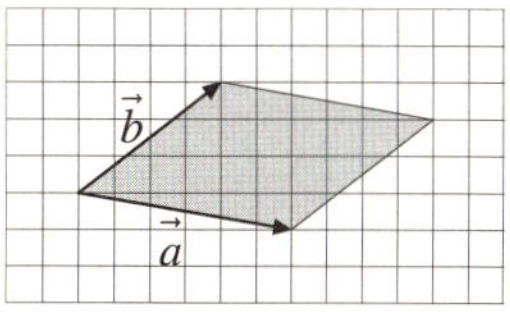

- **Parallelogramms : A =** $\left|\vec{a} \times \vec{b}\right|$
- **Dreiecks : A =** $\frac{1}{2}\left|\vec{a} \times \vec{b}\right|$

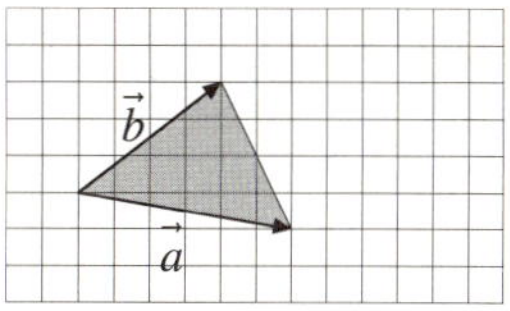

http://frv.tv/2l

2. Geraden

2.1 Geradengleichungen in Parameterform

Die Punkt-Richtungs-Form:

$g: \vec{x} = \vec{a} + t \cdot \vec{r}$ (mit $t \in \mathbb{R}$)

- $\vec{a}$: Stützvektor (Ortsvektor des Stützpunktes A)
- $\vec{r}$: Richtungsvektor
- t: Parameter (mit $t \in \mathbb{R}$)

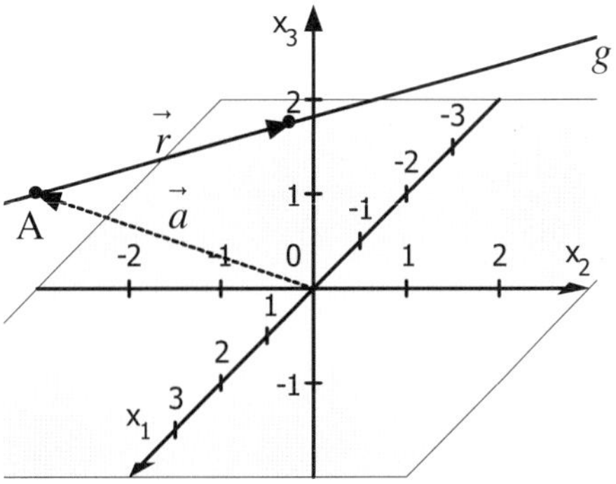

Beispiel: $g: \vec{x} = \begin{pmatrix} 2 \\ -2 \\ 2 \end{pmatrix} + t \cdot \begin{pmatrix} -0,5 \\ 2,5 \\ 0,5 \end{pmatrix}$ (mit $t \in \mathbb{R}$)

Spezielle Geraden: z.B. x_1-Achse: $\vec{x} = \begin{pmatrix} 0 \\ 0 \\ 0 \end{pmatrix} + t \cdot \begin{pmatrix} 1 \\ 0 \\ 0 \end{pmatrix}$; x_3-Achse: $\vec{x} = \begin{pmatrix} 0 \\ 0 \\ 0 \end{pmatrix} + t \cdot \begin{pmatrix} 0 \\ 0 \\ 1 \end{pmatrix}$

Elementare Aufgabenstellungen

- **Geradenpunkte ermitteln**

Beispiel: Bestimmung eines Punktes auf $g: \vec{x} = \begin{pmatrix} 2 \\ -2 \\ 2 \end{pmatrix} + t \cdot \begin{pmatrix} -0,5 \\ 2,5 \\ 0,5 \end{pmatrix}$ (mit $t \in \mathbb{R}$).

Einsetzen eines beliebigen Wertes für t (z.B. $t = 2$):

$$\overrightarrow{OD} = \begin{pmatrix} 2 \\ -2 \\ 2 \end{pmatrix} + 2 \cdot \begin{pmatrix} -0,5 \\ 2,5 \\ 0,5 \end{pmatrix} = \begin{pmatrix} 1 \\ 3 \\ 3 \end{pmatrix} \rightarrow \mathrm{D}(1|3|3).$$

- **Überprüfen, ob ein Punkt auf einer Geraden liegt (Punktprobe)**

Beispiel: Liegt $\mathrm{Q}(0|8|4)$ auf der Geraden $g: \vec{x} = \begin{pmatrix} 2 \\ -2 \\ 2 \end{pmatrix} + t \cdot \begin{pmatrix} -0,5 \\ 2,5 \\ 0,5 \end{pmatrix}$ (mit $t \in \mathbb{R}$)?

Der Ortsvektor von Q wird für $\vec{x}$ eingesetzt, man erhält ein LGS.

$$\begin{pmatrix} 0 \\ 8 \\ 4 \end{pmatrix} = \begin{pmatrix} 2 \\ -2 \\ 2 \end{pmatrix} + t \cdot \begin{pmatrix} -0,5 \\ 2,5 \\ 0,5 \end{pmatrix} \Leftrightarrow \begin{array}{l} 0 = 2 - 0,5t \Leftrightarrow t = 4 \\ 8 = -2 + 2,5t \Leftrightarrow t = 4 \\ 4 = 2 + 0,5t \Leftrightarrow t = 4 \end{array}$$

LGS ist eindeutig lösbar, somit liegt Q auf der Geraden.
(Bei verschiedenen Ergebnissen für t (Widerspruch) liegt der Punkt nicht auf der Geraden.)

http://frv.tv/5g

- **Aufstellen einer Geradengleichung aus zwei Punkten**

Zwei-Punkte-Form:

$g:\ \vec{x} = \overrightarrow{\mathbf{OA}} + t \cdot \overrightarrow{\mathbf{AB}}$ (mit $t \in \mathbb{R}$)

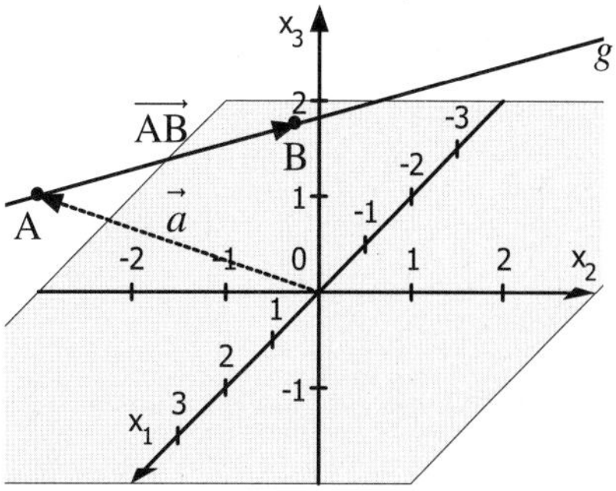

- $\overrightarrow{OA} = \vec{a}$, der Ortsvektor des Punktes A, wird als Stützvektor verwendet
- $\overrightarrow{AB} = \vec{b} - \vec{a}$, der Verbindungsvektor der Punkte A und B, bildet den Richtungsvektor
- t: Parameter (mit $t \in \mathbb{R}$)

Beispiel: Gerade durch $A(2|-2|2)$ und $B(1{,}5|0{,}5|2{,}5)$.

$$g:\ \vec{x} = \begin{pmatrix} 2 \\ -2 \\ 2 \end{pmatrix} + t \cdot \begin{pmatrix} 1{,}5-2 \\ 0{,}5-(-2) \\ 2{,}5-2 \end{pmatrix} \Leftrightarrow g:\ \vec{x} = \begin{pmatrix} 2 \\ -2 \\ 2 \end{pmatrix} + t \cdot \begin{pmatrix} -0{,}5 \\ 2{,}5 \\ 0{,}5 \end{pmatrix} \ (\text{mit } t \in \mathbb{R})$$

Hinweis: Die Gleichung einer Geraden ist nicht eindeutig. Durch „Vertauschen" der Punkte erhält man eine „zahlenmäßig andere" Gleichung (derselben Geraden):

$$g:\ \vec{x} = \begin{pmatrix} 1{,}5 \\ 0{,}5 \\ 2{,}5 \end{pmatrix} + t \cdot \begin{pmatrix} 0{,}5 \\ -2{,}5 \\ -0{,}5 \end{pmatrix} \ (\text{mit } t \in \mathbb{R})$$

- **Spurpunkte ermitteln (Schnittpunkte einer Geraden mit den Koordinatenebenen)**

Beispiel: Berechnen des Schnittpunktes von $g:\ \vec{x} = \begin{pmatrix} 3 \\ -2 \\ 0 \end{pmatrix} + t \cdot \begin{pmatrix} -3 \\ 4 \\ 3 \end{pmatrix}$ mit der x_2x_3-Ebene.

Da der gesuchte Schnittpunkt in der x_2x_3-Ebene liegt, hat seine x_1-Koordinate den Wert 0
$S_{x_2x_3}(0|...|...)$.
Dies wird in die Geradengleichung für x_1 eingesetzt: $0 = 3 - 3t \rightarrow t = 1$.
Nun wird $t = 1$ eingesetzt:

$$\vec{x} = \begin{pmatrix} 3 \\ -2 \\ 0 \end{pmatrix} + 1 \cdot \begin{pmatrix} -3 \\ 4 \\ 3 \end{pmatrix} = \begin{pmatrix} 0 \\ 2 \\ 3 \end{pmatrix} \Rightarrow S_{23}(0|2|3)$$

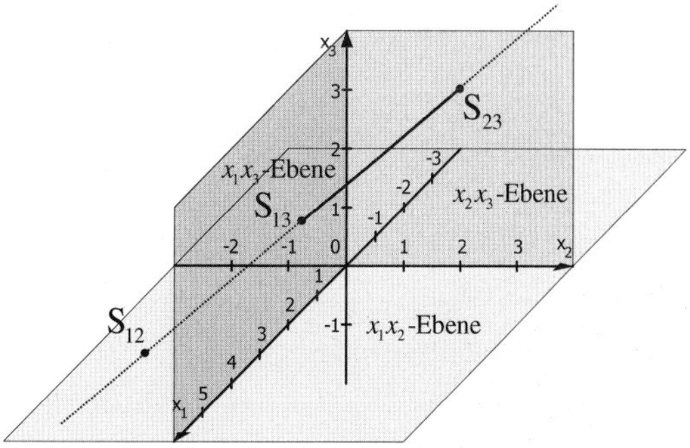

Beachten Sie: Für den Schnittpunkt mit der $\left\{\begin{matrix} \boldsymbol{x_1x_2}\textbf{-Ebene} \\ \boldsymbol{x_1x_3}\textbf{-Ebene} \\ \boldsymbol{x_2x_3}\textbf{-Ebene} \end{matrix}\right\}$ wird $\left\{\begin{matrix} \boldsymbol{x_3 = 0} \\ \boldsymbol{x_2 = 0} \\ \boldsymbol{x_1 = 0} \end{matrix}\right\}$ gesetzt.

2.2 Gegenseitige Lage von Geraden

<table>
<tr><th>Beispiel 1</th><th>Beispiel 2</th></tr>
<tr><td>$g: \vec{x} = \begin{pmatrix} 1 \\ -5 \\ 5 \end{pmatrix} + t \cdot \begin{pmatrix} 2 \\ 1 \\ 1 \end{pmatrix}$ und $h: \vec{x} = \begin{pmatrix} 3 \\ 1 \\ 9 \end{pmatrix} + s \cdot \begin{pmatrix} 1 \\ 3 \\ 2 \end{pmatrix}$</td><td>$g: \vec{x} = \begin{pmatrix} 1 \\ 2 \\ 0 \end{pmatrix} + t \cdot \begin{pmatrix} 1 \\ 2 \\ 1 \end{pmatrix}$ und $h: \vec{x} = \begin{pmatrix} 2 \\ 2 \\ 2 \end{pmatrix} + s \cdot \begin{pmatrix} 4 \\ 8 \\ 4 \end{pmatrix}$</td></tr>
</table>

Vorgehen

<table>
<tr><td colspan="2">Schritt 1: Gleichsetzen.</td></tr>
<tr><td>$\begin{pmatrix} 1 \\ -5 \\ 5 \end{pmatrix} + t \cdot \begin{pmatrix} 2 \\ 1 \\ 1 \end{pmatrix} = \begin{pmatrix} 3 \\ 1 \\ 9 \end{pmatrix} + s \cdot \begin{pmatrix} 1 \\ 3 \\ 2 \end{pmatrix}$</td><td>$\begin{pmatrix} 1 \\ 2 \\ 0 \end{pmatrix} + t \cdot \begin{pmatrix} 1 \\ 2 \\ 1 \end{pmatrix} = \begin{pmatrix} 2 \\ 2 \\ 2 \end{pmatrix} + s \cdot \begin{pmatrix} 4 \\ 8 \\ 4 \end{pmatrix}$</td></tr>
<tr><td colspan="2">Schritt 2: LGS in t und s ordnen.</td></tr>
<tr><td>$\begin{array}{rcl} 1+2t &=& 3+s \\ -5+t &=& 1+3s \\ 5+t &=& 9+2s \end{array} \Leftrightarrow \begin{array}{rcll} 2t-s &=& 2 & (1) \\ t-3s &=& 6 & (2) \\ t-2s &=& 4 & (3) \end{array}$</td><td>$\begin{array}{rcl} 1+t &=& 2+4s \\ 2+2t &=& 2+8s \\ 0+t &=& 2+4s \end{array} \Leftrightarrow \begin{array}{rcll} t-4s &=& 1 & (1) \\ 2t-8s &=& 0 & (2) \\ t-4s &=& 2 & (3) \end{array}$</td></tr>
<tr><td colspan="2">Schritt 3: LGS aus zwei (beliebig) ausgewählten Gleichungen mit dem Gauß-Verfahren lösen. Mit der Lösung dann eine Probe in der verbliebenen Gleichung durchführen.</td></tr>
<tr><td>LGS aus den Gleichungen (2) und (3):
$\left(\begin{array}{cc|c} 1 & -3 & 6 \\ 1 & -2 & 4 \end{array}\right) \hookleftarrow -$
$\left(\begin{array}{cc|c} 1 & -3 & 6 \\ 0 & -1 & 2 \end{array}\right)$
Man erhält $\mathbf{s = -2}$.
Einsetzen: $t - 3 \cdot (-2) = 6 \Leftrightarrow \mathbf{t = 0}$.

Probe in (1): $2 \cdot 0 - (-2) = 2 \Leftrightarrow 2 = 2$

Das LGS hat also eine eindeutige Lösung.</td><td>LGS aus den Gleichungen (1) und (3):
$\left(\begin{array}{cc|c} 1 & -4 & 1 \\ 1 & -4 & 2 \end{array}\right) \hookleftarrow -$
$\left(\begin{array}{cc|c} 1 & -3 & 6 \\ 0 & 0 & -1 \end{array}\right)$

($0 = -1$ Widerspruch)

Das LGS hat also keine Lösung.</td></tr>
</table>

http://frv.tv/5h

Schritt 4: Interpretation anhand der nachfolgenden **Übersicht**.

LGS hat **eindeutige Lösung**.
Geraden **schneiden sich** in einem Punkt.

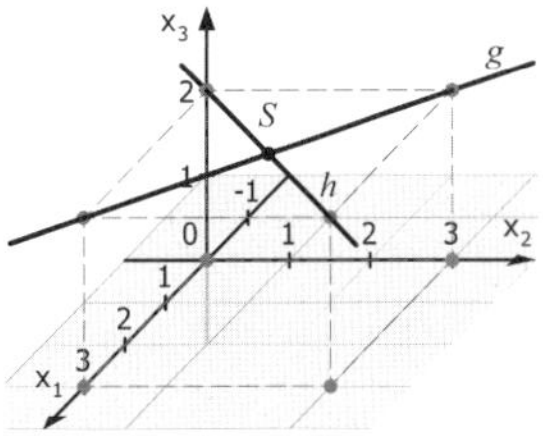

LGS hat **keine Lösung**.

↓

Sind die Richtungsvektoren Vielfache voneinander?

ja – Geraden sind **parallel**.

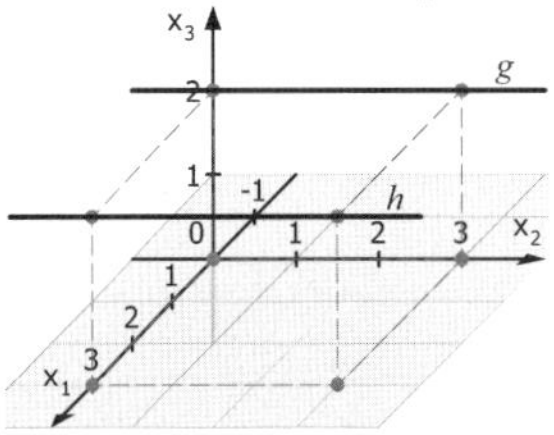

nein – Geraden sind **windschief**.

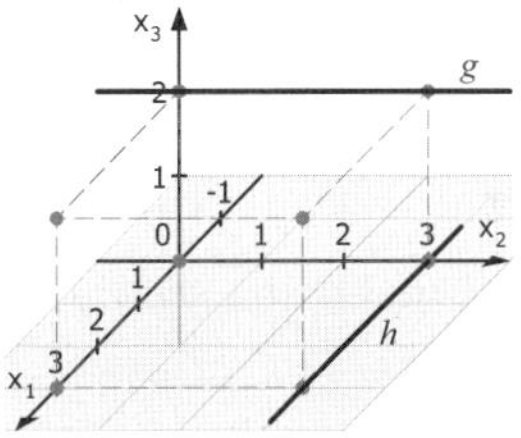

LGS hat **unendlich viele Lösungen**.
Geraden sind **identisch**.

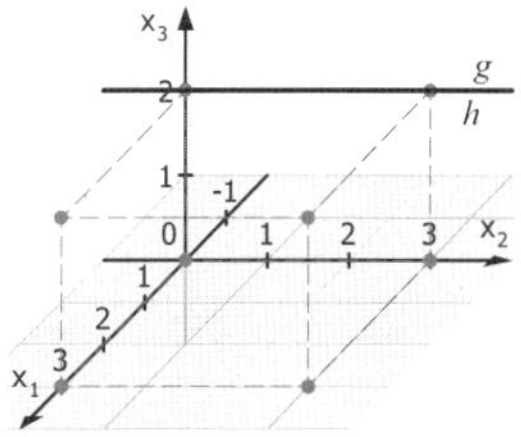

zurück zu Beispiel 1: Die beiden Geraden **schneiden** sich also in einem Punkt.

zurück zu Beispiel 2: Die beiden Geraden sind also **parallel oder windschief**.

Eventuell Schritt 5: Ergebnisabhängige weitere Berechnungen.

Berechnung der Koordinaten des **Schnittpunktes** durch Einsetzen von $t = 0$ in g (oder $s = -2$ in h):

$$\overrightarrow{OS} = \begin{pmatrix} 1 \\ -5 \\ 5 \end{pmatrix} + 0 \cdot \begin{pmatrix} 2 \\ 1 \\ 1 \end{pmatrix} = \begin{pmatrix} 1 \\ -5 \\ 5 \end{pmatrix} \rightarrow S(1 \mid -5 \mid 5)$$

Es gilt: $\begin{pmatrix} 4 \\ 8 \\ 4 \end{pmatrix} = 4 \cdot \begin{pmatrix} 1 \\ 2 \\ 1 \end{pmatrix}$

Die beiden Richtungsvektoren sind (skalare) **Vielfache** voneinander. Somit liegen die Geraden **parallel** zueinander.

„Abkürzung“

Wird gleich zu Beginn erkannt, dass die **Richtungsvektoren Vielfache** voneinander sind (Beispiel 2), so sind die Geraden entweder **parallel** oder **identisch**.
Befindet sich der Stützpunkt der einen Geraden auf der anderen Geraden (**Punktprobe** mit Stützvektor), so sind die Geraden identisch. Ansonsten sind sie parallel.

3. Ebenen

3.1 Ebenengleichungen in Parameterform

Die Punkt-Richtungs-Form:

E: $\vec{x} = \vec{a} + s \cdot \vec{v_1} + t \cdot \vec{v_2}$ (mit $s, t \in \mathbb{R}$)

- $\vec{a}$: Stützvektor (Ortsvektor des Stützpunktes P)
- $\vec{v_1}, \vec{v_2}$: Spannvektoren (keine Vielfachen voneinander)
- s, t: Parameter (mit $s, t \in \mathbb{R}$)

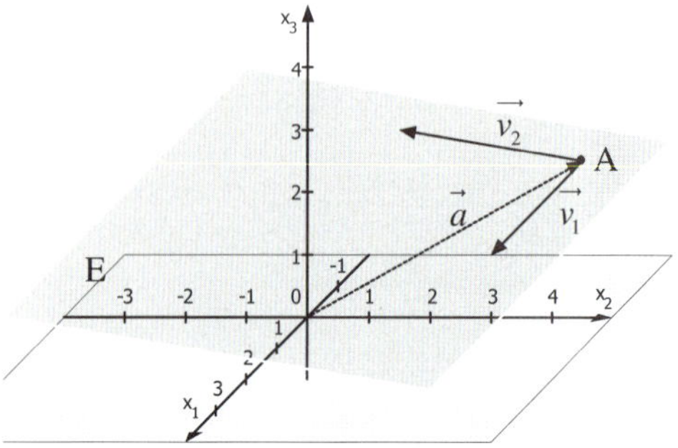

Beispiel: E: $\vec{x} = \begin{pmatrix} -3 \\ 3 \\ 1 \end{pmatrix} + s \cdot \begin{pmatrix} 3 \\ 0 \\ 0 \end{pmatrix} + t \cdot \begin{pmatrix} 0 \\ -3 \\ 0{,}5 \end{pmatrix}$

Die Koordinatenebenen in der Parameterform

x_1x_2-Ebene: $\vec{x} = \begin{pmatrix} 0 \\ 0 \\ \mathbf{0} \end{pmatrix} + s \cdot \begin{pmatrix} 1 \\ 0 \\ \mathbf{0} \end{pmatrix} + t \cdot \begin{pmatrix} 0 \\ 1 \\ \mathbf{0} \end{pmatrix}$

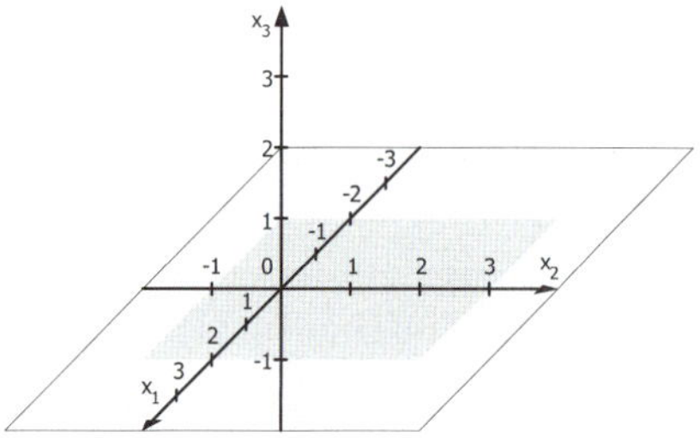

x_2x_3-Ebene: $\vec{x} = \begin{pmatrix} \mathbf{0} \\ 0 \\ 0 \end{pmatrix} + s \cdot \begin{pmatrix} \mathbf{0} \\ 1 \\ 0 \end{pmatrix} + t \cdot \begin{pmatrix} \mathbf{0} \\ 0 \\ 1 \end{pmatrix}$

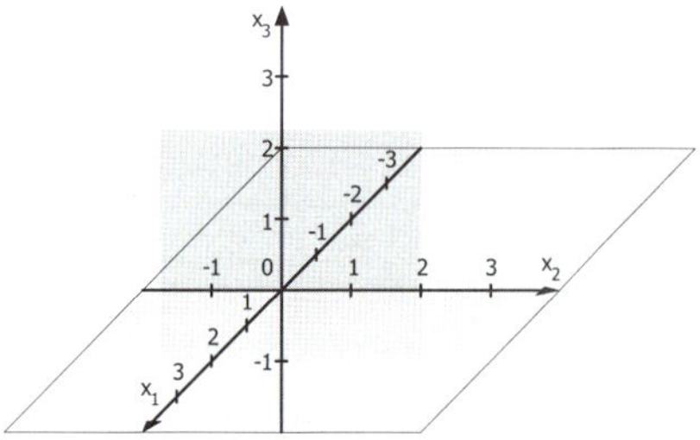

x_1x_3-Ebene: $\vec{x} = \begin{pmatrix} 0 \\ \mathbf{0} \\ 0 \end{pmatrix} + s \cdot \begin{pmatrix} 1 \\ \mathbf{0} \\ 0 \end{pmatrix} + t \cdot \begin{pmatrix} 0 \\ \mathbf{0} \\ 1 \end{pmatrix}$

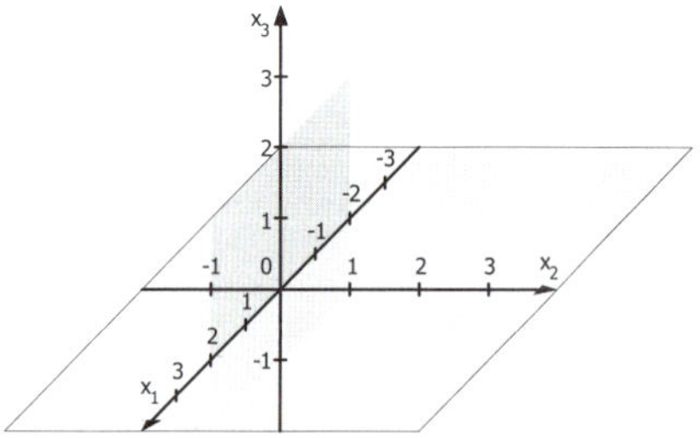

http://frv.tv/5i

Elementare Aufgabenstellungen in der Parameterform

• Überprüfen, ob ein Punkt in einer Ebene liegt (Punktprobe)

Beispiel: Liegt $Q(1{,}5\,|\,-3\,|\,2)$ in der Ebene

$$E:\ \vec{x}=\begin{pmatrix}-3\\3\\1\end{pmatrix}+s\cdot\begin{pmatrix}3\\0\\0\end{pmatrix}+t\cdot\begin{pmatrix}0\\-3\\0{,}5\end{pmatrix}\ (\text{mit } s,t\in\mathbb{R})?$$

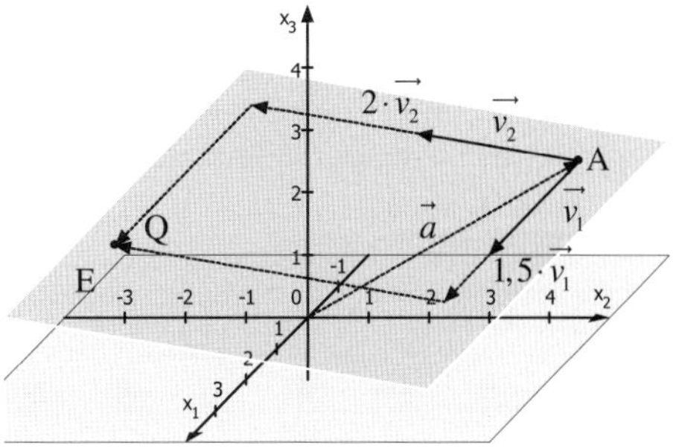

Durch Einsetzen erhält man ein LGS:

$$\begin{pmatrix}1{,}5\\-3\\2\end{pmatrix}=\begin{pmatrix}-3\\3\\1\end{pmatrix}+s\cdot\begin{pmatrix}3\\0\\0\end{pmatrix}+t\cdot\begin{pmatrix}0\\-3\\0{,}5\end{pmatrix}\ \Leftrightarrow$$

$$\begin{matrix}1{,}5=-3+3s\\-3=3-3t\\2=1+0{,}5t\end{matrix}\quad\Leftrightarrow\quad\begin{matrix}s=1{,}5 & (1)\\t=2 & (2)\\t=2 & (3)\end{matrix}$$

Das LGS hat eine Lösung. Somit liegt Q in der Ebene.

• Ebenengleichung aufstellen aus 3 Punkten

Zwei-Punkte-Form:

$$\mathbf{E:}\ \vec{x}=\overrightarrow{OA}+s\cdot\overrightarrow{AB}+t\cdot\overrightarrow{AC}\quad(\text{mit } s,t\in\mathbb{R})$$

- $\overrightarrow{OA}$, der Ortsvektor des Punktes A, wird als Stützvektor verwendet
- $\overrightarrow{AB}$ und $\overrightarrow{AC}$, die Verbindungsvektoren der Punkte, bilden die Richtungsvektoren.
- s, t: Parameter (mit $s, t\in\mathbb{R}$)

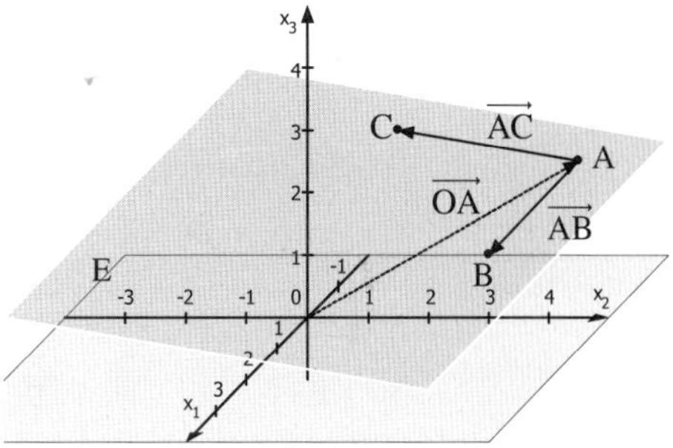

Beispiel: Ebene durch $A(0\,|\,1\,|\,2)$, $B(3\,|\,2\,|\,2)$ und $C(-1\,|\,1\,|\,0)$.

$$E:\ \vec{x}=\begin{pmatrix}0\\1\\2\end{pmatrix}+s\cdot\begin{pmatrix}3-0\\2-1\\2-2\end{pmatrix}+t\cdot\begin{pmatrix}-1-0\\1-1\\0-2\end{pmatrix}\Leftrightarrow E:\ \vec{x}=\begin{pmatrix}0\\1\\2\end{pmatrix}+s\cdot\begin{pmatrix}3\\1\\0\end{pmatrix}+t\cdot\begin{pmatrix}-1\\0\\-2\end{pmatrix}\ (\text{mit } s,t\in R)$$

Parameterform, geeignet für:
Aufstellen aus 3 Punkten

3.2 Ebenengleichungen in Normalenform

$$\mathbf{E:}\ \left(\vec{x}-\vec{a}\right)\cdot\vec{n}=0$$

- $\vec{a}$: Stützvektor (Ortsvektor des Ebenenpunktes A)
- $\vec{n}$: Normalenvektor (steht senkrecht auf der Ebene)

Beispiel: $E:\ \left(\vec{x}-\begin{pmatrix}-3\\3\\1\end{pmatrix}\right)\cdot\begin{pmatrix}0\\0{,}5\\3\end{pmatrix}=0$

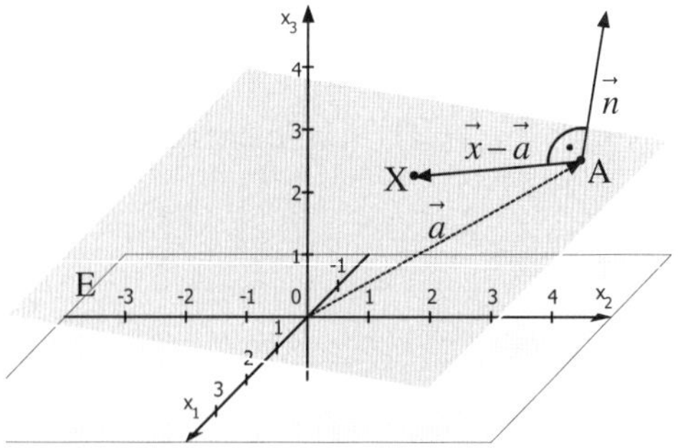

Hinweise

- Der Vektor $\overrightarrow{AX}=\vec{x}-\vec{a}$, der ausgehend von A zu einem allgemeinen Ebenenpunkt X zeigt, steht senkrecht auf $\vec{n}$. Deshalb ergibt das Skalarprodukt in der Normalengleichung 0.

- Machen Sie sich klar, dass eine Ebene schon eindeutig festgelegt ist, wenn man nur **einen** Ebenenpunkt und **einen** Vektor kennt, der senkrecht auf der Ebene steht.

Normalenform, geeignet für:
Aufstellen aus senkrechtem Vektor + Punkt

Beispiele und Lage im Koordinatensystem

1. „Normalfall": 3 Schnittpunkte mit den Koordinatenachsen	2. Parallel zu einer Achse (x_3-Achse)
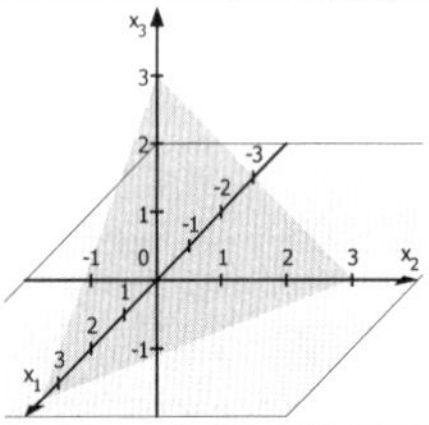 $E:\left(\vec{x}-\vec{a}\right)\cdot\begin{pmatrix}n_1\\n_2\\n_3\end{pmatrix}=0$	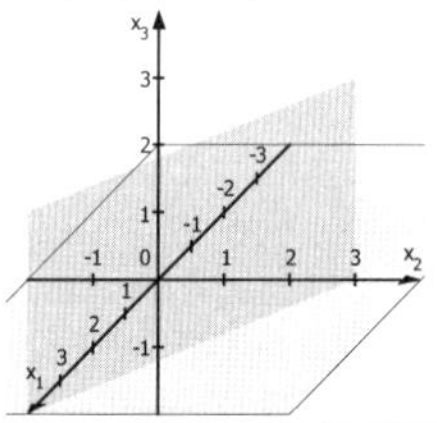 $E:\left(\vec{x}-\vec{a}\right)\cdot\begin{pmatrix}n_1\\n_2\\\mathbf{0}\end{pmatrix}=0$
3. Parallel zu 2 Achsen (x_2 und x_3-Achse) bzw. einer Koordinatenebene (x_2x_3-Ebene)	4. Ebene liegt in einer Koordinatenebene (x_2x_3-Ebene)
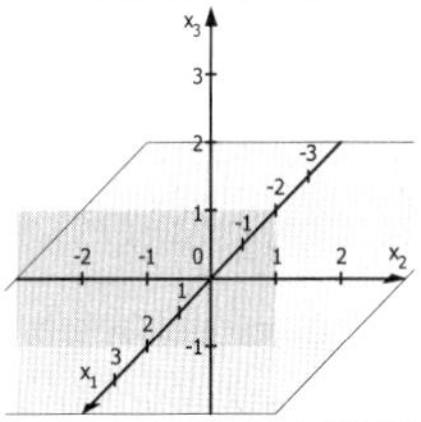 $E:\left(\vec{x}-\vec{a}\right)\cdot\begin{pmatrix}n_1\\\mathbf{0}\\\mathbf{0}\end{pmatrix}=0$	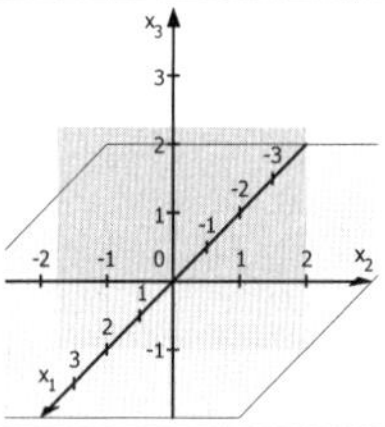 $E:\left(\vec{x}-\begin{pmatrix}\mathbf{0}\\\mathbf{0}\\\mathbf{0}\end{pmatrix}\right)\cdot\begin{pmatrix}n_1\\\mathbf{0}\\\mathbf{0}\end{pmatrix}=0$

http://frv.tv/2p

Elementare Aufgabenstellungen in der Normalenform

• Überprüfen, ob ein Punkt in einer Ebene liegt (Punktprobe)

Beispiel: Liegt $Q(1|3|1)$ in der Ebene $E: \left(\vec{x}-\begin{pmatrix}-3\\3\\1\end{pmatrix}\right)\cdot\begin{pmatrix}0\\0,5\\3\end{pmatrix}=0$?

Einsetzen und Ausmultiplizieren führt auf eine Gleichung:

$$\left(\begin{pmatrix}1\\3\\1\end{pmatrix}-\begin{pmatrix}-3\\3\\1\end{pmatrix}\right)\cdot\begin{pmatrix}0\\0,5\\3\end{pmatrix}=0 \Leftrightarrow \begin{pmatrix}4\\0\\0\end{pmatrix}\cdot\begin{pmatrix}0\\0,5\\3\end{pmatrix}=0 \Leftrightarrow 4\cdot 0+0\cdot 0,5+0\cdot 3 \Leftrightarrow 0=0$$

Man erhält eine wahre Aussage. Somit liegt Q in der Ebene.
(Bei einem Widerspruch liegt Q nicht in der Ebene.)

• Ebenengleichung aufstellen aus 3 Punkten

Beispiel: Ebene durch $A(0|1|2)$, $B(3|2|2)$ und $C(-1|1|0)$.

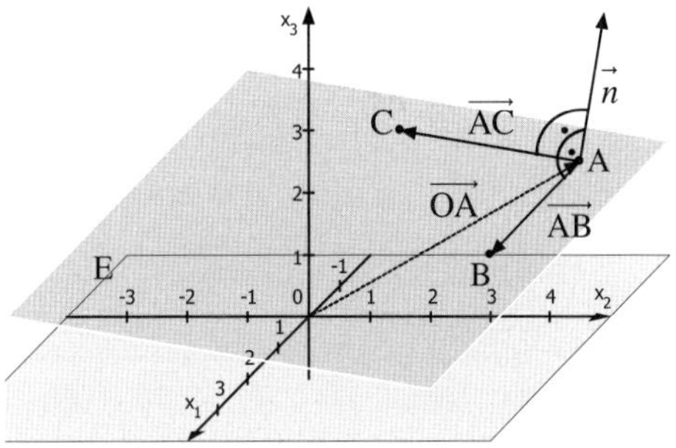

$A(0|1|2)$ wird als Stützpunkt verwendet:

$$E: \left(\vec{x}-\begin{pmatrix}0\\1\\2\end{pmatrix}\right)\cdot\vec{n}=0.$$

Verbindungsvektoren:

$$\overrightarrow{AB}=\begin{pmatrix}3-0\\2-1\\2-2\end{pmatrix}=\begin{pmatrix}3\\1\\0\end{pmatrix};\ \overrightarrow{AC}=\begin{pmatrix}-1\\0\\-2\end{pmatrix}$$

Der Normalenvektor $\vec{n}$ steht **senkrecht** auf diesen beiden Vektoren und ergibt deshalb im **Skalarprodukt** den Wert 0:

$$\begin{pmatrix}n_1\\n_2\\n_3\end{pmatrix}\cdot\begin{pmatrix}3\\1\\0\end{pmatrix}=0 \Leftrightarrow 3n_1+n_2=0 \quad (1); \qquad \begin{pmatrix}n_1\\n_2\\n_3\end{pmatrix}\cdot\begin{pmatrix}-1\\0\\-2\end{pmatrix}=0 \Leftrightarrow -n_1-2n_3=0 \quad (2)$$

Eine beliebige Zahl für einen n-Koeffizienten (z.B. $n_1=1$) einsetzen. Damit die beiden verbliebenen n-Koeffizienten berechnen:

In (1): $3+n_2=0 \Leftrightarrow n_2=-3$; In (2): $-1-2n_3=0 \Leftrightarrow n_3=-0,5$

$$\Rightarrow \vec{n}=\begin{pmatrix}1\\-3\\-0,5\end{pmatrix}$$

Man erhält $E: \left(\vec{x}-\begin{pmatrix}0\\1\\2\end{pmatrix}\right)\cdot\begin{pmatrix}1\\-3\\-0,5\end{pmatrix}=0$

3.3 Ebenengleichungen in Koordinatenform

E: $\boldsymbol{ax_1 + bx_2 + cx_3 = d}$

oder

E: $\boldsymbol{n_1x_1 + n_2x_2 + n_3x_3 = b}$

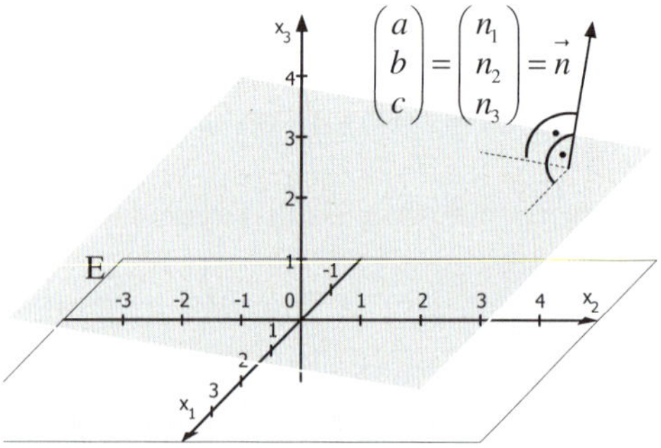

Beispiel:

E: $2x_1 - 3x_2 + 4x_3 = -4$

mit Normalenvektor $\vec{n} = \begin{pmatrix} 2 \\ -3 \\ 4 \end{pmatrix}$,

welcher senkrecht auf der Ebene steht.

Hinweis: Auch die Koordinatengleichung einer Ebene ist nicht eindeutig. Beispielsweise stellt E: $4x_1 - 6x_2 + 8x_3 = -8$ eine weitere Koordinatengleichung der oberen Ebene E dar, da sie ein Vielfaches (2-faches) ist.

Beispiele und Lage im Koordinatensystem

1. „Normalfall": 3 Schnittpunkte mit den Koordinatenachsen	2. Parallel zu einer Achse (x_3-Achse)
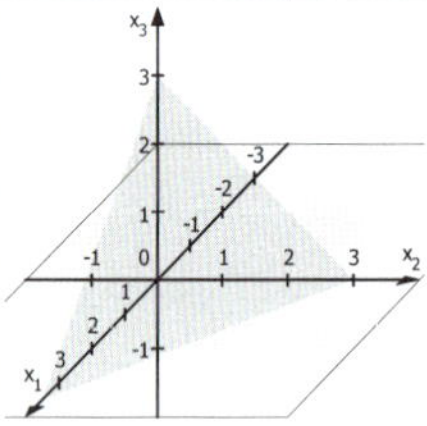 E: $ax_1 + bx_2 + cx_3 = d$	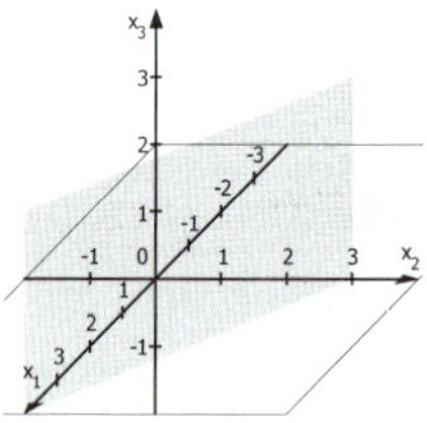 E: $ax_1 + bx_2 = d$
3. Parallel zu 2 Achsen (x_2 und x_3-Achse) bzw. einer Koordinatenebene (x_2x_3-Ebene)	4. Ebene liegt in einer Koordinatenebene (x_2x_3-Ebene)
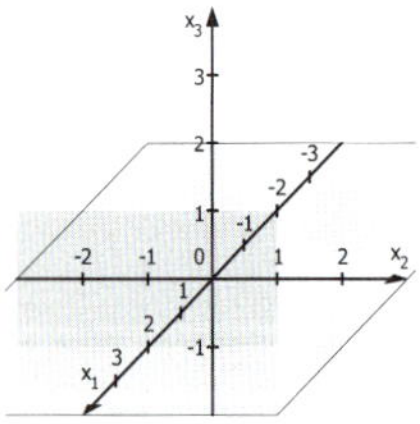 E: $ax_1 = d$	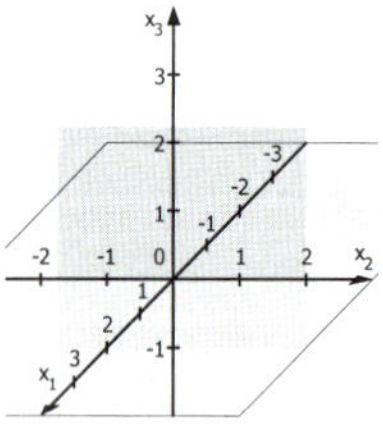 E: $x_1 = 0$ (x_2x_3-Ebene) Zusatz: E: $x_3 = 0$ (x_1x_2-Ebene) E: $x_2 = 0$ (x_1x_3-Ebene)

http://frv.tv/2q

Elementare Aufgabenstellungen in der Koordinatenform

- **Überprüfen, ob ein Punkt in einer Ebene liegt (Punktprobe)**

Beispiel: Liegt $Q(2|2|0)$ in der Ebene $E:\ 2x_1-3x_2+4x_3=-4$?

Einsetzen: $2\cdot 2-3\cdot 2+4\cdot 0=-4 \Leftrightarrow -2\neq -4$
Falsche Aussage. Somit liegt Q nicht in der Ebene.

Koordinatenform,
geeignet für:
die meisten Rechnungen

- **Ebenengleichung aufstellen aus 3 Punkten**

Beispiel: Bestimmen Sie die Koordinatenform der Ebene, in welcher die 3 Punkte $A(0|1|2), B(3|2|2)$ und $C(-1|1|0)$ liegen.

Zunächst Normalenvektor der Ebene bestimmen (siehe Normalenform, S. 91): $\vec{n}=\begin{pmatrix}1\\-3\\-0{,}5\end{pmatrix}$

Einträge des Normalenvektors in Koordinatenform übernehmen: $E:\ x_1-3x_2-0{,}5x_3=d$;
Z.B. Koordinaten von $A(0|1|2)$ einsetzen: $0-3\cdot 1-0{,}5\cdot 2=d \Leftrightarrow -4=d$
Man erhält $E:\ x_1-3x_2-0{,}5x_3=-4$.

3.4 Spurpunkte, Spurgeraden und die Lage im Koordinatensystem

Beim Einzeichnen einer Ebene in das Koordinatensystem orientiert man sich an den Spurpunkten (Schnittpunkte mit den Koordinatenachsen) und den Spurgeraden (Schnittgeraden mit den Koordinatenebenen).

Die Spurpunkte einer Ebene können in der Koordinatenform schnell bestimmt werden.

$\mathbf{E: ax_1+bx_2+cx_3=d}$ hat die Spurpunkte $\mathbf{S_1\left(\frac{d}{a}|0|0\right), S_2\left(0|\frac{d}{b}|0\right), S_3\left(0|0|\frac{d}{c}\right)}$

Beispiel: Geben Sie die Spurpunkte der Ebene $E:\ 4x_1-3x_2+6x_3=12$ an.

$S_1\left(\frac{12}{4}|0|0\right)=S_1(3|0|0)$,

$S_2\left(0|\frac{12}{-3}|0\right)=S_2(0|-4|0)$,

$S_3\left(0|0|\frac{12}{6}\right)=S_3(0|0|2)$

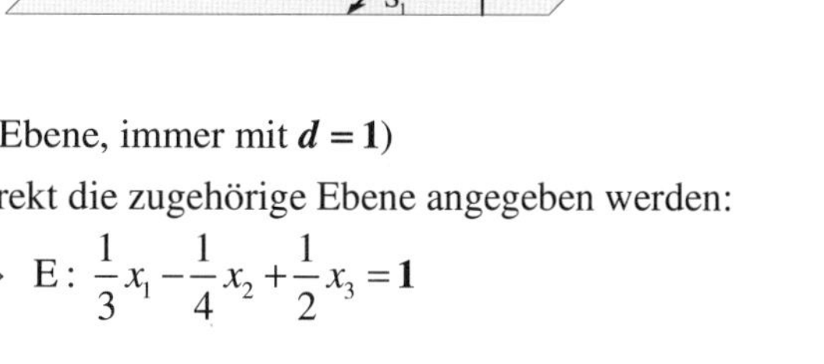

Zusatz („Achsenabschnittsform" einer Ebene, immer mit $\mathbf{d=1}$**)**

Umgekehrt kann aus den Spurpunkten direkt die zugehörige Ebene angegeben werden:

$S_1(3|0|0), S_2(0|-4|0), S_3(0|0|2) \Rightarrow E:\ \frac{1}{3}x_1-\frac{1}{4}x_2+\frac{1}{2}x_3=\mathbf{1}$

3.5 Umwandlungen der Ebenenformen

Ebenenformen werden meist ineinander umgewandelt, um **Rechenaufwand einzusparen**.
Beispielweise ist das Aufstellen einer Ebene in der Parameterform sehr einfach, hingegen sind weitere Rechnungen in dieser Form meist umständlich. Hierfür ist es oftmals sinnvoll, die Parameterform in die Koordinatenform umzuwandeln.

Eine Übersicht, in welcher Situation welche Ebenenform zu empfehlen ist, finden Sie auf S. 97.

Sinnvolle Umwandlungen

Parameterform
$\left(E:\ \vec{x}=\vec{a}+s\cdot\vec{v_1}+t\cdot\vec{v_2}\right)$
↓ **(2.)**
Normalenform
(1.) $\left(E:\left(\vec{x}-\vec{a}\right)\cdot\vec{n}=0\right)$ **(4.)**
↓ **(3.)**
Koordinatenform
$\left(E: ax_1+bx_2+cx_3=d\right)$

1. Von der Parameterform zur Koordinatenform

Beispiel: $E:\ \vec{x}=\begin{pmatrix}0,5\\0\\2\end{pmatrix}+s\cdot\begin{pmatrix}1\\1\\-2\end{pmatrix}+t\cdot\begin{pmatrix}0\\1\\2\end{pmatrix}$ (mit $s,t\in\mathbb{R}$)

- **Möglichkeit 1: Mit Vektorprodukt**

Schritt 1: Vektorprodukt der beiden Spannvektoren bilden. Man erhält den Normalenvektor.
$\begin{pmatrix}1\\1\\-2\end{pmatrix}\times\begin{pmatrix}0\\1\\2\end{pmatrix}=\begin{pmatrix}1\cdot2 & -(-2)\cdot1\\(-2)\cdot0 & -1\cdot2\\1\cdot1 & -1\cdot0\end{pmatrix}=\begin{pmatrix}4\\-2\\1\end{pmatrix}=\vec{n}$ Hilfsschema: $\begin{pmatrix}\not{1} & \not{0}\\1 & 1\\-2 & 2\\1 & 0\\1 & 1\\\not{-2} & \not{2}\end{pmatrix}$
Schritt 2: Einträge des Normalenvektors übernehmen: E: $ax_1+bx_2+cx_3=d$. Koordinaten des Stützpunktes einsetzen.
$E:\ 4x_1-2x_2+x_3=d$; Einsetzen von $P(0,5\,\vert\,0\,\vert\,2)$: $E: 4\cdot0,5-2\cdot0+2=d \Leftrightarrow 4=d$ $\Rightarrow E:\ 4x_1-2x_2+x_3=4$

- **Möglichkeit 2: Mit Skalarprodukt**

Schritt 1: Skalarprodukt aus dem allgemeinen Normalenvektor und den beiden Spannvektoren bilden. Dieses muss jeweils 0 betragen, da der Normalenvektor senkrecht auf den Spannvektoren steht.
$\begin{pmatrix}n_1\\n_2\\n_3\end{pmatrix}\cdot\begin{pmatrix}1\\1\\-2\end{pmatrix}=0 \Leftrightarrow n_1+n_2-2n_3=0$ (1); $\begin{pmatrix}n_1\\n_2\\n_3\end{pmatrix}\cdot\begin{pmatrix}0\\1\\2\end{pmatrix}=0 \Leftrightarrow n_2+2n_3=0$ (2)

http://frv.tv/5j

Schritt 2: Eine beliebige Zahl für einen n-Koeffizienten einsetzen. Damit die beiden verbliebenen n-Koeffizienten berechnen.
z.B. $n_3 = 1$; Einsetzen in (2): $n_2 + 2\cdot 1 = 0 \Leftrightarrow n_2 = -2$ Einsetzen in (1): $n_1 + (-2) - 2\cdot 1 = 0 \Leftrightarrow n_1 = 4$
Schritt 3: Einträge des Normalenvektors in E: $n_1x_1 + n_2x_2 + n_3x_3 = b$ übernehmen. Koordinaten des Stützpunktes einsetzen.
$E: 4x_1 - 2x_2 + x_3 = b$; $P(0,5\,\|\,0\,\|\,2)$ einsetzen: $E: 4\cdot 0,5 - 2\cdot 0 + 2 = b \Leftrightarrow 4 = b \quad \Rightarrow E: 4x_1 - 2x_2 + x_3 = 4$

2. Von der Parameterform zur Normalenform

Beispiel: $E: \vec{x} = \begin{pmatrix} 0,5 \\ 0 \\ 2 \end{pmatrix} + s\cdot\begin{pmatrix} 1 \\ 1 \\ -2 \end{pmatrix} + t\cdot\begin{pmatrix} 0 \\ 1 \\ 2 \end{pmatrix}$ (mit $s, t \in \mathbb{R}$)

Schritt 1: Vektorprodukt der beiden Spannvektoren bilden. Man erhält den Normalenvektor. (Alternative: Mit Skalarprodukt wie oben)
$\vec{n} = \begin{pmatrix} 4 \\ -2 \\ 1 \end{pmatrix}$ (siehe Vorseite)
Schritt 2: Stützvektor $\vec{a}$ aus Parameterform übernehmen. In $E: (\vec{x} - \vec{a})\cdot\vec{n} = 0$ einsetzen.
$E: (\vec{x} - \vec{a})\cdot\vec{n} = 0 \Leftrightarrow E: \left(\vec{x} - \begin{pmatrix} 0,5 \\ 0 \\ 2 \end{pmatrix}\right)\cdot\begin{pmatrix} 4 \\ -2 \\ 1 \end{pmatrix} = 0$

3. Von der Normalenform zur Koordinatenform

Beispiel: $E: \left(\vec{x} - \begin{pmatrix} 0,5 \\ 0 \\ 2 \end{pmatrix}\right)\cdot\begin{pmatrix} 4 \\ -2 \\ 1 \end{pmatrix} = 0$

Schritt 1: Ausmultiplizieren.
$E: \left(\begin{pmatrix} x_1 \\ x_2 \\ x_3 \end{pmatrix} - \begin{pmatrix} 0,5 \\ 0 \\ 2 \end{pmatrix}\right)\cdot\begin{pmatrix} 4 \\ -2 \\ 1 \end{pmatrix} = 0 \Leftrightarrow \begin{pmatrix} x_1 \\ x_2 \\ x_3 \end{pmatrix}\cdot\begin{pmatrix} 4 \\ -2 \\ 1 \end{pmatrix} - \begin{pmatrix} 0,5 \\ 0 \\ 2 \end{pmatrix}\cdot\begin{pmatrix} 4 \\ -2 \\ 1 \end{pmatrix} = 0$ $\Leftrightarrow 4x_1 - 2x_2 + x_3 - (0,5\cdot 4 + 0\cdot(-2) + 2\cdot 1) = 0 \Leftrightarrow E: 4x_1 - 2x_2 + x_3 = 4$

4. Von der Koordinatenform zur Parameterform

Beispiel: $E: 4x_1 - 2x_2 + x_3 = 4$

- **Möglichkeit 1 („Einfache Ebenenpunkte")**

Schritt 1: Koordinaten von 3 „einfachen" Ebenenpunkten ermitteln (z.B. Spurpunkte).
$S_1\left(\frac{4}{4} \mid 0 \mid 0\right) = S_1(1 \mid 0 \mid 0)$; $S_2\left(0 \mid \frac{4}{-2} \mid 0\right) = S_2(0 \mid -2 \mid 0)$; $S_3\left(0 \mid 0 \mid \frac{4}{1}\right) = S_3(0 \mid 0 \mid 4)$
Schritt 2: Parameterform aus 3 Punkten aufstellen (S. 89).
$E: \vec{x} = \begin{pmatrix} 1 \\ 0 \\ 0 \end{pmatrix} + s \cdot \begin{pmatrix} 0-1 \\ -2-0 \\ 0-0 \end{pmatrix} + t \cdot \begin{pmatrix} 0-1 \\ 0-0 \\ 4-0 \end{pmatrix} \Leftrightarrow E: \vec{x} = \begin{pmatrix} 1 \\ 0 \\ 0 \end{pmatrix} + s \cdot \begin{pmatrix} -1 \\ -2 \\ 0 \end{pmatrix} + t \cdot \begin{pmatrix} -1 \\ 0 \\ 4 \end{pmatrix}$

- **Möglichkeit 2**

Schritt 1: In Koordinatengleichung $x_2 = s$ und $x_3 = t$ setzen. Nach x_1 auflösen.
$E: 4x_1 - 2x_2 + x_3 = 4 \Leftrightarrow 4x_1 - 2s + t = 4 \Leftrightarrow 4x_1 = 4 + 2s - t \Leftrightarrow x_1 = 1 + 0{,}5s - 0{,}25t$
Schritt 2: $\vec{x}$ als Vektor darstellen. „Aufteilen".
$\vec{x} = \begin{pmatrix} x_1 \\ x_2 \\ x_3 \end{pmatrix} = \begin{pmatrix} 1 + 0{,}5s - 0{,}25t \\ s \\ t \end{pmatrix} = \begin{pmatrix} 1 + 0{,}5s - 0{,}25t \\ 0 + 1 \cdot s + 0 \cdot t \\ 0 + 0 \cdot s + 1 \cdot t \end{pmatrix} \Leftrightarrow E: \vec{x} = \begin{pmatrix} 1 \\ 0 \\ 0 \end{pmatrix} + s \cdot \begin{pmatrix} 0{,}5 \\ 1 \\ 0 \end{pmatrix} + t \cdot \begin{pmatrix} -0{,}25 \\ 0 \\ 1 \end{pmatrix}$

Hinweis: Die beiden Ebenengleichungen, die man durch die beiden Möglichkeiten 1 bzw. 2 erhält, gehören natürlich zur gleichen Ebene.

Zusatz: In welcher Situation ist welche Ebenenform zu empfehlen?

1. Aufstellen einer Ebenengleichung …

… besser in Parameterform

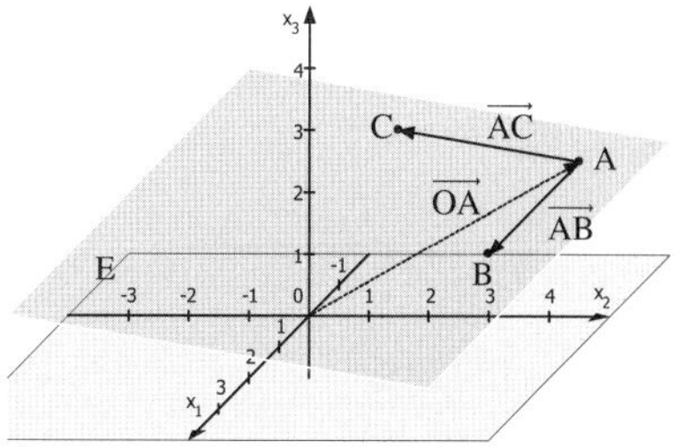

- Aufstellen aus **3 Punkten**

Vorgehen: E: $\vec{x} = \overrightarrow{OA} + s \cdot \overrightarrow{AB} + t \cdot \overrightarrow{AC}$ (mit $s, t \in \mathbb{R}$)
(S. 89)

Aufstellen aus einer Geraden g: $\vec{x} = \overrightarrow{OA} + t \cdot \vec{r}$ und ...

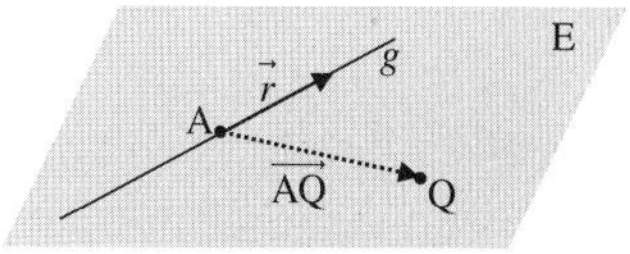

- **... dem Punkt Q**, welcher **nicht auf der Geraden** liegt.

Vorgehen: $\text{E}: \vec{x} = \overrightarrow{OA} + t \cdot \vec{r} + s \cdot \overrightarrow{AQ}$ (mit $t, s \in \mathbb{R}$).

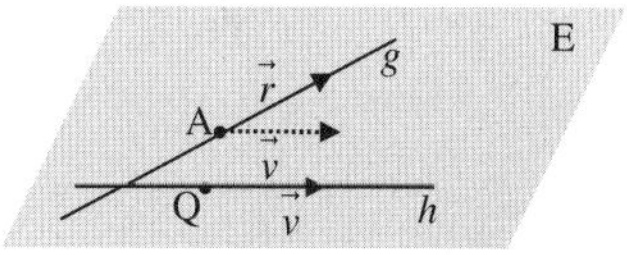

- **...** der **Geraden** $h: \vec{x} = \overrightarrow{OQ} + s \cdot \vec{v}$, welche g **schneidet**.

Vorgehen: $\text{E}: \vec{x} = \overrightarrow{OA} + t \cdot \vec{r} + s \cdot \vec{v}$ (mit $t, s \in \mathbb{R}$).

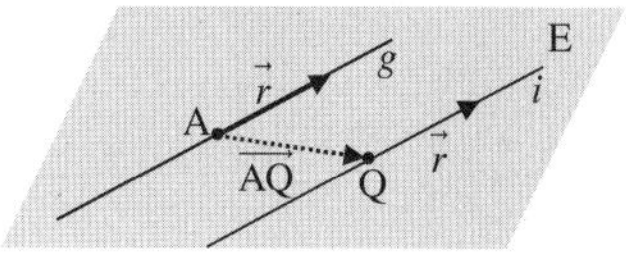

- **...** der **Geraden** $i: \vec{x} = \overrightarrow{OQ} + s \cdot \vec{r}$, welche **parallel** zu g verläuft.

Vorgehen: $\text{E}: \vec{x} = \overrightarrow{OA} + t \cdot \vec{r} + s \cdot \overrightarrow{AQ}$ (mit $t, s \in \mathbb{R}$).

… besser in **Normalenform** bzw. **Koordinatenform**

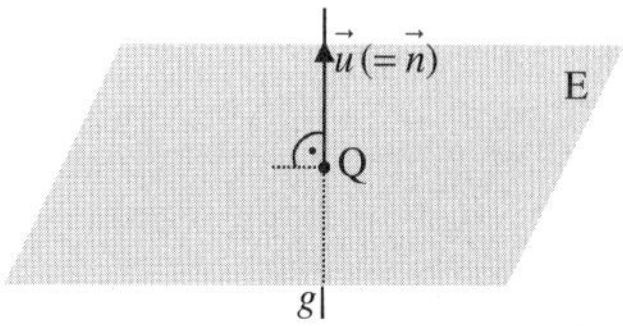

- Aufstellen der Gleichung einer Ebene, die orthogonal (senkrecht) zu einer bekannten Geraden $g: \vec{x} = \overrightarrow{OP} + r \cdot \vec{u}$ und durch einen gegebenen Punkt Q verläuft;

Vorgehen (Normalenform): $\text{E}: \left(\vec{x} - \vec{q}\right) \cdot \vec{u} = 0$

Vorgehen (Koordinatenform): $\text{E}: u_1 x_1 + u_2 x_2 + u_3 x_3 = d$

(Richtungsvektor $\vec{u}$ als Normalenvektor verwenden, Q als Ebenenpunkt einsetzen)

2. Rechnen mit einer Ebenengleichung

Hier ist stets die **Koordinatenform** der Ebenengleichung zu empfehlen.
Bei vielen Rechnungen lohnt es sich also, eine gegebene Parametergleichung bzw. Normalengleichung in die Koordinatengleichung umzuwandeln.

4. Gegenseitige Lage

4.1 Ebene-Gerade

Möglichkeiten für die gegenseitige Lage

Gerade und Ebene **schneiden sich** in einem Punkt.

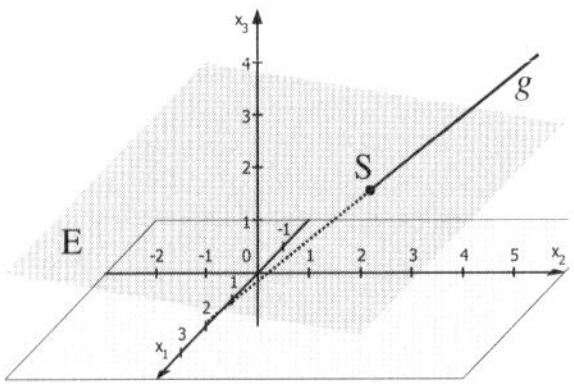

Gerade **liegt in** der Ebene.

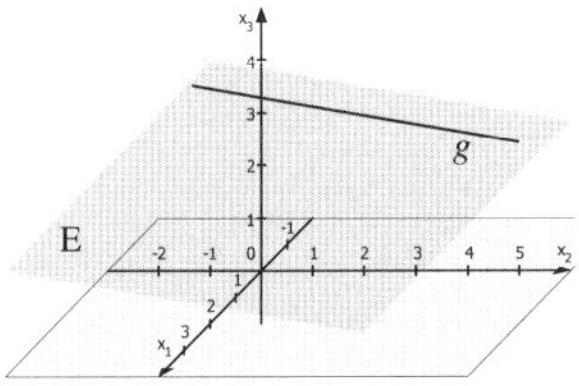

Gerade und Ebene sind **parallel**.

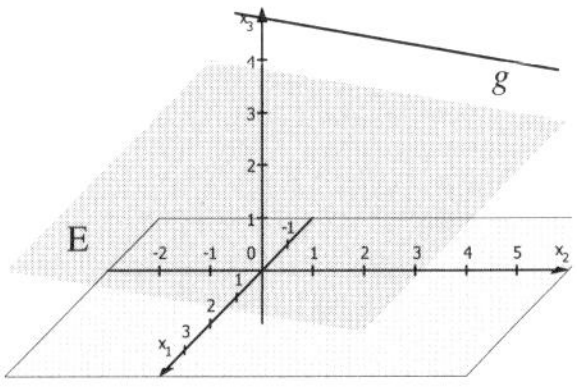

1. Fall: Ebenengleichung in **Koordinatenform**

Beispiel: $E: -x_1 + 3x_2 + 2x_3 = -3$ und $g: \vec{x} = \begin{pmatrix} 1 \\ 2 \\ 3 \end{pmatrix} + t \cdot \begin{pmatrix} 0 \\ 1 \\ 2 \end{pmatrix}$

Schritt 1: Geradenvektor $\vec{x}$ als Komponenten (x_1, x_2 und x_3) darstellen („allgemeiner Geradenpunkt").

$x_1 = 1;\quad x_2 = 2 + t;\quad x_3 = 3 + 2t \quad \rightarrow \quad P_t(1|2+t|3+2t)$

Schritt 2: Einsetzen in die Koordinatengleichung. Auflösen.

$-x_1 + 3x_2 + 2x_3 = -3 \;\Leftrightarrow\; -1 + 3\cdot(2+t) + 2\cdot(3+2t) = -3 \;\Leftrightarrow\; t = -2$

Schritt 3: Interpretation anhand der nachfolgenden **Übersicht**.

Z.B. $t = -2$	Z.B. $0 = 0$ (wahre Aussage, t „fällt raus")	Z.B. $0 = 1$ (falsche Aussage, t „fällt raus")
Gleichung hat **eindeutige Lösung**.	Gleichung hat **unendlich viele Lösungen**.	Gleichung hat **keine Lösung**.
Gerade und Ebene **schneiden sich** in einem Punkt S.	Gerade **liegt in** der Ebene.	Gerade und Ebene sind **parallel**.

Schritt 4 (bei „schneiden sich"): Schnittpunkt bestimmen durch Einsetzen in Geradengl..

Einsetzen von $t = -2$: $\overrightarrow{OS} = \begin{pmatrix} 1 \\ 2 \\ 3 \end{pmatrix} - 2 \cdot \begin{pmatrix} 0 \\ 1 \\ 2 \end{pmatrix} = \begin{pmatrix} 1 \\ 0 \\ -1 \end{pmatrix} \rightarrow S(1|0|-1)$

„Abkürzung": Stehen **Normalenvektor** und **Richtungsvektor senkrecht** aufeinander **(Skalarprodukt=0)**, so sind Ebene und Gerade entweder **parallel** oder die Gerade **liegt in** der Ebene. Eine **Punktprobe** klärt auf.

http://frv.tv/5a

2. Fall: Ebenengleichung in **Parameterform**

Beispiel: $E: \vec{x} = \begin{pmatrix} 1 \\ -2 \\ 2 \end{pmatrix} + r \cdot \begin{pmatrix} -1 \\ -3 \\ 0 \end{pmatrix} + s \cdot \begin{pmatrix} 3 \\ 0 \\ -2 \end{pmatrix}$ und $g: \vec{x} = \begin{pmatrix} 2 \\ 7 \\ 1 \end{pmatrix} + t \cdot \begin{pmatrix} 2 \\ 5 \\ -1 \end{pmatrix}$

Tipp: Umgehen Sie das nachfolgende Verfahren, indem Sie die Ebenengleichung **in Koordinatenform umwandeln** und dann wie im **1. Fall** vorgehen.

Schritt 1: Gleichsetzen.

$$\begin{pmatrix} 1 \\ -2 \\ 2 \end{pmatrix} + r \cdot \begin{pmatrix} -1 \\ -3 \\ 0 \end{pmatrix} + s \cdot \begin{pmatrix} 3 \\ 0 \\ -2 \end{pmatrix} = \begin{pmatrix} 2 \\ 7 \\ 1 \end{pmatrix} + t \cdot \begin{pmatrix} 2 \\ 5 \\ -1 \end{pmatrix}$$

Schritt 2: LGS in *r*, *s* und *t* ordnen.

$$\begin{array}{l} 1 - r + 3s = 2 + 2t \\ -2 - 3r = 7 + 5t \\ 2 - 2s = 1 - t \end{array} \Leftrightarrow \begin{array}{rl} -r + 3s - 2t = 1 & (1) \\ -3r - 5t = 9 & (2) \\ -2s + t = -1 & (3) \end{array}$$

Schritt 3: Durch Gauß-Verfahren umformen.

$$\left(\begin{array}{ccc|c} -1 & 3 & -2 & 1 \\ -3 & 0 & -5 & 9 \\ 0 & -2 & 1 & -1 \end{array}\right) \sim \left(\begin{array}{ccc|c} -1 & 3 & -2 & 1 \\ 0 & 3 & -1/3 & -2 \\ 0 & -2 & 1 & -1 \end{array}\right) \sim \left(\begin{array}{ccc|c} -1 & 3 & -2 & 1 \\ 0 & 3 & -1/3 & -2 \\ 0 & 0 & 7/6 & -7/2 \end{array}\right) \begin{array}{l} \Rightarrow r = 2 \\ \Rightarrow s = -1 \\ \Rightarrow t = -3 \end{array}$$

Schritt 4: Interpretation anhand der nachfolgenden **Übersicht**.

$\left(\begin{array}{ccc\|c} \bullet & \bullet & \bullet & \bullet \\ 0 & \bullet & \bullet & \bullet \\ \mathbf{0} & \mathbf{0} & \mathbf{\neq 0} & \bullet \end{array}\right)$	$\left(\begin{array}{ccc\|c} \bullet & \bullet & \bullet & \bullet \\ 0 & \bullet & \bullet & \bullet \\ \mathbf{0} & \mathbf{0} & \mathbf{0} & \mathbf{0} \end{array}\right)$	$\left(\begin{array}{ccc\|c} \bullet & \bullet & \bullet & \bullet \\ 0 & \bullet & \bullet & \bullet \\ \mathbf{0} & \mathbf{0} & \mathbf{0} & \mathbf{\neq 0} \end{array}\right)$
LGS hat **eindeutige Lösung**.	LGS hat **unendlich viele Lösungen**.	LGS hat **keine Lösung**.
Gerade und Ebene **schneiden sich** in einem Punkt S.	Gerade **liegt in** der Ebene.	Gerade und Ebene sind **parallel**.

E und *g* schneiden sich also in einem Punkt.

Schritt 5 (bei „schneiden sich“): Schnittpunkt bestimmen durch Einsetzen in Geradengl..

Einsetzen von $t = -3$: $\overrightarrow{OS} = \begin{pmatrix} 2 \\ 7 \\ 1 \end{pmatrix} - 3 \cdot \begin{pmatrix} 2 \\ 5 \\ -1 \end{pmatrix} = \begin{pmatrix} -4 \\ -8 \\ 4 \end{pmatrix} \rightarrow S(-4 \mid -8 \mid 4)$

4.2 Ebene-Ebene

Möglichkeiten für die gegenseitige Lage

Ebenen **schneiden sich** in einer Schnittgeraden.

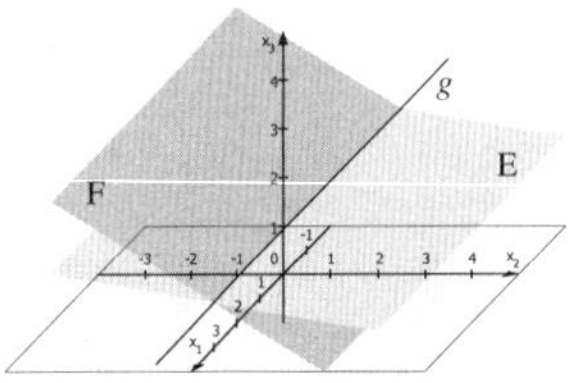

Ebenen sind **identisch**.

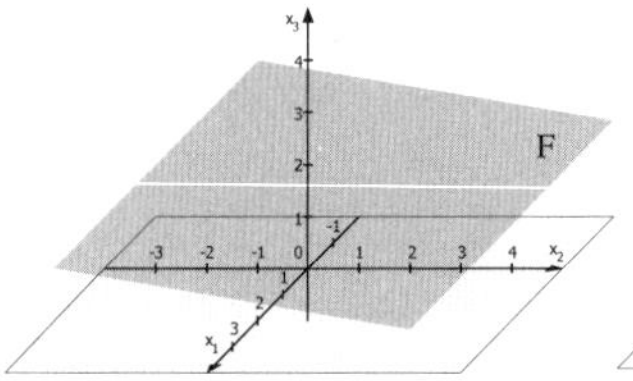

Ebenen sind **parallel**.

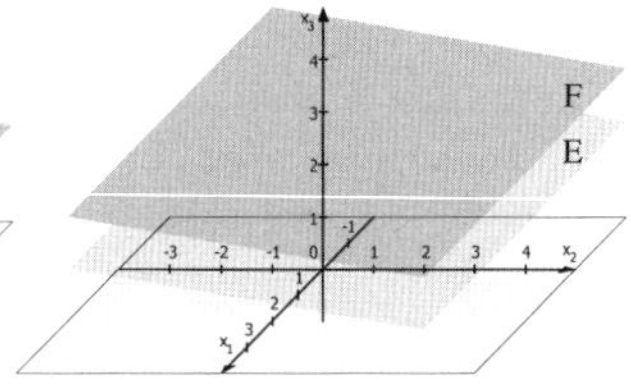

1. Fall: Eine Ebenengleichung in **Parameterform**, eine in **Koordinatenform**

Beispiel: $\quad E: \vec{x} = \begin{pmatrix} 15 \\ 0 \\ 3 \end{pmatrix} + r \cdot \begin{pmatrix} 2 \\ 5 \\ 0 \end{pmatrix} + s \cdot \begin{pmatrix} -1 \\ 0 \\ 5 \end{pmatrix}$ und $F: 3x_1 + 4x_2 - 2x_3 = 13$

Schritt 1: Ebenenvektor $\vec{x}$ als Komponenten (x_1, x_2 und x_3) darstellen („allgemeiner Ebenenpunkt“).

$x_1 = 15 + 2r - s; \quad x_2 = 5r; \quad x_3 = 3 + 5s \quad \rightarrow \quad P(15 + 2r - s \,|\, 5r \,|\, 3 + 5s)$

Schritt 2: Einsetzen in die Koordinatengleichung. Umformen.

$3x_1 + 4x_2 - 2x_3 = 13 \quad \Leftrightarrow \quad 3 \cdot (15 + 2r - s) + 4 \cdot 5r - 2 \cdot (3 + 5s) = 13 \quad \Leftrightarrow \quad 2r - s = -2$

Schritt 3: Interpretation anhand der nachfolgenden **Übersicht**.

Z.B. $2r - s = -2$ (Gleichung **enthält Parameter**)	Z.B. $0 = 0$ (**wahre** Aussage, Parameter „fallen raus“)	Z.B. $0 = 1$ (**falsche** Aussage, Parameter „fallen raus“)
Ebenen **schneiden sich** in einer Geraden.	Ebenen sind **identisch**.	Ebenen sind **parallel**.

E und F schneiden sich also in einer Geraden.

Schritt 4 (bei „schneiden sich“): Gleichung der Schnittgeraden bestimmen.

Gleichung nach einem Parameter auflösen: $s = 2r + 2$. Einsetzen in Parametergleichung:

$$\vec{x} = \begin{pmatrix} 15 \\ 0 \\ 3 \end{pmatrix} + r \cdot \begin{pmatrix} 2 \\ 5 \\ 0 \end{pmatrix} + (2r + 2) \cdot \begin{pmatrix} -1 \\ 0 \\ 5 \end{pmatrix} \quad \Leftrightarrow \quad g: \vec{x} = \begin{pmatrix} 13 \\ 0 \\ 13 \end{pmatrix} + r \cdot \begin{pmatrix} 0 \\ 5 \\ 10 \end{pmatrix} \text{ (Schnittgerade)}$$

„Abkürzung“: Stehen **Normalenvektor** und beide **Spannvektoren senkrecht** aufeinander (**Skalarprodukt=0**), so sind die Ebenen entweder **parallel** oder **identisch**.
Eine **Punktprobe** klärt auf.

http://frv.tv/5b

2. Fall: Beide Ebenengleichungen in **Koordinatenform**

Beispiel: $E: x_1 + 3x_2 + 2x_3 = -5$ und $F: x_1 + 2x_2 + 3x_3 = -2$

Schritt 1: Die beiden Ebenengleichungen als LGS auffassen.

$$\begin{aligned} x_1 + 3x_2 + 2x_3 &= -5 \\ x_1 + 2x_2 + 3x_3 &= -2 \end{aligned}$$

Schritt 2: Durch Gauß-Verfahren „in Richtung“ untere Dreiecksform umformen.

$$\left(\begin{array}{ccc|c} 1 & 3 & 2 & -5 \\ 1 & 2 & 3 & -2 \end{array}\right) \leftarrow\!\!\rfloor -$$

$$\left(\begin{array}{ccc|c} 1 & 3 & 2 & -5 \\ 0 & 1 & -1 & -3 \end{array}\right)$$

Schritt 3: Interpretation anhand der nachfolgenden **Übersicht**.

(Da nur 2 Gleichungen aber 3 Unbekannte vorliegen, ist LGS niemals eindeutig lösbar.)

$\left(\begin{array}{ccc\|c} \bullet & \bullet & \bullet & \bullet \\ \mathbf{0} & \mathbf{\neq 0} & \bullet & \bullet \end{array}\right)$	$\left(\begin{array}{ccc\|c} \bullet & \bullet & \bullet & \bullet \\ \mathbf{0} & \mathbf{0} & \mathbf{0} & \mathbf{0} \end{array}\right)$	$\left(\begin{array}{ccc\|c} \bullet & \bullet & \bullet & \bullet \\ \mathbf{0} & \mathbf{0} & \mathbf{0} & \mathbf{\neq 0} \end{array}\right)$
LGS hat **unendlich viele Lösungen, ein** Parameter ist frei wählbar.	LGS hat **unendlich viele Lösungen, zwei** Parameter sind frei wählbar.	LGS hat **keine Lösung**.
Ebenen **schneiden sich** in einer Geraden.	Ebenen sind **identisch**.	Ebenen sind **parallel**.

E und F schneiden sich also in einer Geraden.

Schritt 4 (bei „schneiden sich“): Gleichung der Schnittgeraden bestimmen.

In Gleichung (2) $x_3 = t$ setzen: $x_2 - x_3 = -3 \iff x_2 - t = -3 \iff x_2 = t - 3;$

In Gleichung (1) einsetzen: $x_1 + 3x_2 + 2x_3 = -5 \iff x_1 + 3 \cdot (t-3) + 2 \cdot t = -5 \iff x_1 = -5t + 4$

In Vektorform notieren und sortieren: $g: \vec{x} = \begin{pmatrix} -5t+4 \\ t-3 \\ t \end{pmatrix} = \begin{pmatrix} 4 \\ -3 \\ 0 \end{pmatrix} + t \cdot \begin{pmatrix} -5 \\ 1 \\ 1 \end{pmatrix}$ (Schnittgerade)

„Abkürzung“: Sind die beiden **Normalenvektoren Vielfache** voneinander, so sind die Ebenen entweder **parallel** oder **identisch**. Eine **Punktprobe** klärt auf.

3. Fall: Beide Ebenengleichungen in **Parameterform**

Beispiel: $E: \vec{x} = \begin{pmatrix} 2 \\ 4 \\ 1 \end{pmatrix} + r \cdot \begin{pmatrix} 1 \\ -2 \\ 3 \end{pmatrix} + s \cdot \begin{pmatrix} 1 \\ -1 \\ 5 \end{pmatrix}$ und $F: \vec{x} = \begin{pmatrix} 3 \\ 5 \\ 12 \end{pmatrix} + t \cdot \begin{pmatrix} 0 \\ -2 \\ -6 \end{pmatrix} + u \cdot \begin{pmatrix} -4 \\ 7 \\ -10 \end{pmatrix}$

Tipp: Umgehen Sie das nachfolgende Verfahren unbedingt, indem Sie eine der beiden Ebenengleichungen **in Koordinatenform umwandeln** und dann wie im **1. Fall** vorgehen.

Schritt 1: Gleichsetzen.

$$\begin{pmatrix} 2 \\ 4 \\ 1 \end{pmatrix} + r \cdot \begin{pmatrix} 1 \\ -2 \\ 3 \end{pmatrix} + s \cdot \begin{pmatrix} 1 \\ -1 \\ 5 \end{pmatrix} = \begin{pmatrix} 3 \\ 5 \\ 12 \end{pmatrix} + t \cdot \begin{pmatrix} 0 \\ -2 \\ -6 \end{pmatrix} + u \cdot \begin{pmatrix} -4 \\ 7 \\ -10 \end{pmatrix}$$

Schritt 2: LGS in *r, s, t* und *u* ordnen.

$$\begin{array}{lcll} 2 + r + s = 3 \quad -4u & & r + s \quad +4u = 1 & (1) \\ 4 - 2r - s = 5 - 2t + 7u & \Leftrightarrow & -2r - s + 2t - 7u = 1 & (2) \\ 1 + 3r + 5s = 12 - 6t - 10u & & 3r + 5s + 6t + 10u = 11 & (3) \end{array}$$

Schritt 3: Durch Gauß-Verfahren „in Richtung" untere Dreiecksform umformen.

$$\left(\begin{array}{cccc|c} 1 & 1 & 0 & 4 & 1 \\ -2 & -1 & 2 & -7 & 1 \\ 3 & 5 & 6 & 10 & 11 \end{array}\right) \sim \left(\begin{array}{cccc|c} 1 & 1 & 0 & 4 & 1 \\ 0 & 1 & 2 & 1 & 3 \\ 0 & -2 & -6 & 2 & -8 \end{array}\right) \sim \left(\begin{array}{cccc|c} 1 & 1 & 0 & 4 & 1 \\ 0 & 1 & 2 & 1 & 3 \\ 0 & 0 & -2 & 4 & -2 \end{array}\right)$$

Schritt 4: Interpretation anhand der nachfolgenden **Übersicht**.

(Da nur 3 Gleichungen aber 4 Unbekannte vorliegen, ist LGS niemals eindeutig lösbar.)

$\left(\begin{array}{cccc\|c} \bullet & \bullet & \bullet & \bullet & \bullet \\ 0 & \bullet & \bullet & \bullet & \bullet \\ \mathbf{0} & \mathbf{0} & \neq\mathbf{0} & \bullet & \bullet \end{array}\right)$	$\left(\begin{array}{cccc\|c} \bullet & \bullet & \bullet & \bullet & \bullet \\ 0 & \bullet & \bullet & \bullet & \bullet \\ \mathbf{0} & \mathbf{0} & \mathbf{0} & \mathbf{0} & \mathbf{0} \end{array}\right)$	$\left(\begin{array}{cccc\|c} \bullet & \bullet & \bullet & \bullet & \bullet \\ 0 & \bullet & \bullet & \bullet & \bullet \\ \mathbf{0} & \mathbf{0} & \mathbf{0} & \mathbf{0} & \neq\mathbf{0} \end{array}\right)$
LGS hat **unendlich viele Lösungen, ein** Parameter ist frei wählbar.	LGS hat **unendlich viele Lösungen, zwei** Parameter sind frei wählbar.	LGS hat **keine Lösung**.
Ebenen **schneiden sich** in einer Geraden.	Ebenen sind **identisch**.	Ebenen sind **parallel**.

E und F schneiden sich also in einer Geraden.

Schritt 5 (bei „schneiden sich"): Gleichung der Schnittgeraden bestimmen.

Gleichung (3): $-2t + 4u = -2$ wird nach t aufgelöst: $t = 2u + 1$. Einsetzen.

$$\vec{x} = \begin{pmatrix} 3 \\ 5 \\ 12 \end{pmatrix} + (2u+1) \cdot \begin{pmatrix} 0 \\ -2 \\ -6 \end{pmatrix} + u \cdot \begin{pmatrix} -4 \\ 7 \\ -10 \end{pmatrix} \Leftrightarrow g: \vec{x} = \begin{pmatrix} 3 \\ 3 \\ 6 \end{pmatrix} + u \cdot \begin{pmatrix} -4 \\ 3 \\ -22 \end{pmatrix} \text{ (Schnittgerade)}$$

5. Schnittwinkel

Zwischen	Formel	senkrecht ($\alpha = 90°$)
Vektor $\vec{a}$ und **Vektor** $\vec{b}$		
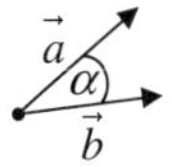	$\cos(\alpha) = \frac{\vec{a} \cdot \vec{b}}{\lvert\vec{a}\rvert \cdot \lvert\vec{b}\rvert}$	falls $\vec{a} \cdot \vec{b} = 0$
Gerade g mit Richtungsvektor $\vec{r_g}$ und **Gerade** h mit Richtungsvektor $\vec{r_h}$		
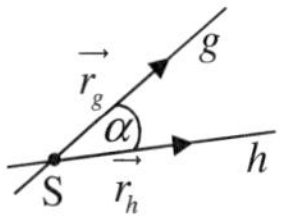	$\cos(\alpha) = \frac{\lvert\vec{r_g} \cdot \vec{r_h}\rvert}{\lvert\vec{r_g}\rvert \cdot \lvert\vec{r_h}\rvert}$	falls $\vec{r_g} \cdot \vec{r_h} = 0$
Gerade g mit Richtungsvektor $\vec{r_g}$ und **Ebene** E mit Normalenvektor $\vec{n}$		
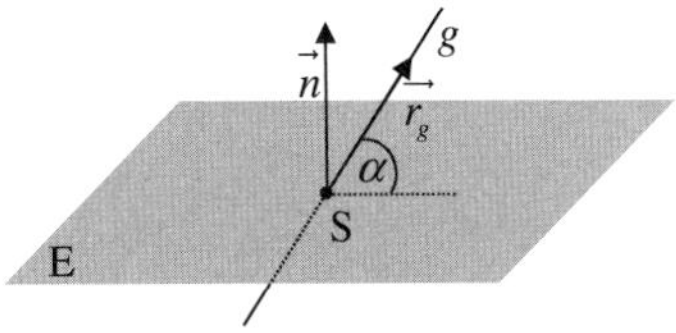	$\sin(\alpha) = \frac{\lvert\vec{r_g} \cdot \vec{n}\rvert}{\lvert\vec{r_g}\rvert \cdot \lvert\vec{n}\rvert}$	falls $\vec{r_g} = k \cdot \vec{n}$ (mit $k \in \mathbb{R}$) (Vielfache)
Ebene E mit Normalenvektor $\vec{n_1}$ und **Ebene** F mit Normalenvektor $\vec{n_2}$		
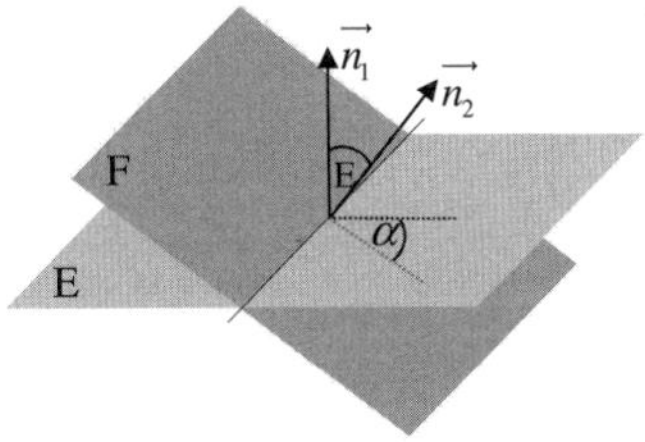	$\cos(\alpha) = \frac{\lvert\vec{n_1} \cdot \vec{n_2}\rvert}{\lvert\vec{n_1}\rvert \cdot \lvert\vec{n_2}\rvert}$	falls $\vec{n_1} \cdot \vec{n_2} = 0$

Beispiel: Schnittwinkel zwischen $g: \vec{x} = \begin{pmatrix} 0,5 \\ 0 \\ 2 \end{pmatrix} + r \cdot \begin{pmatrix} 4 \\ -2 \\ 1 \end{pmatrix}$ und $E: x_1 - 3x_2 - 2x_3 = 3$.

$$\sin(\alpha) = \frac{\left|\begin{pmatrix} 4 \\ -2 \\ 1 \end{pmatrix} \cdot \begin{pmatrix} 1 \\ -3 \\ -2 \end{pmatrix}\right|}{\left|\begin{pmatrix} 4 \\ -2 \\ 1 \end{pmatrix}\right| \cdot \left|\begin{pmatrix} 1 \\ -3 \\ -2 \end{pmatrix}\right|} = \frac{\lvert 4 \cdot 1 + (-2) \cdot (-3) + 1 \cdot (-2) \rvert}{\sqrt{4^2 + (-2)^2 + 1^2} \cdot \sqrt{1^2 + (-3)^2 + (-2)^2}} = \frac{8}{\sqrt{21} \cdot \sqrt{14}} \Rightarrow \alpha \approx 27,81°$$

(TR-Einstellung: *deg*)

Hinweis: Mit dem Schnittwinkel ist stets der spitze Winkel ($0 \leq \alpha \leq 90$) gemeint.

http://frv.tv/5k

6. Abstandsberechnungen

Lösungsstrategien im Überblick (ausführliches Vorgehen auf den folgenden Seiten)

<table>
<tr><th></th><th>Punkt</th><th>Gerade</th><th>Ebene</th></tr>
<tr><td>Punkt</td>
<td>Betrag
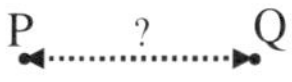
$|\overrightarrow{PQ}|$</td>
<td>1. Skalarprodukt
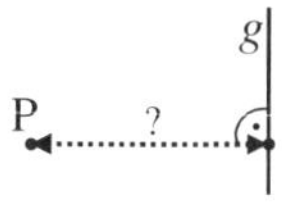
2. Hilfsebene
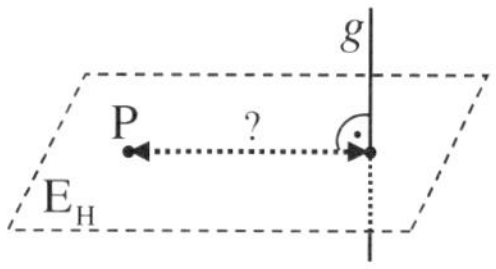</td>
<td>1. Formel
$d=\left|\frac{ap_1+bp_2+cp_3-d}{\sqrt{n_1^2+n_2^2+n_3^2}}\right|=\left|\frac{\left(\vec{p}-\vec{a}\right)\cdot\vec{n}}{\left|\vec{n}\right|}\right|$
2. Lotgerade
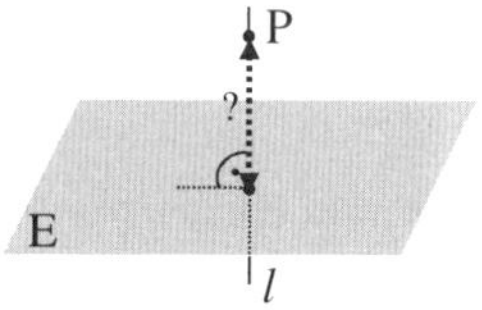</td></tr>
<tr><td>Gerade</td><td></td>
<td>Parallel:
1. Skalarprodukt
2. Hilfsebene
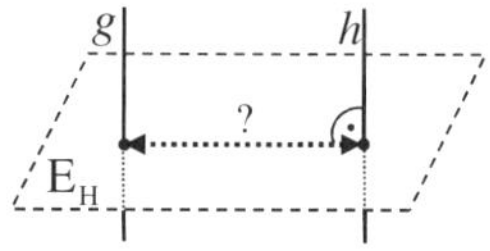
siehe Punkt-Gerade

Windschief:
1. Formel
$d=\left|\frac{(\vec{a}-\vec{b})\cdot\vec{n}}{|\vec{n}|}\right|$
2. Hilfsebene
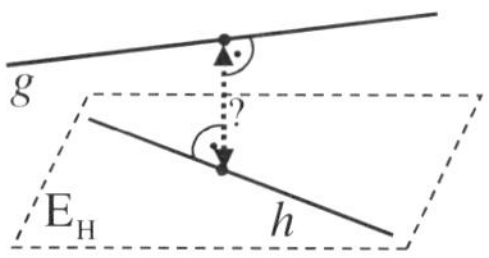
siehe Punkt-Ebene</td>
<td>Parallel:
1. Formel (Punkt-Ebene)
2. Lotgerade
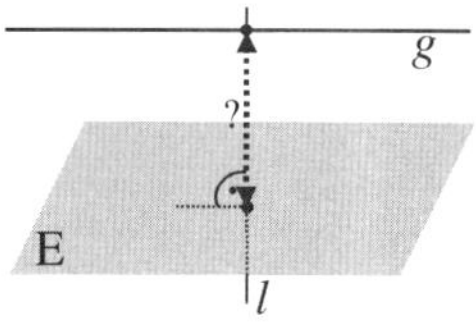
siehe Punkt-Ebene</td></tr>
<tr><td>Ebene</td><td></td><td></td>
<td>Parallel:
1. Formel (Punkt-Ebene)
2. Lotgerade
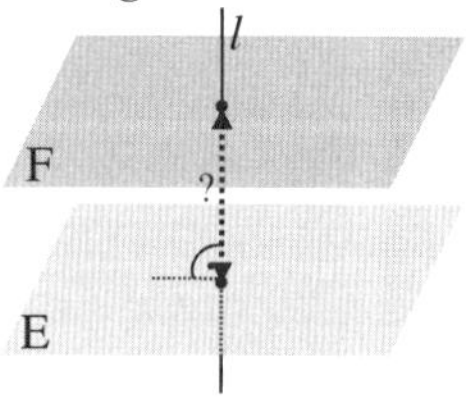
siehe Punkt-Ebene</td></tr>
</table>

Hinweis: Alle Probleme lassen sich auf *Punkt-Gerade* oder *Punkt-Ebene* zurückführen.

http://frv.tv/5l

6.1 Abstände zu einem Punkt

1. Abstand: Punkt – Punkt

Hier muss schlicht die **Länge (Betrag) des Verbindungsvektors $\overrightarrow{PQ}$** berechnet werden.

Beispiel: Abstand von $P(1|0|2)$ und $Q(2|-3|1)$?

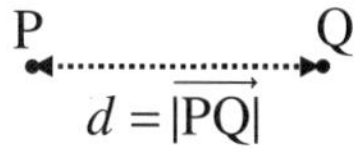

Verbindungsvektor: $\overrightarrow{PQ}=\begin{pmatrix}2\\-3\\1\end{pmatrix}-\begin{pmatrix}1\\0\\2\end{pmatrix}=\begin{pmatrix}1\\-3\\-1\end{pmatrix}$;

Länge: $|\overrightarrow{PQ}|=\sqrt{1^2+(-3)^2+(-1)^2}=\sqrt{11}$ LE

2. Abstand: Punkt – Gerade

Beispiel: Abstand von $P(6|-6|9)$ zu $g:\vec{x}=\begin{pmatrix}4\\5\\6\end{pmatrix}+t\cdot\begin{pmatrix}-2\\1\\1\end{pmatrix}$?

- **Möglichkeit 1 (Skalarprodukt)**

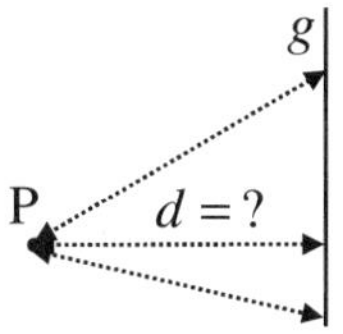

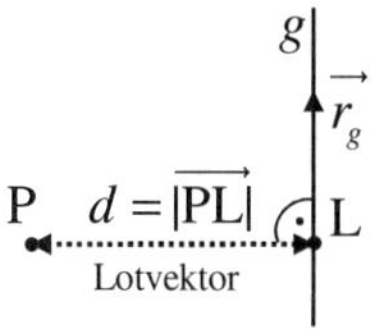

Schritt 1: Verbindungsvektor zwischen dem **Punkt P** und einem **allgemeinen Geradenpunkt** $P_t(4-2t|5+t|6+t)$ aufstellen (allgemeiner Abstandsvektor).

$$\overrightarrow{PP_t}=\begin{pmatrix}4-2t\\5+t\\6+t\end{pmatrix}-\begin{pmatrix}6\\-6\\9\end{pmatrix}=\begin{pmatrix}-2t-2\\t+11\\t-3\end{pmatrix}$$

Schritt 2: Skalarprodukt aus dem **Verbindungsvektor** und dem **Richtungsvektor $\vec{r_g}$** der Geraden bilden und **gleich 0** setzen. (Grund: Der Verbindungsvektor wird zum Lotvektor wenn er senkrecht zur Geraden steht). Parameterwert t ermitteln.

$$\overrightarrow{PP_t}\cdot\vec{r_g}=\begin{pmatrix}-2t-2\\t+11\\t-3\end{pmatrix}\cdot\begin{pmatrix}-2\\1\\1\end{pmatrix}=0 \Leftrightarrow (-2t-2)\cdot(-2)+(t+11)\cdot 1+(t-3)\cdot 1=0 \Leftrightarrow t=-2$$

Schritt 3: Lotfußpunkt L erhalten, indem der **Parameterwert** in die Geradengleichung **eingesetzt** wird.

$t=-2$ einsetzen: $\overrightarrow{OL}=\begin{pmatrix}4\\5\\6\end{pmatrix}-2\cdot\begin{pmatrix}-2\\1\\1\end{pmatrix}=\begin{pmatrix}8\\3\\4\end{pmatrix}\rightarrow L(8|3|4)$

Schritt 4: Länge (Betrag) des Lotvektors **$|\overrightarrow{PL}|$** berechnen.

Lotvektor: $\overrightarrow{PL}=\begin{pmatrix}8\\3\\4\end{pmatrix}-\begin{pmatrix}6\\-6\\9\end{pmatrix}=\begin{pmatrix}2\\9\\-5\end{pmatrix}$; Länge: $|\overrightarrow{PL}|=\sqrt{2^2+9^2+(-5)^2}=\sqrt{110}$ LE

http://frv.tv/5m

- **Möglichkeit 2 (Hilfsebene)**

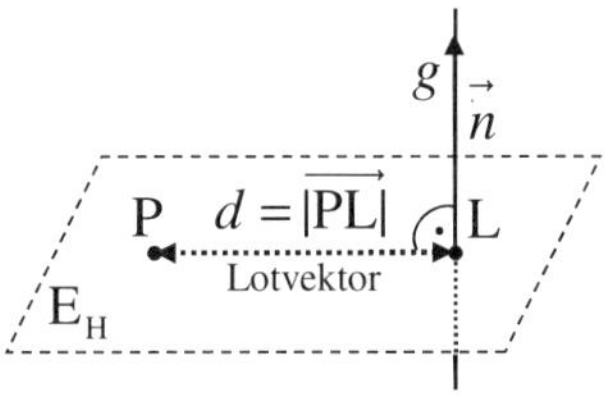

Schritt 1 : Hilfsebene E_H bilden, die den Punkt **P enthält** und **senkrecht auf der Geraden *g*** steht (Richtungsvektor der Geraden als Normalenvektor von E_H verwenden). Dann werden die Koordinaten des Punktes P eingesetzt.

$E_H: -2x_1 + x_2 + x_3 = d$

$P \in E_H: -2 \cdot 6 - 6 + 9 = d \Leftrightarrow -9 = d \quad \Rightarrow E_H: -2x_1 + x_2 + x_3 = -9$

Schritt 2 : Hilfsebene E_H mit der **Geraden *g* schneiden**. Der Schnittpunkt ist der Lotfußpunkt L.

„Allgemeinen Geradenpunkt" $P_t(4-2t \mid 5+t \mid 6+t)$ in E_H einsetzen:

$-2x_1 + x_2 + x_3 = -9 \Leftrightarrow -2\cdot(4-2t)+5+t+6+t = -9 \Leftrightarrow t = -2;$

$t = -2$ einsetzen: $\overrightarrow{OL} = \begin{pmatrix} 4 \\ 5 \\ 6 \end{pmatrix} - 2 \cdot \begin{pmatrix} -2 \\ 1 \\ 1 \end{pmatrix} = \begin{pmatrix} 8 \\ 3 \\ 4 \end{pmatrix} \rightarrow L(8 \mid 3 \mid 4)$

Schritt 3 : Länge (Betrag) des Lotvektors $|\overrightarrow{PL}|$ berechnen.

Lotvektor: $\overrightarrow{PL} = \begin{pmatrix} 8 \\ 3 \\ 4 \end{pmatrix} - \begin{pmatrix} 6 \\ -6 \\ 9 \end{pmatrix} = \begin{pmatrix} 2 \\ 9 \\ -5 \end{pmatrix}$; Länge: $|\overrightarrow{PL}| = \sqrt{2^2 + 9^2 + (-5)^2} = \sqrt{110}$ LE

Beispielhafte Anwendungen: Höhenbestimmung in einem Dreieck, Trapez oder Parallelogramm.

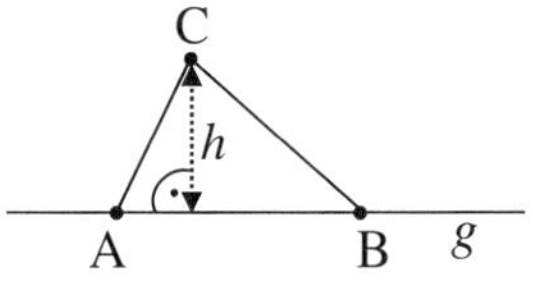

3. Abstand: Punkt – Ebene

Beispiel: Abstand von $P(1|2|3)$ zu $E: 2x_1 - x_2 + 4x_3 = -9$?

- **Möglichkeit 1 (Formel)**

$$d = \left| \frac{ap_1 + bp_2 + cp_3 - d}{\sqrt{a^2 + b^2 + c^2}} \right| \quad \text{(zwischen } P(p_1 | p_2 | p_3) \text{ und } E: ax_1 + bx_2 + cx_3 = d\text{)}$$

$$d = \left| \frac{(\vec{p} - \vec{a}) \cdot \vec{n}}{|\vec{n}|} \right| \quad \text{(zwischen } P(p_1 | p_2 | p_3) \text{ und } E: (\vec{x} - \vec{a}) \cdot \vec{n} = 0\text{)}$$

Lösung: $d = \left| \frac{2 \cdot 1 - 1 \cdot 2 + 4 \cdot 3 + 9}{\sqrt{2^2 + (-1)^2 + 4^2}} \right| = \left| \frac{21}{\sqrt{21}} \right| = \sqrt{21}$ LE

- **Möglichkeit 2 (Lotgerade)**

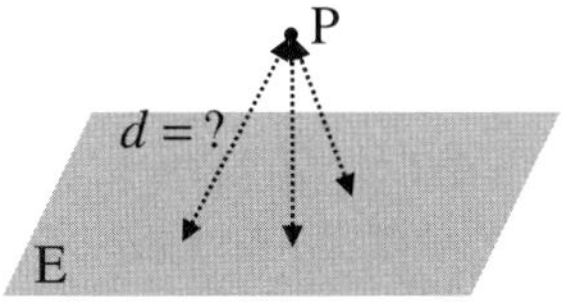

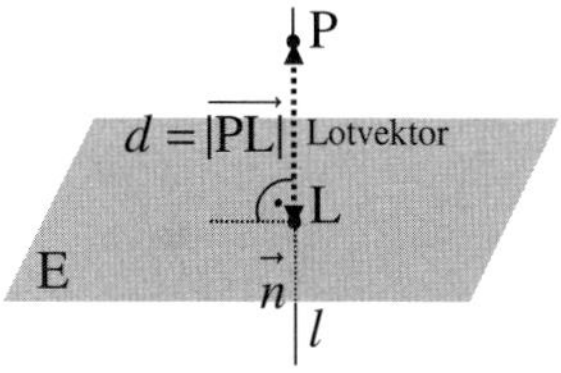

Schritt 1 : Lotgerade l bilden, die den Punkt **P enthält** und **senkrecht auf der Ebene E** steht. (P als Stützpunkt und Normalenvektor der Ebene als Richtungsvektor verwenden).

$$l: \vec{x} = \vec{p} + t \cdot \vec{n} \quad \Rightarrow \quad l: \vec{x} = \begin{pmatrix} 1 \\ 2 \\ 3 \end{pmatrix} + t \cdot \begin{pmatrix} 2 \\ -1 \\ 4 \end{pmatrix} \quad (\text{mit } t \in \mathbb{R})$$

Schritt 2 : Lotgerade l mit der **Ebene E schneiden**. Der Schnittpunkt ist der Lotfußpunkt L.

„Allgemeinen Geradenpunkt" $P_t(1+2t | 2-t | 3+4t)$ in E einsetzen:

$2x_1 - x_2 + 4x_3 = -9 \Leftrightarrow 2 \cdot (1+2t) - (2-t) + 4 \cdot (3+4t) = -9 \Leftrightarrow t = -1$;

$t = -1$ einsetzen: $\overrightarrow{OL} = \begin{pmatrix} 1 \\ 2 \\ 3 \end{pmatrix} - 1 \cdot \begin{pmatrix} 2 \\ -1 \\ 4 \end{pmatrix} = \begin{pmatrix} -1 \\ 3 \\ -1 \end{pmatrix} \rightarrow L(-1|3|-1)$

Schritt 3 : Länge (Betrag) des Lotvektors $|\overrightarrow{\mathbf{PL}}|$ berechnen.

Lotvektor: $\overrightarrow{PL} = \begin{pmatrix} -1 \\ 3 \\ -1 \end{pmatrix} - \begin{pmatrix} 1 \\ 2 \\ 3 \end{pmatrix} = \begin{pmatrix} -2 \\ 1 \\ -4 \end{pmatrix}$; Länge: $|\overrightarrow{PL}| = \sqrt{(-2)^2 + 1^2 + (-4)^2} = \sqrt{21}$ LE

Beispielhafte Anwendung: Höhenbestimmung bei einer Pyramide

http://frv.tv/5n

6.2 Abstände zu einer Geraden

Ein (sinnvoller) Abstand zwischen zwei Geraden (welcher nicht 0 beträgt) liegt nur dann vor, falls die Geraden **parallel** oder **windschief** zueinander liegen.

1. Abstand: Gerade – Gerade (parallel)

Diese Abstandsberechnung lässt sich auf die Abstandsberechnung ***Punkt – Gerade*** zurückführen, indem der Abstand eines beliebigen Punktes (z.B. des **Stützpunktes) der einen Geraden zur anderen Geraden** ermittelt wird.

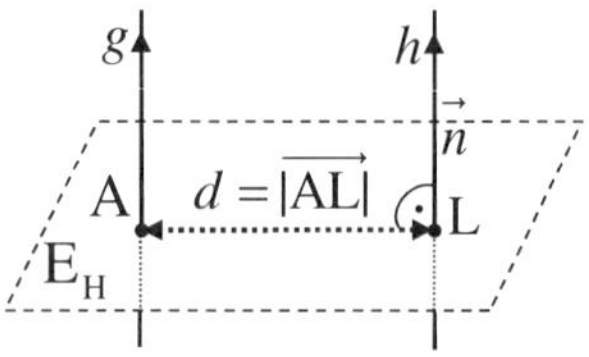

Lösungsstrategie: Skalarprodukt oder Hilfsebene.

2. Abstand: Gerade – Gerade (windschief)

• **Möglichkeit 1 (Formel)**

$$d = \left| \frac{(\vec{a} - \vec{b}) \cdot \vec{n}}{|\vec{n}|} \right| \quad \text{mit } \vec{n} = \vec{r}_g \times \vec{r}_h \quad (\text{windschiefe Geraden } g: \vec{x} = \vec{a} + s \cdot \vec{r}_g \text{ und } h: \vec{x} = \vec{b} + t \cdot \vec{r}_h)$$

Beispiel: Abstand von $g: \vec{x} = \begin{pmatrix} -3 \\ -3 \\ 3 \end{pmatrix} + s \cdot \begin{pmatrix} 0 \\ 1 \\ 2 \end{pmatrix}$ zu $h: \vec{x} = \begin{pmatrix} -7 \\ 2 \\ -3 \end{pmatrix} + t \cdot \begin{pmatrix} 1 \\ 2 \\ 1 \end{pmatrix}$?

$$d = \left| \frac{\left(\begin{pmatrix} -3 \\ -3 \\ 3 \end{pmatrix} - \begin{pmatrix} -7 \\ 2 \\ -3 \end{pmatrix} \right) \cdot \left(\begin{pmatrix} 0 \\ 1 \\ 2 \end{pmatrix} \times \begin{pmatrix} 1 \\ 2 \\ 1 \end{pmatrix} \right)}{\left| \begin{pmatrix} 0 \\ 1 \\ 2 \end{pmatrix} \times \begin{pmatrix} 1 \\ 2 \\ 1 \end{pmatrix} \right|} \right| = \left| \frac{\begin{pmatrix} 4 \\ -5 \\ 6 \end{pmatrix} \cdot \begin{pmatrix} -3 \\ 2 \\ -1 \end{pmatrix}}{\left| \begin{pmatrix} -3 \\ 2 \\ -1 \end{pmatrix} \right|} \right| = \left| \frac{-12 - 10 - 6}{\sqrt{(-3)^2 + 2^2 + (-1)^2}} \right| = \left| \frac{-28}{\sqrt{14}} \right| \approx 7{,}48 \text{ LE}$$

• **Möglichkeit 2 (Hilfsebene)**

Schritt 1: Hilfsebene E_H bilden, welche die **Gerade *h* enthält** und **parallel zur Geraden *g*** verläuft.
Hierbei wird der Stützvektor der Geraden *h* in die Normalenform der Ebene übernommen ($E_H: (\vec{x} - \vec{b}) \cdot \vec{n} = 0$). Der Normalenvektor der Ebene ergibt sich aus dem Kreuzprodukt der beiden Richtungsvektoren ($\vec{n} = \vec{r}_g \times \vec{r}_h$).

Nun lässt sich diese Abstandsberechnung auf die Abstands - berechnung ***Punkt – Ebene*** zurückführen, indem der Abstand eines beliebigen Punktes der Geraden *g* (z.B. des Stützpunktes) zur Hilfsebene E_H ermittelt wird.

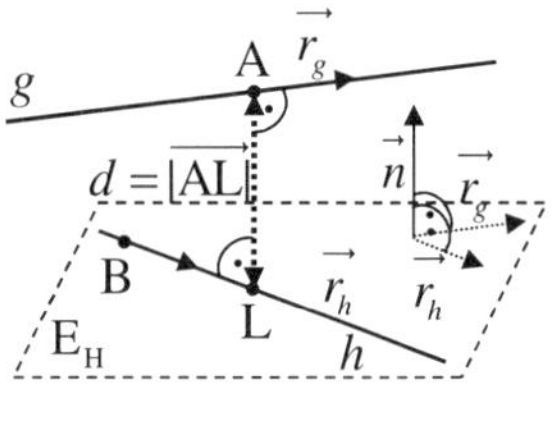

Lösungsstrategie: Formel oder Lotgerade.

http://frv.tv/5o

3. Abstand: Gerade – Ebene (parallel)

Nur sinnvoll, falls Gerade und Ebene **parallel** zueinander liegen.

Diese Abstandsberechnung lässt sich auf die Abstandsberechnung ***Punkt – Ebene*** zurückführen, indem der Abstand eines beliebigen Punktes der Geraden g (z.B. des **Stützpunktes**) zur Ebene E ermittelt wird.
Lösungsstrategie: Formel oder Lotgerade.

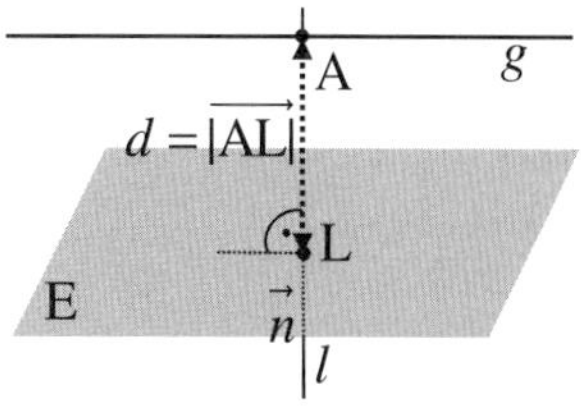

6.3 Abstände zu einer Ebene

Ein (sinnvoller) Abstand zwischen zwei Ebenen (welcher nicht 0 beträgt) liegt nur dann vor, falls die Ebenen **parallel** zueinander liegen.

1. Abstand: Ebene – Ebene (parallel)

Diese Abstandsberechnung lässt sich auf die Abstandsberechnung ***Punkt – Ebene*** zurückführen, indem der Abstand eines beliebigen Punktes der einen Ebene (z.B. eines **Spurpunktes**) zur anderen Ebene ermittelt wird.
Lösungsstrategie: Formel oder Lotgerade.

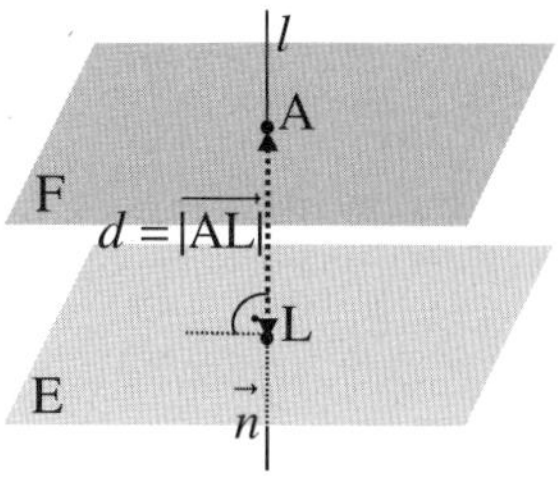

7. Spiegelungen

1. Punkt an Punkt

Beispiel: $P(1|-2|3)$ an $S(0|4|-3)$.

Vorgehen: $\overrightarrow{\mathbf{OP}^*} = \overrightarrow{\mathbf{OP}} + 2 \cdot \overrightarrow{\mathbf{PS}}$

Lösung: $\overrightarrow{OP^*} = \overrightarrow{OP} + 2 \cdot \overrightarrow{PS} = \begin{pmatrix} 1 \\ -2 \\ 3 \end{pmatrix} + 2 \cdot \begin{pmatrix} 0-1 \\ 4-(-2) \\ -3-3 \end{pmatrix} = \begin{pmatrix} -1 \\ 10 \\ -9 \end{pmatrix} \rightarrow P^*(-1|10|-9)$

2. Punkt an Gerade

Beispiel: $P(6|-6|9)$ an $g: \vec{x} = \begin{pmatrix} 4 \\ 5 \\ 6 \end{pmatrix} + t \cdot \begin{pmatrix} -2 \\ 1 \\ 1 \end{pmatrix}$

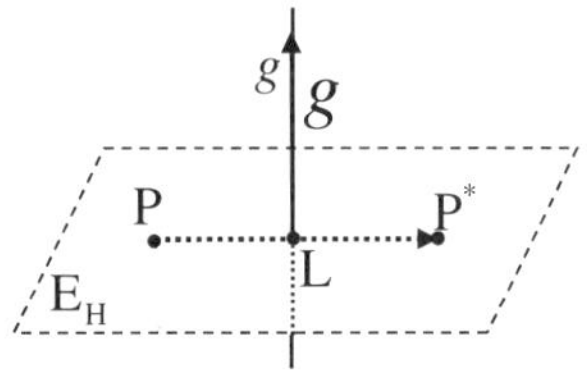

Schritt 1: Hilfsebene $\mathbf{E_H}$ bilden, die den Punkt **P enthält** und **senkrecht auf der Geraden *g*** steht (Richtungsvektor der Geraden als Normalenvektor von E_H verwenden). Dann werden die Koordinaten des Punktes P eingesetzt.

$E_H: -2x_1 + x_2 + x_3 = d$

$P \in E_H: \ -2 \cdot 6 - 6 + 9 = d \Leftrightarrow -9 = d \qquad \Rightarrow E_H: -2x_1 + x_2 + x_3 = -9$

Schritt 2: Hilfsebene $\mathbf{E_H}$ mit der **Geraden *g* schneiden**. Der Schnittpunkt ist der Lotfußpunkt L.

„Allgemeinen Geradenpunkt" $P_t(4-2t|5+t|6+t)$ in E_H einsetzen:

$-2x_1 + x_2 + x_3 = -9 \Leftrightarrow -2 \cdot (4-2t) + 5 + t + 6 + t = -9 \Leftrightarrow t = -2;$

$t = -2$ einsetzen: $\overrightarrow{OL} = \begin{pmatrix} 4 \\ 5 \\ 6 \end{pmatrix} - 2 \cdot \begin{pmatrix} -2 \\ 1 \\ 1 \end{pmatrix} = \begin{pmatrix} 8 \\ 3 \\ 4 \end{pmatrix} \rightarrow L(8|3|4)$

Schritt 3: Der **Punkt P** wird **am Lotfußpunkt L gespiegelt**.

$\overrightarrow{OP^*} = \overrightarrow{OP} + 2 \cdot \overrightarrow{PL} = \begin{pmatrix} 6 \\ -6 \\ 9 \end{pmatrix} + 2 \cdot \begin{pmatrix} 8-6 \\ 3-(-6) \\ 4-9 \end{pmatrix} = \begin{pmatrix} 10 \\ 12 \\ -1 \end{pmatrix} \rightarrow P^*(10|12|-1)$

Hinweis: Ähnliches Vorgehen wie bei der Abstandsberechnung: ***Punkt – Gerade***.

http://frv.tv/2z

3. Punkt an Ebene

Beispiel: $P(1|2|3)$ an $E: 2x_1 - x_2 + 4x_3 = -9$

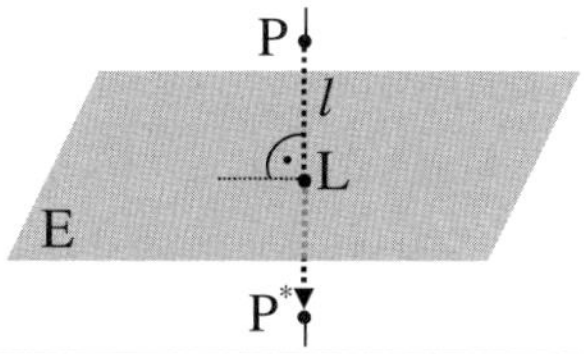

Schritt 1 : Lotgerade *l* bilden, die den Punkt **P enthält** und **senkrecht auf der Ebene E** steht. (P als Stützpunkt und Normalenvektor der Ebene als Richtungsvektor verwenden).
$l: \vec{x} = \vec{p} + t \cdot \vec{n} \Rightarrow l: \vec{x} = \begin{pmatrix} 1 \\ 2 \\ 3 \end{pmatrix} + t \cdot \begin{pmatrix} 2 \\ -1 \\ 4 \end{pmatrix}$ (mit $t \in \mathbb{R}$)
Schritt 2 : Lotgerade *l* mit der **Ebene E schneiden**. Der Schnittpunkt ist der Lotfußpunkt L.
„Allgemeinen Geradenpunkt" $P_t(1+2t \mid 2-t \mid 3+4t)$ in E einsetzen: $2x_1 - x_2 + 4x_3 = -9 \Leftrightarrow 2 \cdot (1+2t) - (2-t) + 4 \cdot (3+4t) = -9 \Leftrightarrow t = -1;$ $t = -1$ einsetzen: $\overrightarrow{OL} = \begin{pmatrix} 1 \\ 2 \\ 3 \end{pmatrix} - 1 \cdot \begin{pmatrix} 2 \\ -1 \\ 4 \end{pmatrix} = \begin{pmatrix} -1 \\ 3 \\ -1 \end{pmatrix} \rightarrow L(-1 \mid 3 \mid -1)$
Schritt 3: Der **Punkt P** wird **am Lotfußpunkt L gespiegelt**.
$\overrightarrow{OP^*} = \overrightarrow{OP} + 2 \cdot \overrightarrow{PL} = \begin{pmatrix} 1 \\ 2 \\ 3 \end{pmatrix} + 2 \cdot \begin{pmatrix} -1-1 \\ 3-2 \\ -1-3 \end{pmatrix} = \begin{pmatrix} -3 \\ 4 \\ -5 \end{pmatrix} \rightarrow P^*(-3 \mid 4 \mid -5)$

Hinweis: Ähnliches Vorgehen bei der Abstandsberechnung: ***Punkt – Ebene***.

4. Gerade an Ebene

Schritt 1: Gerade mit Ebene schneiden. Der Schnittpunkt S ist der erste Punkt von g^*.
Schritt 2: Stützpunkt A der Geraden g an der Ebene spiegeln (siehe 3.). Man erhält A^*, den zweiten Punkt von g^*.
Schritt 3: Aufstellen der Geradengleichung von g^* aus den beiden Punkten S und A^*.

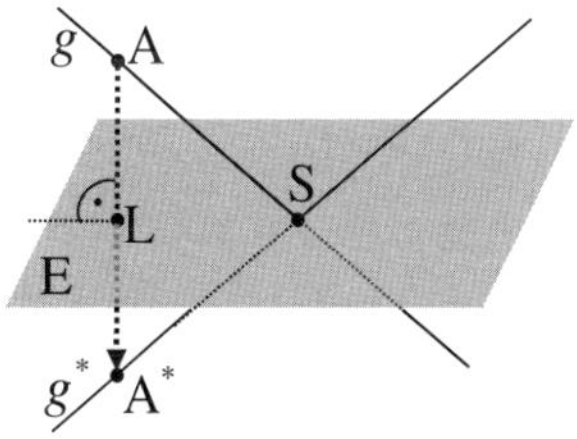

Hinweis: Falls die zu spiegelnde Gerade g und die Ebene E parallel sind, muss nur der Stützpunkt der Geraden gespiegelt werden, was zum Stützpunkt von g^* führt. Da g und g^* parallel sind, kann der Richtungsvektor von g in g^* übernommen werden.

8. Zusatz: Bewegungsaufgaben (Modellieren mit Vektoren)

Grundwissen

U-Boote, Flugzeuge,... bewegen sich meist geradlinig mit konstanter Geschwindigkeit. Ihre Bahngleichungen können somit durch Geradengleichungen beschrieben werden.

Beispiel: $\vec{x} = \begin{pmatrix} 20 \\ 30 \\ 10 \end{pmatrix} + t \cdot \begin{pmatrix} 60 \\ -40 \\ 25 \end{pmatrix}$ (t in Stunden ($t \in \mathbb{R}$), sonstige Angaben in km)

„Bausteine“ der Bahngleichung	Interpretation
$\begin{pmatrix} 20 \\ 30 \\ 10 \end{pmatrix}$ (Stützvektor)	Koordinaten des Startpunktes der Bewegung
t (Parameter)	vergangene Zeit nach (Beobachtungs-)Beginn der Bewegung
$\begin{pmatrix} 60 \\ -40 \\ 25 \end{pmatrix} = \vec{v}$ (Richtungsvektor)	gibt an, wie sich die Koordinaten des Objektes innerhalb von einer Stunde ändern.
$\lvert \vec{v} \rvert$ (Länge Richtungsvektor)	Geschwindigkeit des Objektes (in km/h)
$\vec{x}$	Ort des Objektes nach t Stunden

Beispiel 1 (Musteraufgabe mit **einem** Objekt)

Ein Modellflugzeug befindet sich zu Beginn der Beobachtung im Punkt $A(100 \mid 100 \mid 100)$. Nach 3 Stunden befindet es sich im Punkt $B(10 \mid 250 \mid 85)$.

a) Geben Sie die Bahngleichung an.

$\overrightarrow{AB} = \begin{pmatrix} 10 \\ 250 \\ 85 \end{pmatrix} - \begin{pmatrix} 100 \\ 100 \\ 100 \end{pmatrix} = \begin{pmatrix} -90 \\ 150 \\ -15 \end{pmatrix}$ in 3 Stunden, somit $\frac{1}{3} \cdot \begin{pmatrix} -90 \\ 150 \\ -15 \end{pmatrix} = \begin{pmatrix} -30 \\ 50 \\ -5 \end{pmatrix} = \vec{v}$ pro Stunde.

Bahngleichung: $\vec{x} = \begin{pmatrix} 100 \\ 100 \\ 100 \end{pmatrix} + t \cdot \begin{pmatrix} -30 \\ 50 \\ -5 \end{pmatrix}$

b) Steigt oder sinkt das Flugzeug? Mit welcher Geschwindigkeit fliegt es?

x_3-Komponente des Richtungsvektors ist negativ (-5): Somit sinkt es.

$\vec{v} = \begin{pmatrix} -30 \\ 50 \\ -5 \end{pmatrix}$; $\lvert \vec{v} \rvert = \sqrt{(-30)^2 + 50^2 + (-5)^2} = 58{,}52$ (km/h)

c) Wo befindet sich das Flugzeug 1,2 Stunden nach Beginn der Beobachtung?

$\vec{x} = \begin{pmatrix} 100 \\ 100 \\ 100 \end{pmatrix} + 1{,}2 \cdot \begin{pmatrix} -30 \\ 50 \\ -5 \end{pmatrix} = \begin{pmatrix} 64 \\ 160 \\ 94 \end{pmatrix} \rightarrow$ Im Punkt $P(64 \mid 160 \mid 94)$.

Beispiel 2 (Musteraufgabe mit **zwei** Objekten)

Die Bahngleichungen der Flugzeuge 1 und 2 lauten (t in min, sonstige Angaben in km):

Flugzeug 1: $\vec{x} = \begin{pmatrix} 0 \\ 0 \\ 0 \end{pmatrix} + t \cdot \begin{pmatrix} 4 \\ 4 \\ 1 \end{pmatrix}$; Flugzeug 2: $\vec{x} = \begin{pmatrix} -30 \\ -15 \\ 8 \end{pmatrix} + t \cdot \begin{pmatrix} 12 \\ 9 \\ 0 \end{pmatrix}$ (mit $t \in \mathbb{R}$)

a) Kommt es zu einem Zusammenstoß der beiden Flugzeuge?

(gleicher Ort $\rightarrow$ gleichsetzen; **gleicher Zeitpunkt** $\rightarrow$ **gleiche Parameter**)

$$\begin{pmatrix} 0 \\ 0 \\ 0 \end{pmatrix} + t \cdot \begin{pmatrix} 4 \\ 4 \\ 1 \end{pmatrix} = \begin{pmatrix} -30 \\ -15 \\ 8 \end{pmatrix} + t \cdot \begin{pmatrix} 12 \\ 9 \\ 0 \end{pmatrix} \Leftrightarrow t \cdot \begin{pmatrix} -8 \\ -5 \\ 1 \end{pmatrix} = \begin{pmatrix} -30 \\ -15 \\ 8 \end{pmatrix} \Leftrightarrow \begin{matrix} t = 3,75 \\ t = 3 \\ t = 8 \end{matrix}$$

Widerspruch, LGS ist unlösbar. Somit kommt es zu keinem Zusammenstoß.

b) Schneiden sich die beiden Flugbahnen?

(gleicher Ort $\rightarrow$ gleichsetzen; **verschiedene Zeitpunkte** $\rightarrow$ **verschiedene Parameter**)

Mit $s, t \in \mathbb{R}$:

$$\begin{pmatrix} 0 \\ 0 \\ 0 \end{pmatrix} + s \cdot \begin{pmatrix} 4 \\ 4 \\ 1 \end{pmatrix} = \begin{pmatrix} -30 \\ -15 \\ 8 \end{pmatrix} + t \cdot \begin{pmatrix} 12 \\ 9 \\ 0 \end{pmatrix} \Leftrightarrow \begin{cases} 4s - 12t = -30 & (1) \\ 4s - 9t = -15 & (2) \\ s = 8 & (3) \end{cases}$$

Einsetzen von $s = 8$:

in (1): $32 - 12t = -30 \quad \Rightarrow t = \frac{31}{6}$

in (2): $32 - 9t = -15 \quad \Rightarrow t = \frac{47}{9}$

Widerspruch, LGS ist unlösbar. Somit schneiden sich die Flugbahnen nicht.

Körper treffen sich $\rightarrow$ gl. Ort, **gleiche** Zeit $\rightarrow$ gleichs., **gleiche** Param.
Bahnen treffen sich $\rightarrow$ gl. Ort, (ev.) **verschiedene** Zeit $\rightarrow$ gleichs., **verschiedene** Param.

9. Matrizen

9.1 Begriffe zur Matrix

Matrix: Eine **Anordung von Zahlen**

Format (Matrix) = (Anzahl Zeilen × Anzahl Spalten)

$$A = \begin{pmatrix} 2 & 3 & 4 \\ -4 & 0 & -1 \end{pmatrix} \qquad (2 \times 3)$$

$$B = \begin{pmatrix} 1 & 2 \\ 2 & 0 \\ 7 & -6 \\ 0 & -1 \end{pmatrix} \qquad (4 \times 2)$$

Vektor: Eine Matrix, die nur eine Zeile oder eine Spalte besitzt. Ein Vektor wird mit einem kleinen Buchstaben und einem Pfeil bezeichnet.

$$\vec{e} = \begin{pmatrix} 2 \\ 1 \end{pmatrix}; \quad \vec{f} = \begin{pmatrix} 1 & 2 & -3 \end{pmatrix}$$

Quadratische Matrix: Eine Matrix, die gleich viele Zeilen wie Spalten besitzt.

$$C = \begin{pmatrix} 2 & 0 & 1 \\ -8 & 1 & 3 \\ -4 & 1 & -9 \end{pmatrix} \qquad (3 \times 3)$$

Einheitsmatrix: Eine quadratische Matrix, deren Diagonalelemente den Wert 1 und deren andere Elemente den Wert 0 haben.

$$E = \begin{pmatrix} 1 & 0 \\ 0 & 1 \end{pmatrix} \text{ bzw. } E = \begin{pmatrix} 1 & 0 & 0 \\ 0 & 1 & 0 \\ 0 & 0 & 1 \end{pmatrix}$$

http://frv.tv/3w

9.2 Rechnen mit Matrizen

Addition und Subtraktion

Nur bei Matrizen vom gleichen Format möglich.

1. Beispiel: $\begin{pmatrix} 2 & 0 & 4 \\ 1 & -1 & 4 \end{pmatrix} + \begin{pmatrix} -2 & 3 & 2 \\ -1 & 0 & -4 \end{pmatrix} = \begin{pmatrix} 0 & 3 & 6 \\ 0 & -1 & 0 \end{pmatrix}$

2. Beispiel: $\begin{pmatrix} 5 & 2 \\ 0 & -3 \end{pmatrix} - \begin{pmatrix} 1 & 0 \\ 3 & -2 \end{pmatrix} = \begin{pmatrix} 4 & 2 \\ -3 & -1 \end{pmatrix}$

Skalare Multiplikation („Zahl · Matrix“)

1. Beispiel: $4 \cdot \begin{pmatrix} 1 & -2 & 4 \\ 2 & 0 & 5 \end{pmatrix} = \begin{pmatrix} 4 & -8 & 16 \\ 8 & 0 & 20 \end{pmatrix}$

2. Beispiel: $\begin{pmatrix} -1 & 2 \\ 0 & -3 \end{pmatrix} \cdot (-2) = \begin{pmatrix} 2 & -4 \\ 0 & 6 \end{pmatrix}$

Multiplikation von Matrizen („Matrix · Matrix“)

- Nur möglich, falls Spaltenanzahl der ersten Matrix gleich Zeilenanzahl der zweiten Matrix. Formatbeispiel: $(2\times\mathbf{3})\cdot(\mathbf{3}\times 2) \rightarrow (2\times 2)$.

Beispiel 1

$$\begin{pmatrix} 1 & -2 & 1 \\ 0 & -1 & -1 \end{pmatrix} \cdot \begin{pmatrix} 2 & 0 \\ 0 & -1 \\ 1 & 0 \end{pmatrix} \rightarrow \begin{array}{c|c} & \begin{pmatrix} 2 & 0 \\ 0 & -1 \\ 1 & 0 \end{pmatrix} \\ \hline \begin{pmatrix} 1 & -2 & 1 \\ 0 & -1 & -1 \end{pmatrix} & \begin{pmatrix} 1\cdot 2-2\cdot 0+1\cdot 1=3 & 1\cdot 0-2\cdot(-1)+1\cdot 0=2 \\ 0\cdot 2-1\cdot 0-1\cdot 1=-1 & 0\cdot 0-1\cdot(-1)-1\cdot 0=1 \end{pmatrix} \end{array} = \begin{pmatrix} 3 & 2 \\ -1 & 1 \end{pmatrix}$$

$$(2\times\mathbf{3}) \cdot (\mathbf{3}\times 2) \rightarrow (2\times 2)$$

Beispiel 2

$$\begin{pmatrix} 1 & 2 \\ 3 & 4 \end{pmatrix} \cdot \begin{pmatrix} 1 & 0 \\ 0 & 1 \end{pmatrix} \rightarrow \begin{array}{c|c} & \begin{pmatrix} 1 & 0 \\ 0 & 1 \end{pmatrix} \\ \hline \begin{pmatrix} 1 & 2 \\ 3 & 4 \end{pmatrix} & \begin{pmatrix} 1\cdot 1+2\cdot 0=1 & 1\cdot 0+2\cdot 1=2 \\ 3\cdot 1+4\cdot 0=3 & 3\cdot 0+4\cdot 1=4 \end{pmatrix} \end{array} = \begin{pmatrix} 1 & 2 \\ 3 & 4 \end{pmatrix}$$

- Es gilt: $A\cdot E = E\cdot A = A$. Wenn man die Matrix A mit der Einheitsmatrix E multipliziert (Reihenfolge egal), erhält man die Matrix A als Ergebnis. Die Einheitsmatrix E entspricht also der „normalen Zahl“ 1.
- Achtung: Multiplikation von Matrizen ist nicht kommutativ. Die Reihenfolge macht also einen Unterschied ($A\cdot B \neq B\cdot A$).

Achtung : Division von Matrizen („Matrix : Matrix“) ist nicht definiert !

9.3 Die inverse Matrix (A^{-1})

Vorüberlegung: Welche ist die „inverse Zahl" zu 3? Die Zahl 1/3! Grund: $3 \cdot 1/3 = 1$.
Welche ist die inverse Matrix zu A? Diejenige Matrix, welche im Produkt mit A die Einheitsmatrix E ergibt: $A \cdot A^{-1} = E$ (Abkürzung für inverse Matrix: A^{-1}).

Beispiel: $A = \begin{pmatrix} 1 & 3 \\ 1 & 2 \end{pmatrix}$ und $A^{-1} = \begin{pmatrix} -2 & 3 \\ 1 & -1 \end{pmatrix}$ sind invers, da $\begin{pmatrix} 1 & 3 \\ 1 & 2 \end{pmatrix} \cdot \begin{pmatrix} -2 & 3 \\ 1 & -1 \end{pmatrix} = \begin{pmatrix} 1 & 0 \\ 0 & 1 \end{pmatrix}$.

Berechnung von A^{-1}: $(\mathbf{A} \mid \mathbf{E})$

gleiche LGS-Umformungen ↓ auf beiden Seiten

$(\mathbf{E} \mid \mathbf{A}^{-1})$

Beispiel 1: Inverse zu $A = \begin{pmatrix} 1 & 3 \\ 1 & 2 \end{pmatrix}$?

$$\left(\begin{array}{cc|cc} 1 & 3 & 1 & 0 \\ 1 & 2 & 0 & 1 \end{array}\right) \quad \begin{array}{l} \\ I - II \end{array}$$

$$\left(\begin{array}{cc|cc} 1 & 3 & 1 & 0 \\ 0 & 1 & 1 & -1 \end{array}\right) \quad \begin{array}{l} I - 3 \cdot II \\ \\ \end{array}$$

$$\left(\begin{array}{cc|cc} 1 & 0 & -2 & 3 \\ 0 & 1 & 1 & -1 \end{array}\right) \rightarrow A^{-1} = \begin{pmatrix} -2 & 3 \\ 1 & -1 \end{pmatrix}$$

Beispiel 2: Inverse zu $B = \begin{pmatrix} 2 & 0 & 0 \\ 0 & 1 & -1 \\ 4 & 0 & 1 \end{pmatrix}$?

$$\left(\begin{array}{ccc|ccc} 2 & 0 & 0 & 1 & 0 & 0 \\ 0 & 1 & -1 & 0 & 1 & 0 \\ 4 & 0 & 1 & 0 & 0 & 1 \end{array}\right) \quad III - 2 \cdot I$$

$$\left(\begin{array}{ccc|ccc} 2 & 0 & 0 & 1 & 0 & 0 \\ 0 & 1 & -1 & 0 & 1 & 0 \\ 0 & 0 & 1 & -2 & 0 & 1 \end{array}\right) \quad II + III$$

$$\left(\begin{array}{ccc|ccc} 2 & 0 & 0 & 1 & 0 & 0 \\ 0 & 1 & 0 & -2 & 1 & 1 \\ 0 & 0 & 1 & -2 & 0 & 1 \end{array}\right) \quad :2$$

$$\left(\begin{array}{ccc|ccc} 1 & 0 & 0 & 0{,}5 & 0 & 0 \\ 0 & 1 & 0 & -2 & 1 & 1 \\ 0 & 0 & 1 & -2 & 0 & 1 \end{array}\right) \rightarrow B^{-1} = \begin{pmatrix} 0{,}5 & 0 & 0 \\ -2 & 1 & 1 \\ -2 & 0 & 1 \end{pmatrix}$$

Tipp: „Abkürzung" bei Format (2×2)

$$\mathbf{A} = \begin{pmatrix} a_1 & b_1 \\ a_2 & b_2 \end{pmatrix} \rightarrow \mathbf{A}^{-1} = \frac{1}{a_1 \cdot b_2 - a_2 \cdot b_1} \cdot \begin{pmatrix} b_2 & -b_1 \\ -a_2 & a_1 \end{pmatrix} \quad (\text{für } a_1 \cdot b_2 - a_2 \cdot b_1 \neq 0)$$

$$A = \begin{pmatrix} 1 & 3 \\ 1 & 2 \end{pmatrix} \rightarrow A^{-1} = \frac{1}{1 \cdot 2 - 1 \cdot 3} \cdot \begin{pmatrix} 2 & -3 \\ -1 & 1 \end{pmatrix} = -\begin{pmatrix} 2 & -3 \\ -1 & 1 \end{pmatrix} = \begin{pmatrix} -2 & 3 \\ 1 & -1 \end{pmatrix} \quad (\text{siehe oben})$$

Inverse existiert nicht immer

- **Nichtquadratische** Matrizen haben **niemals** eine zugehörige Inverse.
- Auch manche quadratische Matrizen haben keine zugehörige Inverse: Dies erkennt man bei dem Versuch der Berechnung (nach obigem Schema) daran, dass die Matrix (links) nicht zur Einheitsmatrix umgeformt werden kann (hierbei wird mind. ein Diagonalelement zu 0).

http://frv.tv/3x

9.4 Abbildungen und Matrizen

Affine Abbildung α: $\vec{x'} = A \cdot \vec{x} + \vec{b}$

- $\vec{x}$: Orginalpunkt
- $\vec{x'}$: Bildpunkt
- A : Abbildungsmatrix
- $\vec{b}$: (ev.) Verschiebung

Spezielle affine Abbildungen

Wirkung	A	**Beispiel** (Orginalpunkt P(2 | 1))	
1. Spiegelung an **x_1 - Achse**	$A = \begin{pmatrix} 1 & 0 \\ 0 & -1 \end{pmatrix}$	$\vec{x'} = \begin{pmatrix} 1 & 0 \\ 0 & -1 \end{pmatrix} \cdot \begin{pmatrix} 2 \\ 1 \end{pmatrix} = \begin{pmatrix} 2 \\ -1 \end{pmatrix}$ $\rightarrow P'(2 \mid -1)$	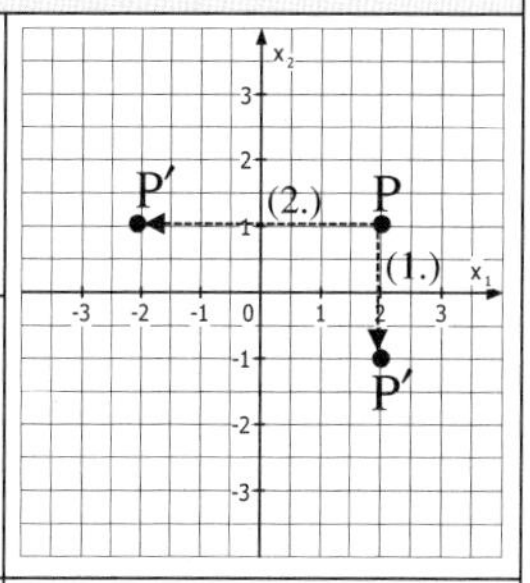
2. Spiegelung an **x_2 - Achse**	$A = \begin{pmatrix} -1 & 0 \\ 0 & 1 \end{pmatrix}$	$\vec{x'} = \begin{pmatrix} -1 & 0 \\ 0 & 1 \end{pmatrix} \cdot \begin{pmatrix} 2 \\ 1 \end{pmatrix} = \begin{pmatrix} -2 \\ 1 \end{pmatrix}$ $\rightarrow P'(-2 \mid 1)$	
3. Spiegelung am **Ursprung**	$A = \begin{pmatrix} -1 & 0 \\ 0 & -1 \end{pmatrix}$	$\vec{x'} = \begin{pmatrix} -1 & 0 \\ 0 & -1 \end{pmatrix} \cdot \begin{pmatrix} 2 \\ 1 \end{pmatrix} = \begin{pmatrix} -2 \\ -1 \end{pmatrix}$ $\rightarrow P'(-2 \mid -1)$	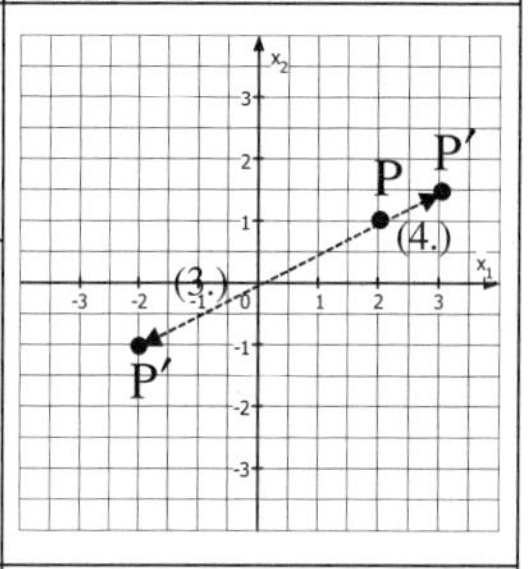
4. Zentrische Streckung (Faktor k) am **Ursprung**	$A = \begin{pmatrix} k & 0 \\ 0 & k \end{pmatrix}$	Beispiel: $k = 1{,}5$ $\vec{x'} = \begin{pmatrix} 1{,}5 & 0 \\ 0 & 1{,}5 \end{pmatrix} \cdot \begin{pmatrix} 2 \\ 1 \end{pmatrix} = \begin{pmatrix} 3 \\ 1{,}5 \end{pmatrix}$ $\rightarrow P'(3 \mid 1{,}5)$	
5. Drehung mit Winkel φ um den **Ursprung**	$A = \begin{pmatrix} \cos(\varphi) & -\sin(\varphi) \\ \sin(\varphi) & \cos(\varphi) \end{pmatrix}$	Beispiel: $\varphi = 90°$ $\vec{x'} = \begin{pmatrix} \cos(90°) & -\sin(90°) \\ \sin(90°) & \cos(90°) \end{pmatrix} \cdot \begin{pmatrix} 2 \\ 1 \end{pmatrix}$ $= \begin{pmatrix} -1 \\ 2 \end{pmatrix} \rightarrow P'(-1 \mid 2)$	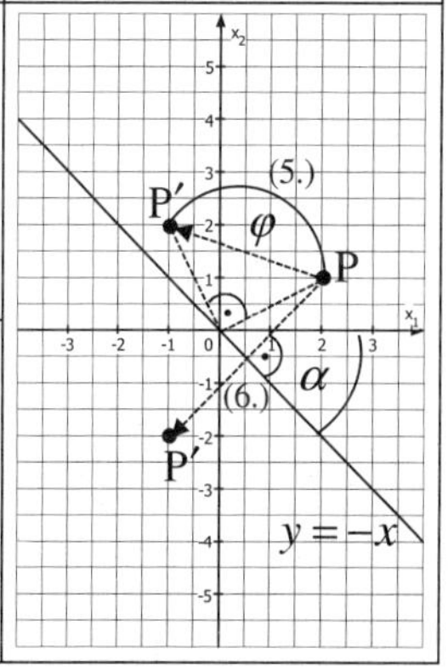
6. Spiegelung an Ursprungs-gerade mit **Steigungs-winkel α**	$A = \begin{pmatrix} \cos(2\alpha) & \sin(2\alpha) \\ \sin(2\alpha) & -\cos(2\alpha) \end{pmatrix}$	Beispiel: $y = -x$ $\rightarrow \alpha = \tan^{-1}(-1) = -45°$ $\vec{x'} = \begin{pmatrix} \cos(-90°) & \sin(-90°) \\ \sin(-90°) & -\cos(-90°) \end{pmatrix} \cdot \begin{pmatrix} 2 \\ 1 \end{pmatrix}$ $= \begin{pmatrix} -1 \\ -2 \end{pmatrix} \rightarrow P'(-1 \mid -2)$	

Interpretation der Spalten von A

Bei einer Abbildung der Form α: $\vec{x'} = A \cdot \vec{x}$ (ohne Verschiebung) geben die Spalten von A die Koordinaten der Punkte an, auf welche $P_1(1 \mid 0)$ und $P_2(0 \mid 1)$ (bzw. Einheitsvektoren) abgebildet werden.

Beispiel: α: $\vec{x'} = \begin{pmatrix} 1 & -3 \\ 2 & 4 \end{pmatrix} \cdot \vec{x}$; $P_1(1 \mid 0) \xrightarrow{\text{1. Spalte}} P_1'(1 \mid 2)$; $P_2(0 \mid 1) \xrightarrow{\text{2. Spalte}} P_2'(-3 \mid 4)$

Wichtige Aufgabenstellungen

1. Abbilden einer Geraden

Bilden Sie die Gerade g mit $g:\ \vec{x}=\begin{pmatrix}0\\1\end{pmatrix}+t\cdot\begin{pmatrix}-1\\2\end{pmatrix}$ $(t\in\mathbb{R})$ durch die Abbildung α mit α: $\vec{x'}=\begin{pmatrix}2&-1\\-1&4\end{pmatrix}\cdot\vec{x}+\begin{pmatrix}3\\-2\end{pmatrix}$ ab.

Der „allgemeine Geradenpunkt" $P(-t\,|\,1+2t)$ wird abgebildet:

$$\vec{x'}=\begin{pmatrix}2&-1\\-1&4\end{pmatrix}\cdot\begin{pmatrix}-t\\1+2t\end{pmatrix}+\begin{pmatrix}3\\-2\end{pmatrix}=\begin{pmatrix}-4t-1\\9t+4\end{pmatrix}+\begin{pmatrix}3\\-2\end{pmatrix}=\begin{pmatrix}-4t+2\\9t+2\end{pmatrix}\rightarrow g':\ \vec{x}=\begin{pmatrix}2\\2\end{pmatrix}+t\cdot\begin{pmatrix}-4\\9\end{pmatrix}$$

2. Gleichung der Umkehrabbildung bestimmen

Begriff : Mithilfe der Umkehrabbildung kann zu jedem Bildpunkt einer Abbildung der zugehörige Orginalpunkt berechnet werden.

Vorgehen : Man erhält die Gleichung der zugehörigen Umkehrabbildung α^{-1}, indem man die Gleichung der Abbildung α: $\vec{x'}=A\cdot\vec{x}+\vec{b}$ nach $\vec{x}$ auflöst.

Beispiel : Umkehrabbildung zu α mit α: $\vec{x'}=\begin{pmatrix}1&3\\1&2\end{pmatrix}\cdot\vec{x}+\begin{pmatrix}-2\\1\end{pmatrix}$.

$$\begin{aligned}\vec{x'}&=A\cdot\vec{x}+\vec{b} && |-\vec{b}\\ \vec{x'}-\vec{b}&=A\cdot\vec{x} && |\cdot A^{-1}\ \textit{von links}\\ A^{-1}\cdot(\vec{x'}-\vec{b})&=A^{-1}\cdot A\cdot\vec{x}\\ A^{-1}\cdot(\vec{x'}-\vec{b})&=E\cdot\vec{x}\\ A^{-1}\cdot(\vec{x'}-\vec{b})&=\vec{x}\end{aligned}$$

Hinweise
- Teilen durch A ist nicht definiert (S. 115).
- Durch Multiplikation mit A^{-1} kann $\vec{x}$ isoliert werden.
- *Von links*, sodass A und A^{-1} direkt nebeneinander stehen.

Einsetzen der Werte (S. 116 für die Berechnung der Inversen):

$$\vec{x}=\begin{pmatrix}1&3\\1&2\end{pmatrix}^{-1}\cdot\left(\vec{x'}-\begin{pmatrix}-2\\1\end{pmatrix}\right)=\begin{pmatrix}-2&3\\1&-1\end{pmatrix}\cdot\left(\vec{x'}-\begin{pmatrix}-2\\1\end{pmatrix}\right)=\begin{pmatrix}-2&3\\1&-1\end{pmatrix}\cdot\vec{x'}-\begin{pmatrix}-2&3\\1&-1\end{pmatrix}\begin{pmatrix}-2\\1\end{pmatrix}$$

$$\alpha^{-1}:\ \vec{x}=\begin{pmatrix}-2&3\\1&-1\end{pmatrix}\cdot\vec{x'}-\begin{pmatrix}7\\-3\end{pmatrix}$$

3. Koordinaten von Fixpunkten berechnen

Begriff : Fixpunkte sind Punkte, die durch eine Abbildung auf sich selbst abgebildet werden (Orginalpunkt = Bildpunkt).

Vorgehen : Bei einem Fixpunkt gilt $\vec{x'}=\vec{x}$ und somit: $\boldsymbol{\vec{x}=A\cdot\vec{x}+\vec{b}}$ **(Fixpunktgleichung)**. Diese wird nach $\vec{x}$ aufgelöst.

Beispiel : Fixpunkt der Abbildung α mit α: $\vec{x'}=\begin{pmatrix}0&-3\\-1&-1\end{pmatrix}\cdot\vec{x}+\begin{pmatrix}-2\\1\end{pmatrix}$.

$$\vec{x} = A \cdot \vec{x} + \vec{b} \qquad | -A \cdot \vec{x} \qquad \textbf{(Fixpunktgleichung)}$$

$$\vec{x} - A \cdot \vec{x} = \vec{b}$$

$$(E - A) \cdot \vec{x} = \vec{b} \qquad | \cdot (E - A)^{-1}\, \textit{von links}$$

$$\vec{x} = (E - A)^{-1} \cdot \vec{b}$$

Einsetzen der Werte:

$$\vec{x} = \left(\begin{pmatrix} 1 & 0 \\ 0 & 1 \end{pmatrix} - \begin{pmatrix} 0 & -3 \\ -1 & -1 \end{pmatrix}\right)^{-1} \cdot \begin{pmatrix} -2 \\ 1 \end{pmatrix} = \begin{pmatrix} 1 & 3 \\ 1 & 2 \end{pmatrix}^{-1} \cdot \begin{pmatrix} -2 \\ 1 \end{pmatrix} = \begin{pmatrix} -2 & 3 \\ 1 & -1 \end{pmatrix} \cdot \begin{pmatrix} -2 \\ 1 \end{pmatrix} = \begin{pmatrix} 7 \\ -3 \end{pmatrix} \rightarrow F(7 \mid -3)$$

$$\left(\text{Probe: } \vec{x'} = \begin{pmatrix} 0 & -3 \\ -1 & -1 \end{pmatrix} \cdot \begin{pmatrix} 7 \\ -3 \end{pmatrix} + \begin{pmatrix} -2 \\ 1 \end{pmatrix} = \begin{pmatrix} 7 \\ -3 \end{pmatrix} \Rightarrow F = F', \text{ somit Fixpunkt}\right)$$

Hinweis: Alternatives Lösungsvorgehen über ein LGS ist möglich.

Verkettung (Hintereinanderausführung) von Abbildungen

Allgemein: Die beiden affinen Abbildungen α: $\vec{x'} = A \cdot \vec{x}$ und β: $\vec{x'} = B \cdot \vec{x}$ sollen hintereinander ausgeführt werden.

Ein Orginalpunkt soll also zuerst mit α, dann mit β abgebildet werden:

$$\beta \circ \alpha: \ \vec{x''} = \underbrace{B \cdot \underbrace{A \cdot \vec{x}}_{\alpha}}_{\beta} = C \cdot \vec{x}$$

Beachten Sie: Da bei der Berechnung die Matrix B links von A steht, nennt man die neue Abbildung $\beta \circ \alpha$. Dies ist etwas verwirrend, da ja zunächst α und dann erst β ausgeführt werden (Merkregel: $\beta \circ \alpha$ bedeutet „β nach α").

Beispiel: Der Punkt P(2 | 1) soll zunächst um 90° um den Ursprung gedreht und dann am Ursprung gespiegelt werden.

1. Abbildung: α: $\vec{x'} = \begin{pmatrix} \cos(90°) & -\sin(90°) \\ \sin(90°) & \cos(90°) \end{pmatrix} \cdot \vec{x}$ und 2. Abbildung: β: $\vec{x'} = \begin{pmatrix} -1 & 0 \\ 0 & -1 \end{pmatrix} \cdot \vec{x}$

Neue Abbildung aus Verkettung:

$$\beta \circ \alpha: \ \vec{x''} = B \cdot A \cdot \vec{x} = \begin{pmatrix} -1 & 0 \\ 0 & -1 \end{pmatrix} \cdot \begin{pmatrix} \cos(90°) & -\sin(90°) \\ \sin(90°) & \cos(90°) \end{pmatrix} \cdot \vec{x}$$

$$= \begin{pmatrix} 0 & 1 \\ -1 & 0 \end{pmatrix} \cdot \vec{x} \quad (= C \cdot \vec{x})$$

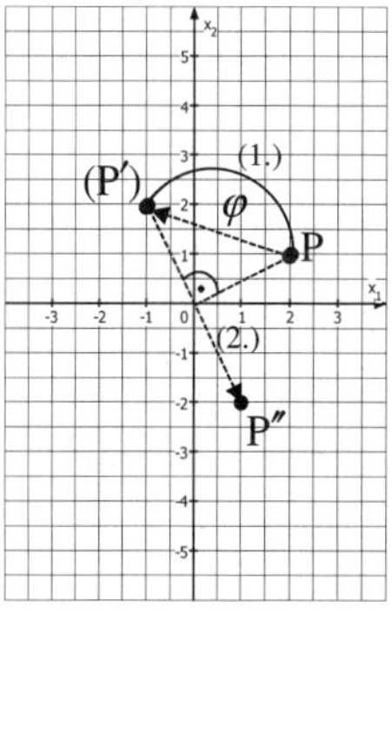

Anwendung auf Punkt:

$$\vec{x''} = \begin{pmatrix} 0 & 1 \\ -1 & 0 \end{pmatrix} \cdot \begin{pmatrix} 2 \\ 1 \end{pmatrix} = \begin{pmatrix} 1 \\ -2 \end{pmatrix} \rightarrow P''(1 \mid -2)$$

10. Beschreibung von stoch. Prozessen durch Matrizen

10.1 Stochastische Übergangsprozesse (Austauschprozesse)

Beispiel: In Kaffhausen eröffnen zeitgleich zwei Diskos A und B. Die Betreiber rechnen mit einer festen Anzahl an Jugendlichen, welche an jedem Samstag eine der beiden Diskos besuchen.
Ein Besucher der Disko A besucht am Samstag der darauf folgenden Woche mit einer Wahrscheinlichkeit von 70 % wieder Disko A (und mit einer Wahrscheinlichkeit von 30 % Disko B.)
Ein Besucher der Disko B besucht am Samstag der darauf folgenden Woche mit einer Wahrscheinlichkeit von 80 % wieder Disko B (und mit einer Wahrscheinlichkeit von 20 % Disko A.)

Darstellungsmöglichkeiten

<table>
<tr><th>Diagramm</th><th>Tabelle</th><th>Übergangsmatrix</th></tr>
<tr>
<td>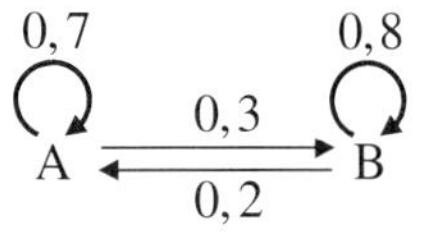
</td>
<td><table>
<tr><th></th><th>von A</th><th>von B</th></tr>
<tr><td>nach A</td><td>0,7</td><td>0,2</td></tr>
<tr><td>nach B</td><td>0,3</td><td>0,8</td></tr>
</table></td>
<td>$A = \begin{pmatrix} 0,7 & 0,2 \\ 0,3 & 0,8 \end{pmatrix}$
• Stochastische Matrix mit **Wahrscheinlichkeiten**
• **Spaltensumme = 1**</td>
</tr>
</table>

Merkmale

Eine **feste Anzahl** an beteiligten Objekten (z.B. Jugendliche), bewegen sich („tauschen“) gemäß **Wahrscheinlichkeiten** schrittweise (z.B. von Woche zu Woche) zwischen verschiedenen Zuständen (Diskos).

Formel: $\mathbf{A} \cdot \overrightarrow{\boldsymbol{x}_{\text{alt}}} = \overrightarrow{\boldsymbol{x}_{\text{neu}}}$ bzw. $\overrightarrow{\boldsymbol{x}_{\text{neu}}} = \mathbf{A} \cdot \overrightarrow{\boldsymbol{x}_{\text{alt}}}$ (Reihenfolge je nach Aufgabenstellung)

Berechnung der Entwicklung

$\overrightarrow{x_0}$ (Anfangszustand)

$\overrightarrow{x_1} = A \cdot \overrightarrow{x_0}$

$\overrightarrow{x_2} = A \cdot \overrightarrow{x_1} = A \cdot A \cdot \overrightarrow{x_0} = A^2 \cdot \overrightarrow{x_0}$

$\overrightarrow{x_3} = A \cdot \overrightarrow{x_2} = A^3 \cdot \overrightarrow{x_0}$

...

Abkürzungen

$\overrightarrow{x_{...}}$:	proz. Verteilung bzw. Anzahl im Zeitschritt ...
A :	enthält Übergangswahrscheinlichkeiten von einem Zeitschritt zum nächsten
A^2 :	enthält Übergangswahrscheinlichkeiten von einem Zeitschritt zum übernächsten
...	

- Durch Multiplikation mit A erfolgt die Berechnung „von Zustand zu Folgezustand“.
- Bei „Springen“ über mehrere Zustände erhält A eine entsprechende Hochzahl.

http://frv.tv/4w

Beispiel (Disko)

a) Am Eröffnungstag befinden sich 20 % der Jugendlichen in Disko A und 80 % der Jugendlichen in Disko B. Berechnen Sie die Verteilung für den ersten (auf den Eröffnungstag folgenden) Samstag.

$$\overrightarrow{x_0} = \begin{pmatrix} 0,2 \\ 0,8 \end{pmatrix}; \quad \overrightarrow{x_1} = \text{A} \cdot \overrightarrow{x_0} = \begin{pmatrix} 0,7 & 0,2 \\ 0,3 & 0,8 \end{pmatrix} \cdot \begin{pmatrix} 0,2 \\ 0,8 \end{pmatrix} = \begin{pmatrix} 0,3 \\ 0,7 \end{pmatrix} \quad \textbf{(Formel)}$$

Am (auf den Eröffnungstag folgenden) ersten Samstag besuchen 30 % der Jugendlichen Disko A und 70 % die Disko B.

b) Berechnen Sie die Verteilung für den zweiten (auf den Eröffnungstag folgenden) Samstag.

$$\overrightarrow{x_2} = \text{A} \cdot \overrightarrow{x_1} = \begin{pmatrix} 0,7 & 0,2 \\ 0,3 & 0,8 \end{pmatrix} \cdot \begin{pmatrix} 0,3 \\ 0,7 \end{pmatrix} = \begin{pmatrix} 0,35 \\ 0,65 \end{pmatrix}$$

Alternativ $\overrightarrow{x_2}$ aus $\overrightarrow{x_0}$ berechnen:

$$\overrightarrow{x_2} = \text{A}^2 \cdot \overrightarrow{x_0} = \begin{pmatrix} 0,7 & 0,2 \\ 0,3 & 0,8 \end{pmatrix}^2 \cdot \begin{pmatrix} 0,2 \\ 0,8 \end{pmatrix} = \begin{pmatrix} 0,7 & 0,2 \\ 0,3 & 0,8 \end{pmatrix} \cdot \begin{pmatrix} 0,7 & 0,2 \\ 0,3 & 0,8 \end{pmatrix} \cdot \begin{pmatrix} 0,2 \\ 0,8 \end{pmatrix}$$

$$= \begin{pmatrix} 0,55 & 0,3 \\ 0,45 & 0,7 \end{pmatrix} \cdot \begin{pmatrix} 0,2 \\ 0,8 \end{pmatrix} = \begin{pmatrix} 0,35 \\ 0,65 \end{pmatrix}$$

Rechnen
„Vorwärts“: Einsetzen in **Formel**
„Rückwärts“: LGS

c) Interpretieren Sie die Einträge der Matrix A^2.

$$\text{A}^2 = \begin{pmatrix} 0,55 & 0,3 \\ 0,45 & 0,7 \end{pmatrix}$$

Z.B. 1. Spalte: Die Wahrscheinlichkeit, dass ein Jugendlicher, der heute Disko A besucht, in 2 Wochen wieder Disko A besucht, beträgt 55 %. Die Wahrscheinlichkeit, dass er in 2 Wochen Disko B besucht, beträgt 45 %.

d) Am einem Samstag besuchen 70 Jugendliche die Disko A und 130 Jugendliche die Disko B. Berechnen Sie hieraus die Besuchszahlen in der Vorwoche.

$$\text{A} \cdot \overrightarrow{x_{\text{alt}}} = \overrightarrow{x_{\text{neu}}} \quad \Leftrightarrow \quad \begin{pmatrix} 0,7 & 0,2 \\ 0,3 & 0,8 \end{pmatrix} \cdot \begin{pmatrix} x_1 \\ x_2 \end{pmatrix} = \begin{pmatrix} 70 \\ 130 \end{pmatrix} \quad \Leftrightarrow \quad \begin{matrix} 0,7x_1 + 0,2x_2 = 70 \\ 0,3x_1 + 0,8x_2 = 130 \end{matrix} \quad \textbf{(LGS)}$$

Lösen des LGS: $\left(\begin{array}{cc|c} 0,7 & 0,2 & 70 \\ 0,3 & 0,8 & 130 \end{array}\right) \text{II} \cdot 0,7 - \text{I} \cdot 0,3 \quad \Leftrightarrow \left(\begin{array}{cc|c} 0,7 & 0,2 & 70 \\ 0 & 0,5 & 70 \end{array}\right)$

LGS hat eindeutige Lösung: $\text{II}: \ 0,5x_2 = 70 \quad \Rightarrow x_2 = 140$

$\text{in I}: \ 0,7x_1 + 0,2 \cdot 140 = 70 \Rightarrow x_1 = 60$

In der Vorwoche waren 60 Jugendliche in Disko A und 140 in Disko B.

10.2 Stabiler Vektor (stationäre Verteilung) und Grenzmatrix

Der stabile Vektor (Fixvektor, stationäre Verteilung) $\vec{x}$

Beispiel (Disko, S. 120): Man erhält folgende Verteilungen

$$\vec{x_0}=\begin{pmatrix}0{,}2\\0{,}8\end{pmatrix};\ \vec{x_1}=\begin{pmatrix}0{,}3\\0{,}7\end{pmatrix};\ \vec{x_2}=\begin{pmatrix}0{,}35\\0{,}65\end{pmatrix};\ \dots;\ \vec{x_{11}}=\begin{pmatrix}0{,}4\\0{,}6\end{pmatrix};\ \dots;\vec{x_{20}}=\begin{pmatrix}0{,}4\\0{,}6\end{pmatrix};\ \dots;\vec{x_\infty}=\begin{pmatrix}0{,}4\\0{,}6\end{pmatrix}$$

$\Rightarrow$ Stabiler Vektor: $\vec{x}=\begin{pmatrix}0{,}4\\0{,}6\end{pmatrix}$

Begriff : Der stabile Vektor $\vec{x}$ ist der Verteilungsvektor, der sich beim Prozess **nicht mehr ändert**, sobald er erreicht ist. Von einem Zeitschritt zum nächsten entsprechen sich dann alte und neue Verteilung.

Gleichung für stabilen Vektor : $\mathbf{A}\cdot\vec{x}=\vec{x}$ $\left(\text{im Beispiel: } \begin{pmatrix}0{,}7 & 0{,}2\\0{,}3 & 0{,}8\end{pmatrix}\cdot\begin{pmatrix}0{,}4\\0{,}6\end{pmatrix}=\begin{pmatrix}0{,}4\\0{,}6\end{pmatrix}\right)$

Berechnung des stabilen Vektors $\vec{x}$ (am Beispiel „Disko“)	
1. Einsetzen von **A** in $\mathbf{A}\cdot\vec{x}=\vec{x}$.	$\begin{pmatrix}0{,}7 & 0{,}2\\0{,}3 & 0{,}8\end{pmatrix}\cdot\begin{pmatrix}x_1\\x_2\end{pmatrix}=\begin{pmatrix}x_1\\x_2\end{pmatrix}\ \Rightarrow\ \begin{matrix}0{,}7x_1+0{,}2x_2=x_1\\0{,}3x_1+0{,}8x_2=x_2\end{matrix}$ (LGS)
2. LGS umstellen und lösen.	Umstellen: $\begin{matrix}0{,}7x_1+0{,}2x_2=x_1 & \vert -x_1\\0{,}3x_1+0{,}8x_2=x_2 & \vert -x_2\end{matrix}$ Lösen: $\left(\begin{matrix}-0{,}3 & 0{,}2\\0{,}3 & -0{,}2\end{matrix}\ \middle\vert\ \begin{matrix}0\\0\end{matrix}\right)_{\text{I+II}}\Leftrightarrow\left(\begin{matrix}-0{,}3 & 0{,}2\\0 & 0\end{matrix}\ \middle\vert\ \begin{matrix}0\\0\end{matrix}\right)$ (LGS hat stets unendlich viele Lösungen) Setzen von $x_2=t$ in I: $-0{,}3x_1+0{,}2\cdot t=0\Leftrightarrow -0{,}3x_1=-0{,}2t\Leftrightarrow x_1\approx 0{,}667t$ $\Rightarrow\begin{pmatrix}x_1\\x_2\end{pmatrix}=\begin{pmatrix}0{,}667t\\t\end{pmatrix}$
3. Es gilt $x_1+x_2=1$. Hierdurch $\vec{x}$ ermitteln.	$x_1+x_2=1\Rightarrow 0{,}667t+t=1\Rightarrow 1{,}667t=1\Rightarrow t=0{,}6$ $\Rightarrow\vec{x}=\begin{pmatrix}0{,}667\cdot 0{,}6\\t\end{pmatrix}=\begin{pmatrix}0{,}4\\0{,}6\end{pmatrix}$

http://frv.tv/4x

Die Grenzmatrix G

Begriff : Enthält Übergangswahrscheinlichkeiten von „heute" bis zum „Zeitschritt ∞".

Definition : Man erhält **G** aus $\mathbf{A}^n$ für $\boldsymbol{n \to \infty}$.
(Da A^∞ nicht berechnet werden kann, wird als Näherung z.B. A^{100} mit GTR berechnet.)

Beispiel (Disko) : $G = \begin{pmatrix} 0{,}4 & 0{,}4 \\ 0{,}6 & 0{,}6 \end{pmatrix}$ $\left(\text{„Rechnung“: } A^{100} = \begin{pmatrix} 0{,}4 & 0{,}4 \\ 0{,}6 & 0{,}6 \end{pmatrix}\right)$

Merkmal : Aus den Spalten von G kann der stabile Vektor abgelesen werden:

$$G = \begin{pmatrix} 0{,}4 & 0{,}4 \\ 0{,}6 & 0{,}6 \end{pmatrix} \Rightarrow \text{Stabiler Vektor: } \vec{x} = \begin{pmatrix} 0{,}4 \\ 0{,}6 \end{pmatrix}$$

Bemerkungen

- Falls ein stochastischer Prozess eine Grenzmatrix besitzt, wird der stabile Vektor stets irgendwann und unabhängig von der Anfangsverteilung erreicht. Danach ändert sich die Verteilung nicht mehr. Der stabile Vektor bildet die „Endverteilung".
- Jedoch gibt es nicht zu jedem stochastischen Übergangsprozess eine Grenzmatrix.

10.3 Absorbierender Zustand

Begriff : Ein Zustand, der erreicht, aber nicht wieder verlassen werden kann.

Erkennbar an Übergangsmatrix A : Zustand mit **„Verbleibwahrscheinlichkeit" 100 %** (**Diagonalelement** hat den Wert **1**).

Beispiel
In einer Stadt gibt es nur die drei Dönerläden (D1, D2, D3).
Das Wechselverhalten der Kunden nach jedem Besuch wird durch die Übergangsmatrix A dargestellt.

$$A = \begin{pmatrix} 0{,}5 & 0 & 0{,}2 \\ 0{,}2 & \mathbf{1} & 0{,}6 \\ 0{,}3 & 0 & 0{,}2 \end{pmatrix}$$

a) Geben Sie den absorbierenden Zustand an.

Der Zustand D2 ist absorbierend, da hier eine Verbleibwahrscheinlichkeit von 1 vorliegt.

b) Geben Sie den stabilen Vektor ohne Rechnung an.

Stabiler Vektor: $\vec{x} = \begin{pmatrix} 0 \\ 1 \\ 0 \end{pmatrix}$. Irgendwann gehen alle Kunden zu D2.

10.4 Populationsprozesse

Beispiel 1: Bei einer Insektenart entwickeln sich innerhalb eines Monats 25 % der vorhandenen Eiern zu Larven. Nach einem weiteren Monat haben sich 40 % der vorhandenen Larven zu Insekten entwickelt. Im nachfolgenden Monat legt jedes Insekt 10 Eier und stirbt kurz danach.

Darstellungsmöglichkeiten

Diagramm

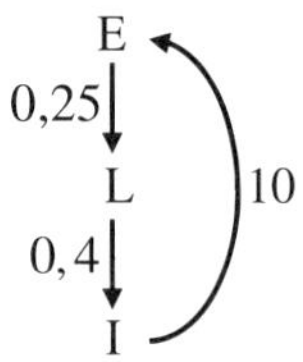

Tabelle

	von E	von L	von I
nach E	0	0	10
nach L	0,25	0	0
nach I	0	0,4	0

Übergangsmatrix

$$A = \begin{pmatrix} 0 & 0 & 10 \\ 0,25 & 0 & 0 \\ 0 & 0,4 & 0 \end{pmatrix}$$

$$\mathbf{A} = \begin{pmatrix} \mathbf{0} & \mathbf{0} & \boldsymbol{v} \\ \boldsymbol{a_1} & \mathbf{0} & \mathbf{0} \\ \mathbf{0} & \boldsymbol{a_2} & \mathbf{0} \end{pmatrix} \quad \textbf{(allg.)}$$

a_1, a_2: **proz. Überlebensrate / Überlebenswahrsch.**

v: **Vermehrungsrate**

Unterschied zum Stochastischen Übergangsprozess (S. 120):

Gesamtzahl an beteiligten Objekten **verändert sich** von Zustand zu Zustand. Übergangsmatrix enthält **nicht nur Wahrscheinlichkeiten** (keine stochastische Matrix).

Formel: $\overrightarrow{\boldsymbol{x}_{\text{neu}}} = \mathbf{A} \cdot \overrightarrow{\boldsymbol{x}_{\text{alt}}}$ bzw. $\mathbf{A} \cdot \overrightarrow{\boldsymbol{x}_{\text{alt}}} = \overrightarrow{\boldsymbol{x}_{\text{neu}}}$ (Reihenfolge je nach Aufgabenstellung)

Berechnung der Entwicklung

$\overrightarrow{x_0}$ (Anfangszustand)

$\overrightarrow{x_1} = A \cdot \overrightarrow{x_0}$

$\overrightarrow{x_2} = A \cdot \overrightarrow{x_1} = A \cdot A \cdot \overrightarrow{x_0} = A^2 \cdot \overrightarrow{x_0}$

$\overrightarrow{x_3} = A \cdot \overrightarrow{x_2} = A^3 \cdot \overrightarrow{x_0}$

...

Abkürzungen

$\overrightarrow{x_{...}}$: Anzahl im Zeitschritt ...

A: Übergangsmatrix von einem Zeitschritt zum nächsten

A^2: Übergangsmatrix von einem Zeitschritt zum übernächsten

...

Hinweis: Gleiche Formel(n) wie bei stoch. Übergangsprozessen!

Entwicklung der Population

Im Beispiel: Zu Beginn sind 140 Eier, 40 Larven und 20 Insekten vorhanden.

$$\vec{x_0} = \begin{pmatrix} 140 \\ 40 \\ 20 \end{pmatrix}; \vec{x_1} = \begin{pmatrix} 200 \\ 35 \\ 16 \end{pmatrix}; \vec{x_2} = \begin{pmatrix} 160 \\ 50 \\ 14 \end{pmatrix};$$

$$\vec{x_3} = \begin{pmatrix} 140 \\ 40 \\ 20 \end{pmatrix}; \vec{x_4} = \begin{pmatrix} 200 \\ 35 \\ 16 \end{pmatrix}; \vec{x_5} = \begin{pmatrix} 160 \\ 50 \\ 14 \end{pmatrix}; \ldots$$

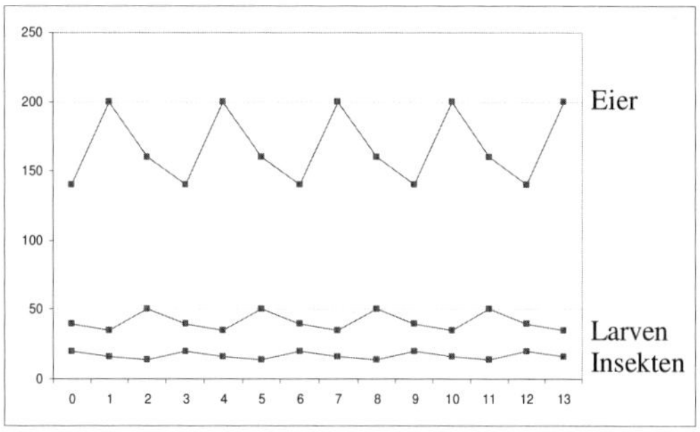

Die Population entwickelt sich zyklisch. Nach einem Zyklus von 3 Monaten ist stets die Startpopulation wieder vorhanden.

Entwicklung bei verschiedenen Vermehrungsraten (v)

Pro Insekt **10** Eier (s. o.)

$$A = \begin{pmatrix} 0 & 0 & \mathbf{10} \\ 0{,}25 & 0 & 0 \\ 0 & 0{,}4 & 0 \end{pmatrix}$$

$(0{,}25 \cdot 0{,}4 \cdot 10 \;=1)$

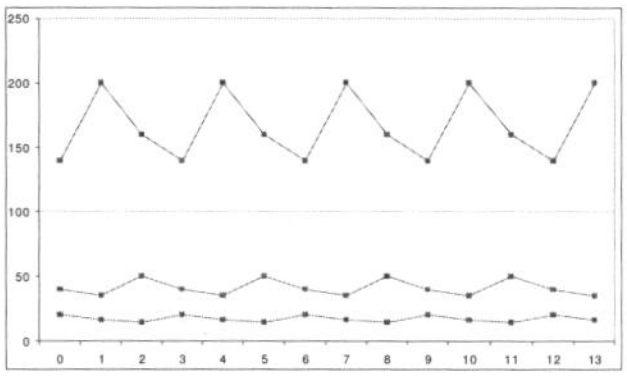

Zyklische Entwicklung (Zyklus: 3 Monate)

Pro Insekt **20** Eier

$$A = \begin{pmatrix} 0 & 0 & \mathbf{20} \\ 0{,}25 & 0 & 0 \\ 0 & 0{,}4 & 0 \end{pmatrix}$$

$(0{,}25 \cdot 0{,}4 \cdot 20 = 2 \;>1)$

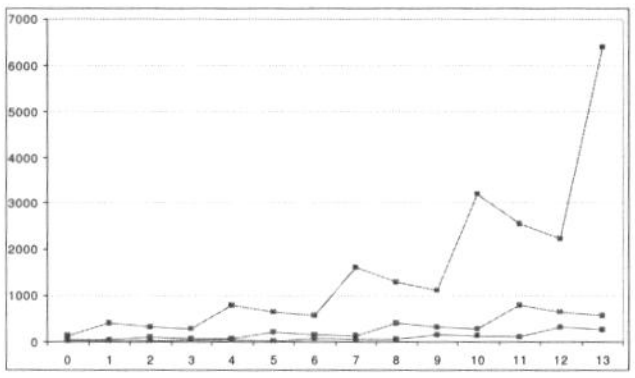

Population **wächst an**

Pro Insekt **5** Eier

$$A = \begin{pmatrix} 0 & 0 & \mathbf{5} \\ 0{,}25 & 0 & 0 \\ 0 & 0{,}4 & 0 \end{pmatrix}$$

$(0{,}25 \cdot 0{,}4 \cdot 5 = 0{,}5 \;<1)$

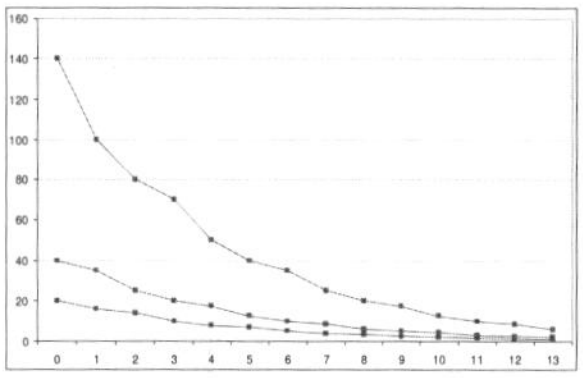

Population **stirbt aus**

Ergebnis

$$\text{Bei } \mathbf{A} = \begin{pmatrix} \mathbf{0} & \mathbf{0} & v \\ a_1 & \mathbf{0} & \mathbf{0} \\ \mathbf{0} & a_2 & \mathbf{0} \end{pmatrix}, \text{ falls: } \begin{cases} a_1 \cdot a_2 \cdot v > 1 & \textbf{wächst} \text{ die Population } \textbf{an} \\ a_1 \cdot a_2 \cdot v = 1 & \textbf{zyklische} \text{ Entwicklung (Zyklus: } \mathbf{3} \text{ Zeitschritte)} \\ a_1 \cdot a_2 \cdot v < 1 & \textbf{stirbt} \text{ die Population } \textbf{aus} \end{cases}$$

- Gilt (z.B.) $a \cdot b \cdot v = \mathbf{2}$ **verdoppelt** sich, gilt $a \cdot b \cdot v = \mathbf{0{,}5}$ **halbiert** sich die Population stets nach 3 Zeitschritten.
- Bei einem zyklischen Prozess mit 3 Zuständen gilt : $\mathbf{A}^3 = \mathbf{E}$.
- Bei (z. B.) einem Prozess mit **4** möglichen **Zuständen** (Format von A: (4×4)) finden die Entwicklungen auch stets in **4 Zeitschritten** statt.

Beispiel 2

Bei einer bestimmten Käferart entwickeln sich innerhalb eines Monats 10 % der vorhandenen Eiern zu Larven. Nach einem weiteren Monat haben sich 40 % der vorhandenen Larven zu Käfern entwickelt. Im nachfolgenden Monat legt jeder Käfer durchschnittlich 25 Eier und stirbt kurz danach.

Zu Beginn („0. Monat") sind jeweils 50 Eier, Larven und Käfer vorhanden.

a) Geben Sie die zugehörige Übergangsmatrix an.

$$A = \begin{pmatrix} 0 & 0 & 25 \\ 0{,}1 & 0 & 0 \\ 0 & 0{,}4 & 0 \end{pmatrix}$$

b) Beschreiben Sie die langfristige Entwicklung der Population.

Es gilt: $0{,}1 \cdot 0{,}4 \cdot 25 = 1$. Die Population entwickelt sich zyklisch (Zyklus: 3 Monate).

c) In welchem Bereich schwankt die Anzahl der vorhandenen Käfer?

$$\overrightarrow{x_0} = \begin{pmatrix} 50 \\ 50 \\ 50 \end{pmatrix} \qquad (= \overrightarrow{x_3} = \overrightarrow{x_6} = \ldots)$$

$$\overrightarrow{x_1} = A \cdot \overrightarrow{x_0} = \begin{pmatrix} 0 & 0 & 25 \\ 0{,}1 & 0 & 0 \\ 0 & 0{,}4 & 0 \end{pmatrix} \cdot \begin{pmatrix} 50 \\ 50 \\ 50 \end{pmatrix} = \begin{pmatrix} 1250 \\ 5 \\ 20 \end{pmatrix} \qquad (= \overrightarrow{x_4} = \overrightarrow{x_7} = \ldots)$$

$$\overrightarrow{x_2} = A \cdot \overrightarrow{x_1} = \begin{pmatrix} 0 & 0 & 25 \\ 0{,}1 & 0 & 0 \\ 0 & 0{,}4 & 0 \end{pmatrix} \cdot \begin{pmatrix} 1250 \\ 5 \\ 20 \end{pmatrix} = \begin{pmatrix} 500 \\ 125 \\ 2 \end{pmatrix} \qquad (= \overrightarrow{x_5} = \overrightarrow{x_8} = \ldots)$$

Die Anzahl an Käfer (jeweils 3. Zeile) schwankt also zwischen 2 und 50 Stück.

d) Geben Sie die Größe der Population nach 7 Monaten an.

Da eine zyklische Entwicklung vorliegt, liegt die Anfangspopulation auch wieder im 3. und im 6 Monat vor. Im 7. Monat liegt somit auch wieder die Population aus dem 1. Monat vor ($\overrightarrow{x_7} = \overrightarrow{x_1}$): 1250 Eier, 5 Larven und 20 Käfer.

Hinweis: $A^{\cdots}$ bei einem zykischem Prozess (mit 3 mögl. Zuständen)

$E = A^3 = A^6 = A^9 = \ldots$ (Deshalb z.B.: $\overrightarrow{x_3} = A^3 \cdot \overrightarrow{x_0} = E \cdot \overrightarrow{x_0} = \overrightarrow{x_0}$)

$A = A^4 = A^7 = A^{10} = \ldots$ (Deshalb z.B.: $\overrightarrow{x_7} = A^7 \cdot \overrightarrow{x_0} = A \cdot \overrightarrow{x_0} = \overrightarrow{x_1}$)

$A^2 = A^5 = A^8 = A^{11} = \ldots$

http://frv.tv/6e

e) Falls bei dieser Käferart (zufällig) irgendwann 100 Eier, 10 Larven und 4 Käfer vorhanden sind, bleibt diese Population nachfolgend immer bestehen. Weisen Sie dies rechnerisch nach.

$$\vec{x} = \begin{pmatrix} 100 \\ 10 \\ 4 \end{pmatrix};$$

$$A \cdot \vec{x} = \begin{pmatrix} 0 & 0 & 25 \\ 0{,}1 & 0 & 0 \\ 0 & 0{,}4 & 0 \end{pmatrix} \cdot \begin{pmatrix} 100 \\ 10 \\ 4 \end{pmatrix} = \begin{pmatrix} 100 \\ 10 \\ 4 \end{pmatrix} = \vec{x}$$

Da der Vektor $\vec{x}$ die Gleichung $A \cdot \vec{x} = \vec{x}$ erfüllt, kann dieser als **stabil** bezeichnet werden. Die zugehörige Verteilung wird als stationär (sich reproduzierend) bezeichnet.

Hinweis

Die Ermittlung des stabilen Vektors erfolgt (wieder) über $\mathbf{A} \cdot \vec{\mathbf{x}} = \vec{\mathbf{x}}$, siehe S. 122.

III. Grundlagen Stochastik

1. Baumdiagramm und Pfadregeln

1.1 Einführung

Beispiel 1: In einer Urne befinden sich 4 rote, 3 blaue und 2 grüne Kugeln. Es werden nacheinander 2 Kugeln entnommen. Mit welcher Wahrscheinlichkeit wird 2-mal die gleiche Farbe gezogen? Entnommene Kugeln werden hierbei …

a) … wieder zurückgelegt.
(Ziehen mit Zurücklegen)

b) … nicht wieder zurückgelegt.
(Ziehen ohne Zurücklegen)

1. Schritt: Baumdiagramm anlegen

a)

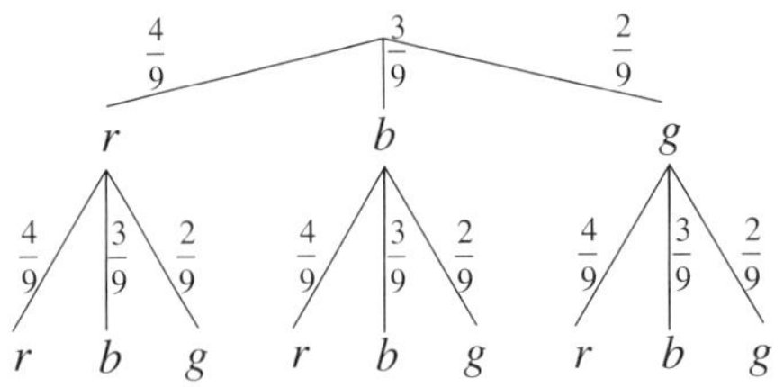

b)

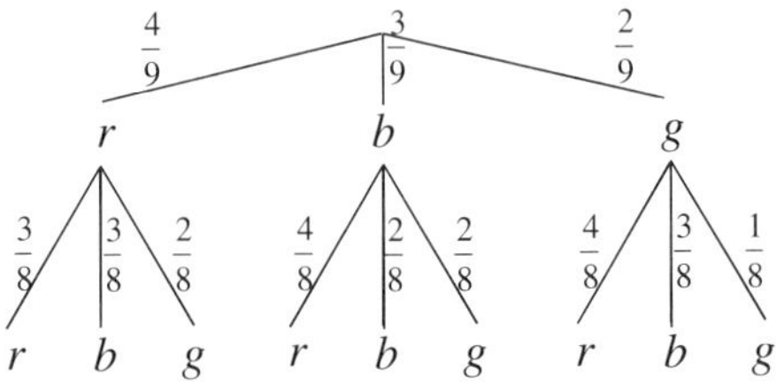

Hinweise

- Zu Beginn befinden sich 9 Kugeln in der Urne, von denen 4 rot sind. Dies führt zu einer Wahrscheinlichkeit von 4/9 für rot. (P = günstige/mögliche)
- Summe der Wahrscheinlichkeiten an jeder Verzweigung: 100 %
- **Ziehen ohne Zurücklegen:** Wahrscheinlichkeiten ändern sich hier von Stufe zu Stufe, abhängig davon: **Wie viele** Kugeln schon gezogen wurden (Änderung im **Nenner**) und **welche** Kugeln in den Vorstufen gezogen wurden (Änderung im **Zähler**).

2. Schritt: Ereignis definieren, welches alle gefragten Ergebnisse enthält

$\mathrm{E}=\{rr; bb; gg\}$

3. Schritt: Wahrscheinlichkeit des Ereignisses berechnen

$$\mathrm{P(E)}=\mathrm{P}(rr)+\mathrm{P}(bb)+\mathrm{P}(gg)$$
$$=\frac{4}{9}\cdot\frac{4}{9}+\frac{3}{9}\cdot\frac{3}{9}+\frac{2}{9}\cdot\frac{2}{9}=\frac{29}{81}\approx 0{,}358$$

$$\mathrm{P(E)}=\mathrm{P}(rr)+\mathrm{P}(bb)+\mathrm{P}(gg)$$
$$=\frac{4}{9}\cdot\frac{3}{8}+\frac{3}{9}\cdot\frac{2}{8}+\frac{2}{9}\cdot\frac{1}{8}=\frac{5}{18}\approx 0{,}278$$

- **Pfadaddition:** Ergebniswahrscheinlichkeiten aller zugehörigen Ergebnisse addieren.
- **Pfadmultiplikation:** Ergebniswahrscheinlichkeiten durch Multiplikation „entlang ihres Ergebnispfades".

http://frv.tv/3y

Beispiel 2: Beim Rundlauf (Mäxle) im Tischtennis stehen sich im Finale zwei Spieler gegenüber. Spieler 1 entscheidet mit einer Wahrscheinlichkeit von 60 % einen Ballwechsel für sich. Wer zuerst 2 Ballwechsel gewonnen hat, ist Sieger.
Mit welcher Wahrscheinlichkeit gewinnt Spieler 1 insgesamt?

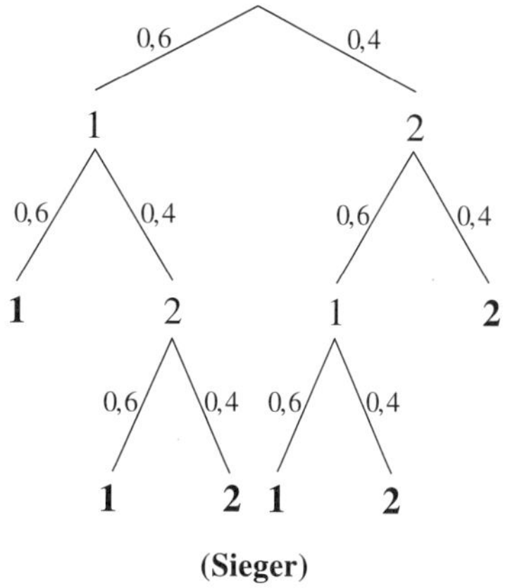

$$E=\{11;121;211\}$$

$$\begin{aligned}P(E)&=P(11)+P(121)+P(211)\\&=0,6\cdot 0,6+0,6\cdot 0,4\cdot 0,6+0,4\cdot 0,6\cdot 0,6\\&=0,648=64,8\ \%\end{aligned}$$

Beispiel 3: In einem Paket befinden sich 11 Smartphones. 4 davon sind vom Hersteller Samsung (*s*). Für 70 % der Handys eines jeden Herstellers wird eine Flatrate (*f*) gebucht. Ein Smartphone wird blind entnommen. Mit welcher Wahrscheinlichkeit ist es nicht von Samsung und ohne Flatrate.

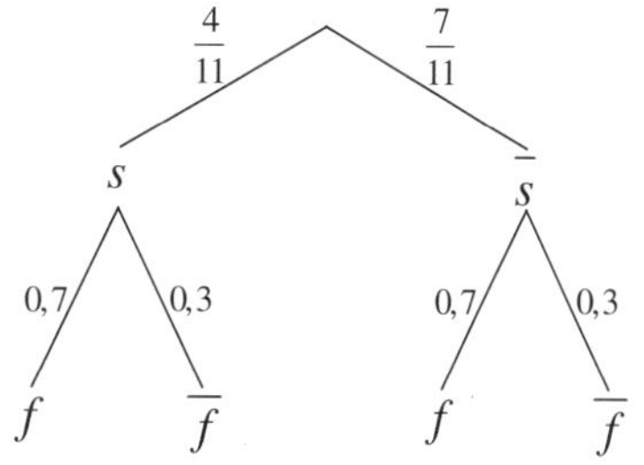

$$E=\{\overline{s}\overline{f}\}$$

$$P(E)=P(\overline{s}\overline{f})=\frac{7}{11}\cdot 0,3\approx 0,191=19,1\%$$

Beispiel 4: 30 % der 100 m-Läufer sind bei einem Wettkampf gedopt (*g*). Ein Dopingtest entlarvt gedopte Sportler mit einer Wahrscheinlichkeit von 99 %. Jedoch erhält auch ein nicht gedopter Sportler mit einer Wahrscheinlichkeit von 4 % ein positives Dopingtestergebnis (*p*). Mit welcher Wahrscheinlichkeit wird ein zufällig ausgewählter Läufer positiv getestet?

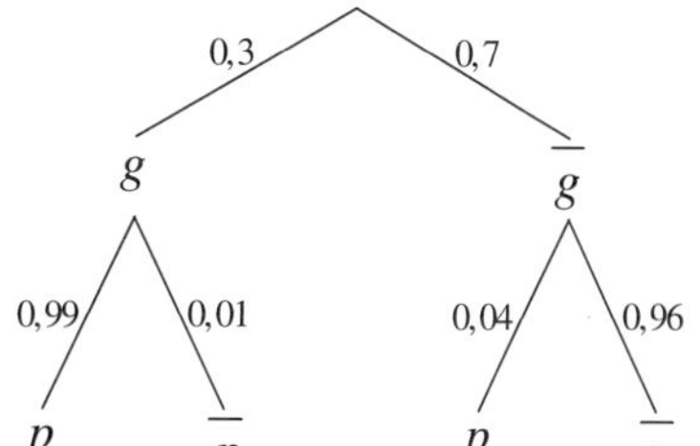

$$E=\{gp;\overline{g}p\}$$

$$\begin{aligned}P(E)&=P(gp)+P(\overline{g}p)\\&=0,3\cdot 0,99+0,7\cdot 0,04=0,325=32,5\%\end{aligned}$$

Weitere Beispiele und Aufbau der zugehörigen Baumdiagramme

Ziehen mit Zurücklegen

Beispiel 1: Es befinden sich immer 10 Teile in einem Karton, von denen 3 Teile stets defekt sind. Es werden 7 Kartons geöffnet.

Anzahl Stufen: 7

Wahrscheinlichkeiten: $d: \frac{3}{10}$; $\bar{d}: \frac{7}{10}$

Beispiel 2: Ein Glücksrad mit 6 gleich großen Feldern (1 rotes Feld, 2 blaue Felder, 3 grüne Felder) wird 4-mal gedreht.

Anzahl Stufen: 4

Wahrscheinlichkeiten: $r: \frac{1}{6}$; $b: \frac{2}{6}$; $g: \frac{3}{6}$

Beispiel 3: Ein Würfel wird 3-mal geworfen. (Oder: 3 Würfel werden gleichzeitig geworfen.)

Anzahl Stufen: 3

Wahrscheinlichkeiten: $1: \frac{1}{6}$; $2: \frac{1}{6}$;...; $6: \frac{1}{6}$

Beispiel 4: Die Prüfung für den Autoführerschein besteht aus 18 Fragen. Bei jeder Frage gibt es 3 Antwortmöglichkeiten, von denen eine richtig ist. Der Prüfling rät.

Anzahl Stufen: 18

Wahrscheinlichkeiten: $r: \frac{1}{3}$; $f: \frac{2}{3}$

Beispiel 5: Ein Schütze schießt 3-mal. Er trifft mit einer Wahrscheinlichkeit von 75 %.

Anzahl Stufen: 3

Wahrscheinlichkeiten: $t: 0,75$; $\bar{t}: 0,25$

Ziehen ohne Zurücklegen

Beispiel 1: Es befinden sich 10 Teile in einem Karton. 3 Teile davon sind defekt. Aus dem Karton werden 4 Teile entnommen.

Anzahl Stufen: 4

Wahrscheinlichkeiten: $d: \frac{3}{10}$; $\bar{d}: \frac{7}{10}$
(nur 1. Stufe)

Beispiel 2: In einer Lostrommel befinden sich 5 Gewinnlose und 25 Nieten. Es werden 4 Lose gezogen.

Anzahl Stufen: 4

Wahrscheinlichkeiten: $G: \frac{5}{30}$; $N: \frac{25}{30}$
(nur 1. Stufe)

Beispiel 3: Eine Rubbelkarte hat 16 Felder. Nur eines davon führt zu einem Gewinn. Ein Spieler rubbelt 3 Felder auf.

Anzahl Stufen: 3

Wahrscheinlichkeiten: $G: \frac{1}{16}$; $N: \frac{15}{16}$
(nur 1. Stufe)

Beispiel 4: Aus einem Skatkartenspiel mit jeweils 8 Karten der Farben Kreuz, Pik, Herz und Karo werden 2 Karten entnommen.

Anzahl Stufen: 2

Wahrscheinlichkeiten (nur 1. Stufe):
$Kr: \frac{8}{32}$; $P: \frac{8}{32}$; $H: \frac{8}{32}$; $Ka: \frac{8}{32}$

Tipp: Sind in der Aufgabenstellung Wahrscheinlichkeitsangaben **in Prozent** angegeben, so liegt meist **„Ziehen mit Zurücklegen"** vor.

1.2 Aufgabentypen

Den nachfolgenden 4 Aufgabentypen liegt die gleiche Ausgangssituation und damit das gleiche Baumdiagramm zugrunde.

Ausgangssituation (zu den Aufgabentypen 1-4)
In einer Urne befinden sich 5 rote, 4 blaue und 3 grüne Kugeln. Es werden 3 Kugeln ohne Zurücklegen entnommen.

Baumdiagramm

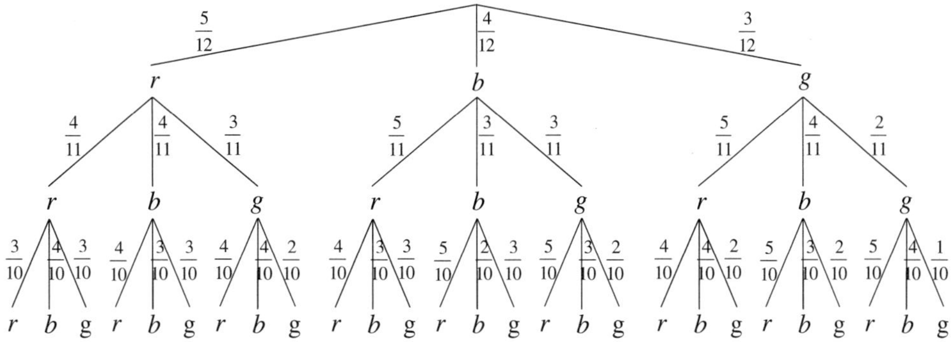

- **Aufgabentyp 1 (Vorgegebene Reihenfolge, also geordnet)**

Mit welcher Wahrscheinlichkeit werden zunächst eine rote Kugel und dann 2 blaue Kugeln gezogen?

$$E = \{rbb\}$$

$$P(E) = P(rbb) = \frac{5}{12} \cdot \frac{4}{11} \cdot \frac{3}{10} = \frac{1}{22} \approx 0{,}045 = 4{,}5\ \%$$

- **Aufgabentyp 2 (Ohne vorgegebene Reihenfolge, also ungeordnet)**

Mit welcher Wahrscheinlichkeit werden (mit einem Griff) eine rote und 2 blaue Kugeln gezogen?

$E = \{rbb; brb; bbr\}$ (keine vorgegebene Reihenfolge, größere Ergebnismenge)

$$P(E) = P(rbb) + P(brb) + P(bbr)$$

$$= \frac{5}{12} \cdot \frac{4}{11} \cdot \frac{3}{10} + \frac{4}{12} \cdot \frac{5}{11} \cdot \frac{3}{10} + \frac{4}{12} \cdot \frac{3}{11} \cdot \frac{5}{10}$$

$$= \mathbf{3} \cdot \left(\frac{5}{12} \cdot \frac{4}{11} \cdot \frac{3}{10} \right)$$ (**3** mögliche Umordnungen, alle mit gleicher Wahrscheinlichkeit)

$$= \frac{3}{22} = 0{,}136 = 13{,}6\ \%$$

http://frv.tv/3z

- **Aufgabentyp 3 (mit dem Gegenereignis arbeiten)**

Mit welcher Wahrscheinlichkeit wird mindestens eine rote oder eine blaue Kugel gezogen? (Zur Ausgangssituation S. 133)

$\text{E} = \{rrr; rrb; rrg; rbr; \ldots (\textbf{viele} \text{ weitere})\}$

Idee: Nur wenige Ergebnisse aus der Ergebnismenge gehören nicht zum Ereignis E. Das **Gegenereignis** ($\overline{\text{E}}$: Nur grüne Kugeln) beinhaltet damit nur ein einziges Ergebnis, wodurch dessen Wahrscheinlichkeit schnell berechnet werden kann.

$\overline{\text{E}} = \{ggg\}$

$$\text{P}(\overline{\text{E}}) = \text{P}(ggg) = \frac{3}{12} \cdot \frac{2}{11} \cdot \frac{1}{10} = \frac{1}{220} \approx 0{,}0045 = 0{,}45\ \%$$

$$\mathbf{P(E) = 1 - P(\overline{E})} = 1 - \frac{1}{220} = \frac{219}{220} \approx 0{,}9955 = 99{,}55\ \%$$

Falls die Signalwörter **„mindestens“** oder **„höchstens“** in Aufgabenstellungen enthalten sind, können diese oftmals mit dem **Gegenereignis** bearbeitet werden.

- **Aufgabentyp 4 (Baumdiagramm verkleinern)**

Mit welcher Wahrscheinlichkeit wird genau eine rote Kugel gezogen? (Zur Ausgangssituation S. 133)

$\text{E} = \{rbb; rbg; rgb; rgg; brb; \ldots (\textbf{viele} \text{ weitere})\}$

Idee: Bei dieser Aufgabenstellung ist es nicht relevant, ob bei einem Zug eine blaue oder eine grüne Kugel gezogen wird. Es geht nur darum, ob die gezogene Kugel rot ist oder eben nicht. Deshalb können jene beiden Äste zu einem $\overline{r}$-Ast zusammengelegt werden. Hierdurch wird das Baumdiagramm kleiner.

$\text{E} = \{(r\overline{r}\overline{r}); (\overline{r}r\overline{r}); (\overline{r}\overline{r}r)\}$

$$\begin{aligned}\text{P(E)} &= \text{P}(r\overline{r}\overline{r}) + \text{P}(\overline{r}r\overline{r}) + \text{P}(\overline{r}\overline{r}r) \\ &= \frac{5}{12} \cdot \frac{7}{11} \cdot \frac{6}{10} + \frac{7}{12} \cdot \frac{5}{11} \cdot \frac{6}{10} + \frac{7}{12} \cdot \frac{6}{11} \cdot \frac{5}{10} \\ &= 3 \cdot \left(\frac{5}{12} \cdot \frac{7}{11} \cdot \frac{6}{10}\right) \\ &= \frac{21}{44} \approx 0{,}477 = 47{,}7\ \%\end{aligned}$$

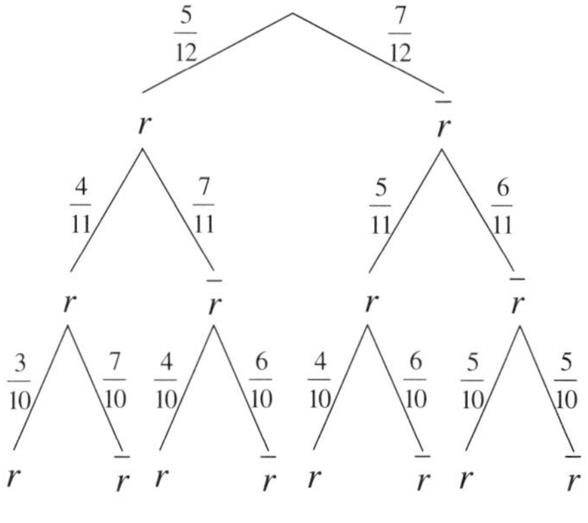

- **Aufgabentyp 5 („*Wie oft muss man mindestens …?*“)**

In einer Urne befinden sich 5 rote und 7 blaue Kugeln. Entnommene Kugeln werden stets wieder zurückgelegt.

Wie oft muss man mindestens ziehen, damit die Wahrscheinlichkeit, mindestens eine rote Kugel zu ziehen, größer als 90 % ist?

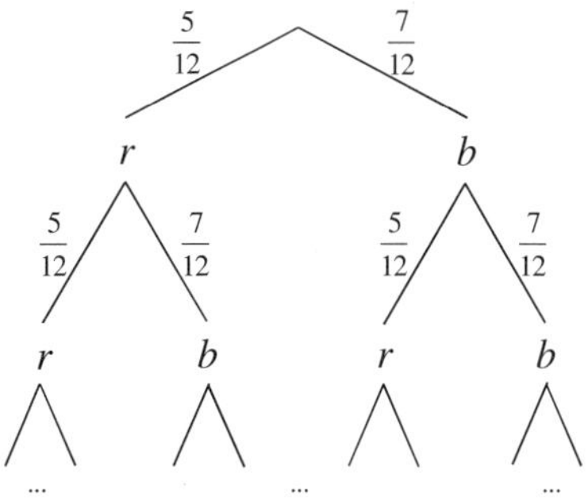

(unbekannte Anzahl an Stufen)

$\text{E} = \{(rr...r);(rr...b);(rb...r);...(\textbf{viele}\text{ weitere})\}$

Idee: Nur ein Pfad am Baumdiagramm gehört nicht zum Ereignis. Das **Gegenereignis** ($\overline{\text{E}}$: *Gar keine rote Kugel*) beinhaltet damit nur ein einziges Ergebnis: $\overline{\text{E}} = \{(bb...b)\}$.

$$\begin{aligned}
\text{P}(\text{mind. ein Mal } r) &> 0{,}9 && \text{(Aufgabenstellung abschreiben)}\\
1-\text{P}(\text{kein Mal } r) &> 0{,}9 && \text{(Vorgehen über Gegenereignis)}\\
1-\text{P}(bb...b) &> 0{,}9 &&\\
1-\left(\frac{7}{12}\right)^n &> 0{,}9 \quad |-1 &&\\
-\left(\frac{7}{12}\right)^n &> -0{,}1 \quad |\cdot(-1) && \text{(Mult. mit neg. Zahl: } > \to <\text{)}\\
\left(\frac{7}{12}\right)^n &< 0{,}1 \quad |\ln && (\ln(\ \ ),\text{ da Exponentialgleichung})\\
\ln\left(\left(\frac{7}{12}\right)^n\right) &< \ln(0{,}1) &&\\
n \cdot \ln\left(\left(\frac{7}{12}\right)\right) &< \ln(0{,}1) && \text{(Regel: } \ln(a^b) = b\cdot\ln(a)\text{)}\\
n \cdot (-0{,}539) &< -2{,}303 \quad |:(-0{,}539) && \text{(Division durch neg. Zahl: } < \to >\text{)}\\
n &> 4{,}273 &&
\end{aligned}$$

A: Mindestens 5-mal ziehen! (Immer Aufrunden!)

http://frv.tv/4a

2. Bedingte Wahrscheinlichkeit, Unabhängigkeit, Vierfeldertafel

2.1 Bedingte Wahrscheinlichkeit

Formel (allg.)

$$\mathbf{P_B(A)=\frac{P(A\cap B)}{P(B)}}$$

A: Gesuchtes Ereignis
B: Vorwissen bzw. Bedingung
$\cap$: „und“

Formel (in Worten)

$$P_{\text{Vorwissen}}(\text{gesucht})=\frac{\text{P(entspricht Vorwissen und ist gesucht)}}{\text{P(möglich laut Vorwissen)}}$$

Beispiel 1: Eine Münze wird 2-mal geworfen.
Berechnen Sie die Wahrscheinlichkeit, dass genau ein Mal Zahl geworfen wird, wobei bekannt ist, dass im zweiten Wurf Wappen geworfen wird.

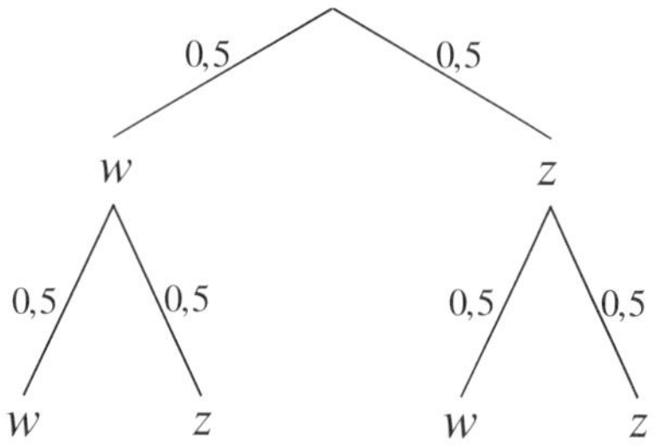

$$P_{\text{Wappen im 2. Wurf}}(\text{genau ein Mal Zahl})=\frac{\text{P(Wappen im 2. Wurf und genau ein Mal Zahl)}}{\text{P(Wappen im 2. Wurf)}}$$

$$=\frac{P(zw)}{P(zw)+P(ww)}=\frac{0{,}5\cdot 0{,}5}{0{,}5\cdot 0{,}5+0{,}5\cdot 0{,}5}=\frac{0{,}25}{0{,}5}=0{,}5=50\,\%$$

Beispiel 2: An einer Schule werden Schüler nach der Marke ihres Smartphones befragt:

Marke	Samsung	Apple	Sony	HTC	sonst
Anteil	45 %	21 %	8%	6 %	20 %

Mit welcher Wahrscheinlichkeit hat ein Schüler, von welchem bekannt ist, dass er kein Smartphone von Samsung besitzt, ein Smartphone von HTC?

$$P_{\text{kein Samsung}}(\text{HTC})=\frac{\text{P(kein Samsung und HTC)}}{\text{P(kein Samsung)}}=\frac{\text{P(HTC)}}{\text{P(kein Samsung)}}$$

$$=\frac{0{,}06}{1-0{,}45}=\frac{0{,}06}{0{,}55}\approx 0{,}109=10{,}9\,\%$$

Wichtige Hinweise

Erkennen, dass eine Aufgabe zur bedingten Wahrscheinlichkeit vorliegt

Die Schwierigkeit bei Aufgaben zur bedingten Wahrscheinlichkeit besteht oftmals darin, diese überhaupt als solche zu entlarven und nicht mit „üblichen Baumaufgaben“ zu verwechseln. Hierbei muss das Merkmal solcher Aufgaben, nämlich die Existenz von Vorwissen, erkannt werden.
Es gibt mehrere **grammatikalische Formulierungen**, die den Aufgabenbearbeiter über vorhandenes Vorwissen informieren sollen.

Beispiel (siehe Vorseite)

gesuchtes Ereignis

Berechnen Sie die Wahrscheinlichkeit dafür, dass genau ein Mal Zahl geworfen wird, **wobei bekannt ist, dass** im zweiten Wurf Wappen geworfen wird.

grammatikalische Formulierung Vorwissen (Bedingung)

Weitere grammatikalische Formulierungen für die bedingte Wahrscheinlichkeit

Berechnen Sie die Wahrscheinlichkeit dafür, dass genau ein Mal Zahl geworfen wird, **wenn man weiß, dass** im zweiten Wurf Wappen geworfen wird.

Berechnen Sie die Wahrscheinlichkeit dafür, dass genau ein Mal Zahl geworfen wird, **falls** im zweiten Wurf Wappen geworfen wird.

Berechnen Sie die Wahrscheinlichkeit dafür, dass genau ein Mal Zahl geworfen wird, **wenn** im zweiten Wurf Wappen geworfen wird.

Im zweiten Wurf wird Wappen geworfen. **(Vorwissen in eigenem Satz.)**
Berechnen Sie die Wahrscheinlichkeit dafür, dass genau ein Mal Zahl geworfen wird.

Achtung: Keine bedingte Wahrscheinlichkeit bei Formulierungen mit „und“

Formulierungen mit **„und“** deuten auf eine Aufgabenstellung ohne eine bedingte Wahrscheinlichkeit hin.

Beispiel: Eine Münze wird 2-mal geworfen. Berechnen Sie die Wahrscheinlichkeit dafür, dass genau ein Mal Zahl **und** im zweiten Wurf Wappen geworfen wird.

$$\mathrm{P}(zw) = 0{,}5 \cdot 0{,}5 = 0{,}25$$

2.2 Unabhängigkeit (Testgleichung: $\mathbf{P(A \cap B) = P(A) \cdot P(B)}$)

Abhängige Ereignisse	**Unabhängige Ereignisse**
Beispiel Eine Münze wird 2-mal geworfen. A: *Im ersten Wurf erscheint Wappen* B: *In beiden Würfen erscheint Wappen* Sind die beiden Ereignisse abhängig oder unabhängig?	**Beispiel** Eine Münze wird 2-mal geworfen. A: *Im ersten Wurf erscheint Wappen* B: *Im zweiten Wurf erscheint Wappen* Sind die beiden Ereignisse abhängig oder unabhängig?
Rechnerische Lösung **1. $\mathbf{P(A)}$ bestimmen** $A = \{(WZ);(WW)\}$ $P(A) = P(WZ) + P(WW) = 0{,}5 \cdot 0{,}5 +$ $0{,}5 \cdot 0{,}5 = 0{,}5$ (Baumdiagramm!) **2. $\mathbf{P(B)}$ bestimmen** $B = \{(WW)\}$ $P(B) = P(WW) = 0{,}5 \cdot 0{,}5 = 0{,}25$ **3. $\mathbf{P(A \cap B)}$ bestimmen** $A \cap B = \{(WW)\}$ $P(A \cap B) = P(WW) = 0{,}5 \cdot 0{,}5 = 0{,}25$ **4. Test:** $\mathbf{P(A \cap B) = P(A) \cdot P(B)}$ $0{,}25 \neq 0{,}5 \cdot 0{,}25$ $0{,}25 \neq 0{,}125$ Gleichung ist **nicht erfüllt**, somit sind A und B **abhängig!**	**Rechnerische Lösung** **1. $\mathbf{P(A)}$ bestimmen** $A = \{(WZ);(WW)\}$ $P(A) = P(WZ) + P(WW) = 0{,}5 \cdot 0{,}5 +$ $0{,}5 \cdot 0{,}5 = 0{,}5$ (Baumdiagramm!) **2. $\mathbf{P(B)}$ bestimmen** $B = \{(ZW);(WW)\}$ $P(B) = P(ZW) + P(WW) = 0{,}5 \cdot 0{,}5 +$ $0{,}5 \cdot 0{,}5 = 0{,}5$ **3. $\mathbf{P(A \cap B)}$ bestimmen** $A \cap B = \{(WW)\}$ $P(A \cap B) = P(WW) = 0{,}5 \cdot 0{,}5 = 0{,}25$ **4. Test:** $\mathbf{P(A \cap B) = P(A) \cdot P(B)}$ $0{,}25 = 0{,}5 \cdot 0{,}5$ $0{,}25 = 0{,}25$ Gleichung ist **erfüllt**, somit sind A und B **unabhängig!**
Intuitive Lösung Wenn beispielsweise das Ereignis A nicht eintritt, weil im ersten Wurf Zahl erscheint, kann das Ereignis B ebenfalls nicht mehr eintreten.	**Intuitive Lösung** Ob im ersten Wurf Wappen erscheint (oder nicht) steht in keinem Zusammenhang damit, dass im zweiten Wurf Wappen erscheint.
Merkmal: Zusammenhang existiert	**Merkmal: Kein Zusammenhang**

http://frv.tv/4c

2.3 Vierfeldertafel

Grundregel: Zeilen- und Spaltenaddition

Beispiel 1

Über die Personen, die in einer Stadt wohnen, ist bekannt:

- 41 % der Personen sind groß;
- 45 % der Personen sind männlich;
- 6 % der Personen sind groß und weiblich.

Für eine Verlosung wird eine Person zufällig ausgewählt.

Mit welcher Wahrscheinlichkeit ist diese klein und weiblich?

Größe \ Geschlecht	m	$\overline{m}$	
g		0,06	0,41
$\overline{g}$			
	0,45		1

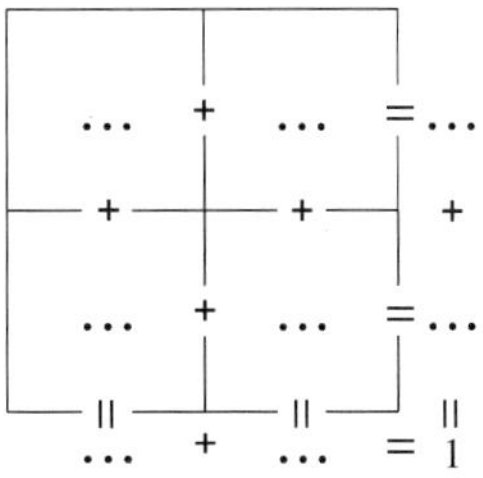

Größe \ Geschlecht	m	$\overline{m}$	
g	0,35	0,06	0,41
$\overline{g}$	0,10	**0,49**	0,59
	0,45	0,55	1

Lösung: $P(\overline{g}\,\overline{m}) = \mathbf{0{,}49}$

Zusatzregel bei Unabhängigkeit: P(außen) · P(außen) = P(innen)

Beispiel 2

Über die Personen, die in einer Stadt wohnen, ist bekannt:

- 41 % der Personen sind groß;
- 52 % der Personen haben dunkles Haar;
- **Information: Größe und Haarfarbe sind voneinander unabhängig.**

Für eine Verlosung wird eine Person zufällig ausgewählt.

Mit welcher Wahrscheinlichkeit ist diese klein und besitzt helles Haar?

Größe \ Haarfarbe	d	$\overline{d}$	
g			0,41
$\overline{g}$			
	0,52		1

Zusatzregel

$P(\text{außen}) \cdot P(\text{außen}) = P(\text{innen})$

Größe \ Haarfarbe	d	$\overline{d}$	
g	0,21 $(=0{,}41 \cdot 0{,}52)$	0,20 $(=0{,}41 \cdot 0{,}48)$	0,41
$\overline{g}$	0,31 $(=0{,}59 \cdot 0{,}52)$	**0,28** $(=0{,}59 \cdot 0{,}48)$	0,59
	0,52	0,48	1

Lösung: $P(\overline{g}\,\overline{d}) = \mathbf{0{,}28}$

2.4 Zusammenhänge und Vernetzung

Bei Aufgabenstellungen, bei denen 2 Merkmale, wie beispielsweise Größe und Geschlecht (Beispiel 1, S. 139), in jeweils 2 Ausprägungen vorkommen, besteht oftmals das Problem zu entscheiden, ob eine Vierfeldertafel oder ein 2-stufiger Wahrscheinlichkeitsbaum zur Bearbeitung verwendet werden soll.
Hierfür muss erkannt werden, welche **Typen von Wahrscheinlichkeitsangaben** in der Aufgabenstellung gegebenen sind und an welchen **Positionen** diese in der Vierfeldertafel bzw. im Wahrscheinlichkeitsbaum stehen.
Es muss dann das Instrument vorgezogen werden, für welches eine ausreichende Menge an Wahrscheinlichkeitsangaben vorhanden ist.

Zum Beispiel 1 (S. 139)

Geschlecht / *Größe*

	m	$\overline{m}$	
g	$P(gm)$	$P(g\overline{m})$	$P(g)$
$\overline{g}$	$P(\overline{g}m)$	$P(\overline{g}\,\overline{m})$	$P(\overline{g})$
	$P(m)$	$P(\overline{m})$	1

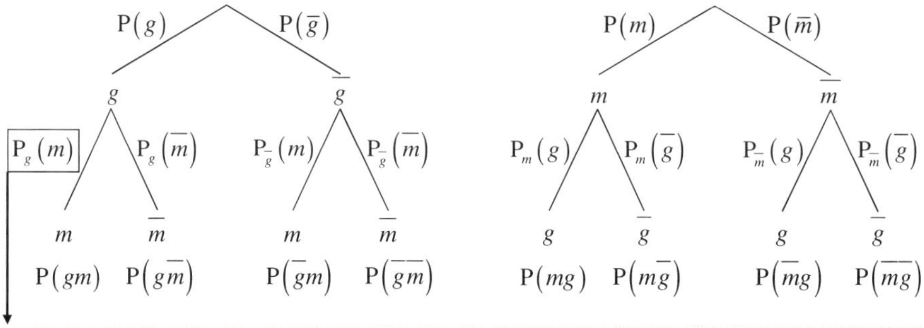

Weshalb steht auf der zweiten Stufe eine bedingte Wahrscheinlichkeit?
Wie bisher muss in einem Baumdiagramm an dieser Stelle die Wahrscheinlichkeit stehen, dass eine Person, von der man weiß, dass sie groß ist (sonst: anderer Ast), männlich ist. Dass die Person groß ist, kann jedoch als **Vorwissen** interpretiert werden. Somit liegt eigentlich eine bedingte Wahrscheinlichkeitsangabe vor.
Aber: Dies hat keine Auswirkung auf den Umgang mit dem Baumdiagramm. Sie wissen nun lediglich, von welcher Art diese Wahrscheinlichkeitsangabe ist!

http://frv.tv/4e

Typen von Wahrscheinlichkeitsangaben	Position
1. Typ : Eigenschaftswahrscheinlichkeit **Schreibweise :** $\mathrm{P}(g), \mathrm{P}(\overline{g}), \mathrm{P}(m), \mathrm{P}(\overline{m})$ **Interpretation :** z.B. $\mathrm{P}(g) = 0{,}41 \rightarrow$ Zu 41 % ist die ausgewählte Person groß **Merkmale :** 1. Es geht nur um eine Eigenschaft (z.B. Größe) 2. Angabe bezieht sich auf die gesamte Grundmenge (alle Personen)	**Vierfeldertafel :** Außerhalb **Baumdiagramm :** Auf der ersten Stufe
2. Typ : Bedingte Wahrscheinlichkeit **Schreibweise :** $\mathrm{P}_g(m), \mathrm{P}_g(\overline{m}), ..., \mathrm{P}_{\overline{m}}(\overline{g})$ **Interpretation :** z.B. $\mathrm{P}_g(m) = 0{,}854 \rightarrow$ Wenn die ausgewählte Person groß ist, ist sie zu 85,4 % männlich **Merkmale :** 1. Es geht um beide Eigenschaften (Größe und Geschlecht) 2. Angabe bezieht sich nur auf einen Teil der Grundmenge (nur die großen Personen)	**Vierfeldertafel :** !! Nicht vorhanden !! **Baumdiagramm :** Auf der zweiten Stufe
3. Typ : Ergebniswahrscheinlichkeit **Schreibweise :** $\mathrm{P}(gm), \mathrm{P}(\overline{g}m), ..., \mathrm{P}(\overline{m}\overline{g})$ **Interpretation :** z.B. $\mathrm{P}(g\overline{m}) = 0{,}06 \rightarrow$ Zu 6 % ist die ausgewählte Person groß und weiblich **Merkmale :** 1. Es geht um beide Eigenschaften (Größe und Geschlecht) 2. Angabe bezieht sich auf die gesamte Grundmenge (alle Personen)	**Vierfeldertafel :** In den Innenfeldern **Baumdiagramm :** Ergebnis der Pfadmultiplikation („Baumblätter“)

Beispiel 1

Die Schüler einer Klasse bereiten sich auf eine Klausur in Mathematik vor. Der Mathematiklehrer der Klasse weiß aus Erfahrung:

63 % der Schüler haben den Stoff verstanden;
Ein Schüler, der den Stoff verstanden hat, erreicht mit einer Wahrscheinlichkeit von 69 % ein positives Ergebnis;
Ein Schüler, der den Stoff nicht verstanden hat, erreicht hingegen nur mit einer Wahrscheinlichkeit von 28 % ein positives Ergebnis.

Ein Schüler dieser Klasse wird zufällig ausgewählt. Mit welcher Wahrscheinlichkeit erreicht er kein positives Ergebnis?

Lösung

Bezeichnungen

v: Schüler hat Stoff verstanden; $\overline{v}$: Schüler hat Stoff nicht verstanden
p: Schüler erreicht pos. Ergebnis; $\overline{p}$: Schüler erreicht kein pos. Ergebnis

Gegebene Typen von Wahrscheinlichkeitsangaben

$P(v) = 0,63$: Eigenschaftswahrscheinlichkeit (nur Eigenschaft „Stoff verstanden“)
$P_v(p) = 0,69$: Bed. Wahrscheinlichkeit (nur von Schülern mit „Stoff verstanden“)
$P_{\overline{v}}(p) = 0,28$: Bed. Wahrscheinlichkeit (nur von Schülern mit „Stoff nicht verstanden“)

Besser: Baumdiagramm	**Vierfeldertafel**
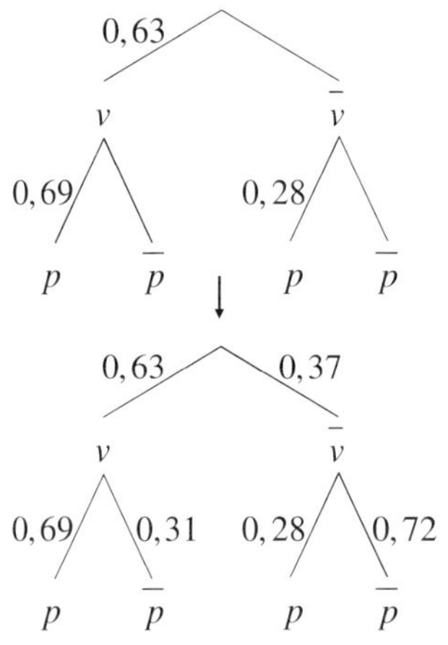 $P(\overline{p}) = P(v\overline{p}) + P(\overline{v}\,\overline{p})$ $= 0,63 \cdot 0,31 + 0,37 \cdot 0,72$ $= 0,46$	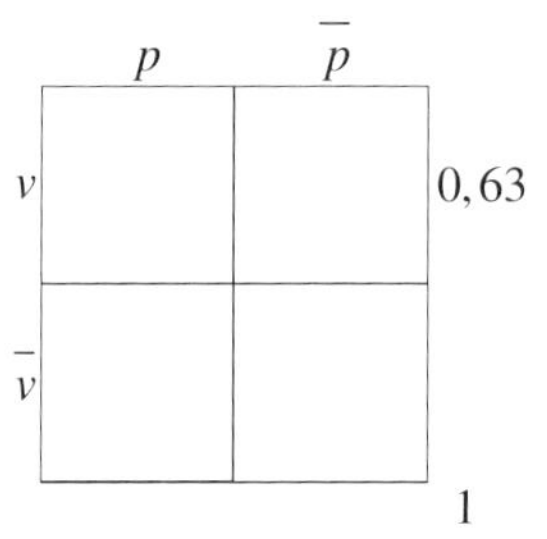 Problem: Die bedingten Wahrscheinlichkeiten können nicht direkt eingetragen werden

http://frv.tv/4f

Beispiel 2

Die Schulleitung eines beruflichen Gymnasiums erhebt an einem Schultag die folgenden Daten:

40 % der Schüler kamen mit dem Auto in die Schule;
87 % der Schüler erschienen pünktlich im Unterricht;
5 % der Schüler kamen nicht mit dem Auto und erschienen unpünktlich im Unterricht.

Mit welcher Wahrscheinlichkeit trifft man an diesem Schultag zufällig auf einen Schüler, der mit dem Auto in die Schule kam und pünktlich im Unterricht erschien?

Lösung

Bezeichnungen

a: Schüler kam mit Auto; $\bar{a}$: Schüler kam nicht mit Auto
p: Schüler war pünktlich; $\bar{p}$: Schüler war unpünktlich

Gegebene Typen von Wahrscheinlichkeitsangaben

$\mathrm{P}(a) = 0,4$: Eigenschaftswahrscheinlichkeit (nur Eigenschaft „kam mit Auto“)
$\mathrm{P}(p) = 0,87$: Eigenschaftswahrscheinlichkeit (nur Eigenschaft „kam pünktlich“)
$\mathrm{P}(\bar{a}\bar{p}) = 0,05$: Ergebniswahrscheinlichkeit (beide Eigenschaften; von allen Schülern)

Baumdiagramm

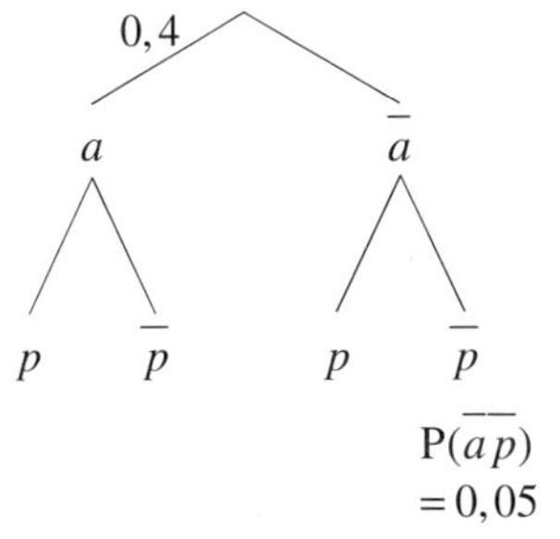

Problem: $\mathrm{P}(p) = 0,87$ kann nicht direkt eingetragen werden

Besser: Vierfeldertafel

	p	$\bar{p}$	
a			0,40
$\bar{a}$		0,05	
	0,87		1

↓

	p	$\bar{p}$	
a	**0,32**	0,08	0,40
$\bar{a}$	0,55	0,05	0,60
	0,87	0,13	1

$\Rightarrow \mathrm{P}(ap) = \mathbf{0,32}$

Spezialfall : Unabhängige Eigenschaften

Beispiel (entspricht Beispiel 2 auf S. 139)

Über die Personen, die in einer Stadt wohnen, ist bekannt:
- 41 % der Personen sind groß;
- 52 % der Personen haben dunkles Haar;
- Größe und Haarfarbe sind voneinander unabhängig.

Berechnung (mit den Werten aus der Vierfeldertafel auf S. 139)
$P_g(d) = P_{\overline{g}}(d) = P(d) = 0{,}52$

Interpretation
Es haben also sowohl 52 % aller Personen, als auch aller großen und aller kleinen Personen, dunkles Haar. Für die Wahrscheinlichkeit, dass eine zufällig ausgewählte Person dunkles Haar besitzt, ist somit das Vorwissen, dass diese groß (oder klein) ist, völlig unerheblich. Sie beträgt stets 52 %.

Ergebnis
Bei voneinander **unabhängigen Eigenschaften** ist Vorwissen unerheblich.
Damit werden **bedingte Wahrscheinlichkeiten zu Eigenschaftswahrscheinlichkeiten :**
$\mathbf{P_{\not{x}}(d) = P_{\overline{\not{x}}}(d) = P(d).}$

Folgen für das Baumdiagramm

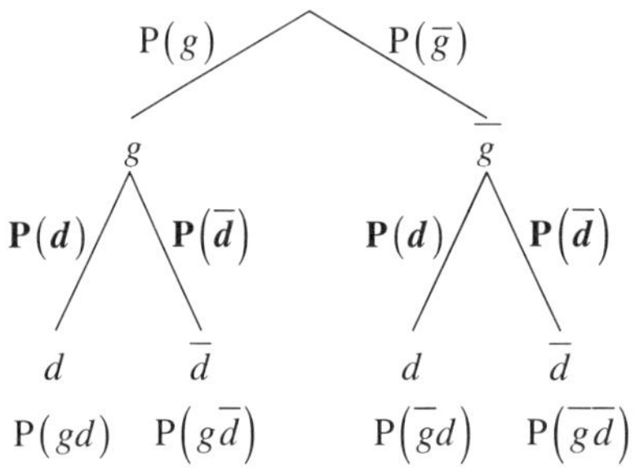

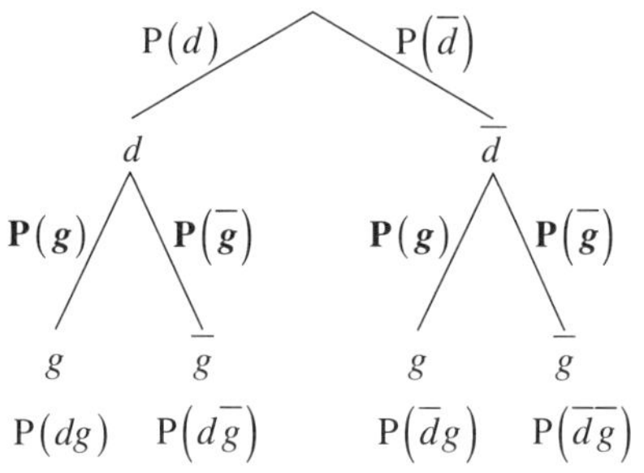

2. Stufe : • **Eigenschaftswahrscheinlichkeiten** statt bedingter Wahrscheinlichkeiten
• **Gleiche Werte** bei beiden Ästen

Beispiel 3

60 % der Bewerber eines Unternehmens sind weiblich. 21 % aller Bewerber werden eingestellt. Außerdem gibt das Unternehmen an, dass die beiden Eigenschaften Einstellungschance und Geschlecht unabhängig voneinander sind.

Ein Bewerber wird zufällig ausgewählt. Mit welcher Wahrscheinlichkeit ist er männlich und wird nicht eingestellt?

Lösung

Bezeichnungen

w: Bewerber ist weiblich; $\overline{w}$: Bewerber ist männlich

e: Bewerber wird eingestellt; $\overline{e}$: Bewerber wird nicht eingestellt

Gegebene Typen von Wahrscheinlichkeitsangaben

$P(w) = 0{,}6$: Eigenschaftswahrscheinlichkeit (nur Eigenschaft „weiblich")

$P(e) = 0{,}21$: Eigenschaftswahrscheinlichkeit (nur Eigenschaft „eingestellt")

Möglich: Baumdiagramm

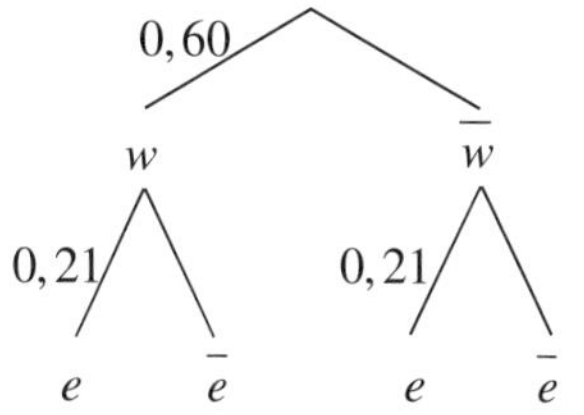

Wegen Unabhängigkeit steht $P(e) = 0{,}21$ auf 2. Stufe bei beiden Ästen.

↓

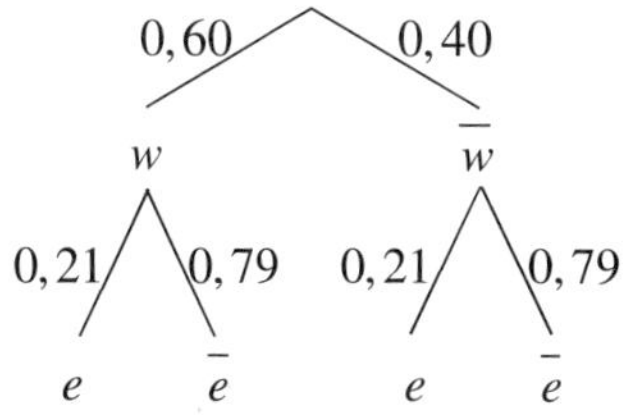

$\Rightarrow P\left(\overline{w}\overline{e}\right) = 0{,}4 \cdot 0{,}79 = 0{,}32$

Möglich: Vierfeldertafel

	e	$\overline{e}$	
w			0,60
$\overline{w}$			
	0,21		1

Wegen Unabhängigkeit kann die Regel: **P(außen) · P(außen) = P(innen)** genutzt werden.

↓

	e	$\overline{e}$	
w	0,13 $(= 0{,}60 \cdot 0{,}21)$	0,47 $(= 0{,}60 \cdot 0{,}79)$	0,60
$\overline{w}$	0,08 $(= 0{,}40 \cdot 0{,}21)$	**0,32** $(= 0{,}40 \cdot 0{,}79)$	0,40
	0,21	0,79	1

$\Rightarrow P\left(\overline{w}\overline{e}\right) = \mathbf{0{,}32}$

3. Kombinatorik

3.1 Übersicht: Berechnung von Anzahlen und Wahrscheinlichkeiten

Allgemein

Reihenfolge ist wichtig (geordnet)		**Reihenfolge ist unwichtig (ungeordnet)**	
mit Zurück - legen	**ohne Zurück - legen**	**mit Zurück - legen**	**ohne Zurück - legen**

1. Berechnung von Anzahlen

n: Anzahl Kugeln in der Urne

k: Anzahl gezogener Kugeln

mit Zurücklegen (geordnet)	ohne Zurücklegen (geordnet)	mit Zurücklegen (ungeordnet)	ohne Zurücklegen (ungeordnet)
$\boldsymbol{n^k}$	$\boldsymbol{n\cdot(n-1)\cdot\ldots\cdot(n-k+1)}$ $\left(=\frac{n!}{(n-k)!}\right)$	(nicht relevant)	$\boldsymbol{\binom{n}{k}}$ $\left(=\frac{n!}{k!\cdot(n-k)!}\right)$

2. Berechnung von Wahrscheinlichkeiten

(Von Anzahlen zu Wahrscheinlichkeiten durch: P = Anz. günstige / Anz. mögliche)

$$P=\frac{n_{günst.}^k}{n_{ges.}^k} \qquad P=\frac{n_{günst.}\cdot(n_{günst.}-1)\cdot\ldots\cdot(n_{günst.}-k+1)}{n_{ges.}\cdot(n_{ges.}-1)\cdot\ldots\cdot(n_{ges.}-k+1)} \qquad P=\frac{\binom{n_{günst.}}{k}}{\binom{n_{ges.}}{k}}$$

Zusatz

Formel für Aufgaben mit mehreren (z.B. 3) (günstigen) „Gruppen“

$$P=\frac{\binom{n_1}{k_1}\cdot\binom{n_2}{k_2}\cdot\binom{n_3}{k_3}}{\binom{n_{ges.}}{k}}$$

Am Beispiel

Reihenfolge ist wichtig (geordnet)		**Reihenfolge ist unwichtig (ungeordnet)**	
mit Zurück - legen	**ohne Zurück - legen**	**mit Zurück - legen**	**ohne Zurück - legen**

1. Berechnung von Anzahlen

In einer Klasse mit 30 Schülern werden 3 Preise (1. Preis, 2. Preis, 3. Preis) verlost, indem aus einer Urne mit 30 Namenszetteln 3 Mal gezogen wird.
Wie viele Möglichkeiten gibt es ...

mit Zurücklegen (geordnet)	ohne Zurücklegen (geordnet)	mit Zurücklegen (ungeordnet)	ohne Zurücklegen (ungeordnet)
... wenn ein Schüler auch mehrere Preise gewinnen kann?	... wenn ein Schüler höchstens einen Preis gewinnen kann?		... wenn ein Schüler höchstens einen Preis gewinnen kann und die Preise gleichwertig sind?
30^3	$30 \cdot 29 \cdot 28$	(nicht relevant)	$\binom{30}{3}$

2. Berechnung von Wahrscheinlichkeiten

Bei der Ziehung sitzen 5 Freundinnen aus der Klasse in der letzten Reihe.
Mit welcher Wahrscheinlichkeit gewinnen sie alle 3 Preise?

$$P = \frac{5^3}{30^3}$$

$$P = \frac{5 \cdot 4 \cdot 3}{30 \cdot 29 \cdot 28}$$

$$P = \frac{\binom{5}{3}}{\binom{30}{3}}$$

Zusatz

2 der 5 Freundinnen haben einen roten Pulli an. Mit welcher Wahrscheinlichkeit gewinnt eine Freundin mit rotem Pulli, eine Freundin ohne roten Pulli und ein weiterer Schüler?

$$P = \frac{\binom{2}{1} \cdot \binom{3}{1} \cdot \binom{25}{1}}{\binom{30}{3}}$$

3.2 Beispielaufgaben

Beispiel 1: Wie viele Möglichkeiten gibt es?

a) Ein Würfel wird 4 Mal nacheinander geworfen. Nach jedem Wurf wird die gewürfelte Augenzahl notiert. $6^4 = 1296$

b) In einer Klausur stellt der Lehrer 7 Aufgaben, von denen 5 bearbeitet werden müssen. $\binom{7}{5} = 21$

c) Klara hat jeweils einen blauen, roten, grünen und gelben Legostein. Sie setzt 2 Legosteine aufeinander. $4 \cdot 3 = 2$

d) Klara hat jeweils einen blauen, roten, grünen und gelben Legostein. Sie setzt alle Legosteine aufeinander. $4 \cdot 3 \cdot 2 \cdot 1 = 24$

e) Beim Lotto müssen aus 49 Zahlen 6 angekreuzt werden. $\binom{49}{6} = 13983816$

f) Das Passwort eines Computers ist eine 6-stellige Kombination von (verschiedenen) Ziffern 0 bis 9. $10 \cdot 9 \cdot 8 \cdot 7 \cdot 6 \cdot 5 = 151200$

g) Tobias nimmt an 5 Marathonläufen teil, an welchen stets 14 Läufer außer ihm starten (und ankommen). Er notiert seine Platzierung nach jedem Marathon. $15^5 = 759375$

Hinweise

• Die Formeln zur **Berechnung von Anzahlen** gelten nur, falls die n Elemente alle **unterscheidbar** sind (nur verschiedenfarbige Kugeln in der Urne).

• Für die Formeln zur Berechnung von Wahrscheinlichkeiten muss dies nicht vorausgesetzt werden.

Beispiel 2: Wie groß ist die Wahrscheinlichkeit?

a) Ein Würfel wird 4 Mal nacheinander geworfen. Nach jedem Wurf wird die gewürfelte Augenzahl notiert

E_1: Man erhält nur die Augenzahlen 2 und 3.
E_2: Man erhält nicht die Augenzahl 4.

$$P(E_1) = \frac{2^4}{6^4} \approx 0{,}0123$$
$$P(E_2) = \frac{5^4}{6^4} \approx 0{,}482$$

b) Bei einem Fußballspiel kommt es zum Elfmeterschießen. Der Trainer wählt aus 11 Spielern 3 Elfmeterschützen aus und legt zudem die Reihenfolge fest, in welcher die Schützen antreten.

E_1: Marco, Daniel und Tobias dürfen schießen.
E_2: Zuerst schießt Marco, dann Daniel und dann Tobias.

$$P(E_1) = \frac{3 \cdot 2 \cdot 1}{11 \cdot 10 \cdot 9} \approx 0{,}00606$$
$$P(E_2) = \frac{1}{11 \cdot 10 \cdot 9} \approx 0{,}00101$$

c) In einer Urne befinden sich 3 rote, 4 grüne und 5 gelbe Kugeln. Ohne Zurücklegen werden 3 Kugeln entnommen.

E_1: Man erhält nur grüne Kugeln
E_2: Man erhält eine Kugel in jeder Farbe.
E_3: Man erhält 2 grüne und eine rote Kugel.

$$P(E_1) = \frac{\binom{3}{0} \cdot \binom{4}{3} \cdot \binom{5}{0}}{\binom{12}{3}} \approx 0{,}0182$$
$$P(E_2) = \frac{\binom{3}{1} \cdot \binom{4}{1} \cdot \binom{5}{1}}{\binom{12}{3}} \approx 0{,}273$$
$$P(E_3) = \frac{\binom{3}{1} \cdot \binom{4}{2} \cdot \binom{5}{0}}{\binom{12}{3}} \approx 0{,}0818$$

4 Zufallsvariable und Erwartungswert

Erklärende Beispiele

Beispiel 1

Ein Basketballspieler trifft erfahrungsgemäß einen Freiwurf mit einer Wahrscheinlichkeit von 80 %. Er wirft eine Folge aus 2 Würfen.

Die Zufallsvariable **X** gibt die **Anzahl der Treffer bei einer Folge** an.

a) Erstellen Sie für diese Zufallsvariable eine Wahrscheinlichkeitsverteilung.
b) Der Basketballspieler wirft viele Folgen nacheinander. Wie viele Treffer sind im Durchschnitt pro Folge zu erwarten?

Lösung

a) Baumdiagramm

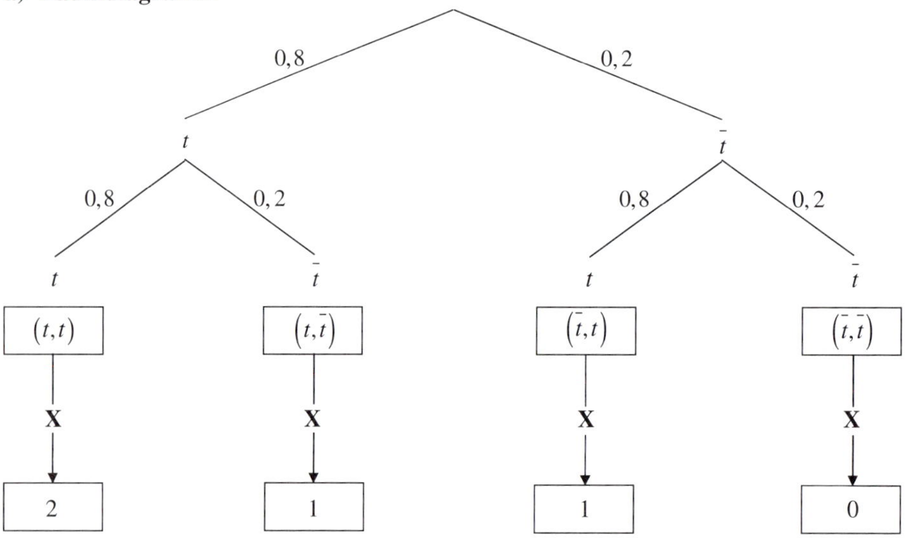

Hinweise

- Die Zufallsvariable X ordnet jedem Ergebnis eine Zahl (hier: Anzahl der Treffer) zu.
- Der Begriff „Zufallsvariable" ist leider etwas irreführend, da es sich hierbei nicht um eine Variable im bisherigen Sinn, sondern um eine Funktion handelt.

http://frv.tv/3c

Wahrscheinlichkeitsverteilung der Zufallsvariablen

Zugehörige Ergebnisse	(t,t)	$(t,\bar{t});(\bar{t},t)$	$(\bar{t},\bar{t})$
x_i (Mögliche Werte der Zufallsvariablen X)	**2**	**1**	**0**
$\mathbf{P}(\mathbf{X}=x_i)$ (Wahrscheinlichkeiten zu den Werten der Zufallsvariablen)	$0,8\cdot 0,8$ $=\mathbf{0,64}$	$0,8\cdot 0,2+0,2\cdot 0,8$ $=\mathbf{0,32}$	$0,2\cdot 0,2=\mathbf{0,04}$ (oder: $1-0,64-0,32$)

b) Erwartungswert der Zufallsvariablen

Allgemein : $\mathbf{E}(\mathbf{X})=x_1\cdot\mathbf{P}(\mathbf{X}=x_1)+x_2\cdot\mathbf{P}(\mathbf{X}=x_2)+\ldots+x_n\cdot\mathbf{P}(\mathbf{X}=x_n)$

Im Beispiel: $\mathrm{E}(\mathrm{X})=2\cdot 0,64+1\cdot 0,32(+0\cdot 0,04)=1,6$

Interpretation

Der Basketballspieler kann durchschnittlich 1,6 Treffer pro Folge erwarten.

Bemerkung

Es wird deutlich, dass die konkrete Berechnung des Erwartungswertes recht einfach ist. Der anspruchsvollere Teilschritt stellt hingegen die Berechnung der Wahrscheinlichkeiten für die Werte der Zufallsvariablen dar.

Beispiel 2

Ein Spieler kann gegen einen Einsatz von 4 € an folgendem Spiel teilnehmen:
Er würfelt ein Mal. Bei einer geraden Zahl erhält er 3 €. Bei einer ungeraden Zahl erhält er den doppelten Betrag der gewürfelten Augenzahl.

Ist es günstig für den Spieler, bei diesem Spiel teilzunehmen?

1. Lösungsvariante: Die **Zufallsvariable X** gibt den **Auszahlungsbetrag an den Spieler** an.

Baumdiagramm

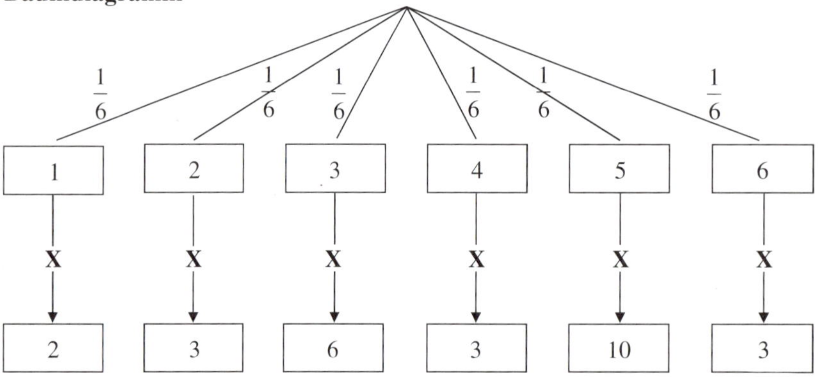

Wahrscheinlichkeitsverteilung der Zufallsvariablen

Zugehörige Ergebnisse	$(2);(4);(6)$	(5)	(3)	(1)
x_i	**3**	**10**	**6**	**2**
$\mathbf{P}(\mathbf{X}=x_i)$	$\frac{1}{6}+\frac{1}{6}+\frac{1}{6}=\frac{3}{6}$	$\frac{1}{6}$	$\frac{1}{6}$	$\frac{1}{6}$

Erwartungswert der Zufallsvariablen

$$\mathbf{E}(\mathbf{X})=3\cdot\frac{3}{6}+10\cdot\frac{1}{6}+6\cdot\frac{1}{6}+2\cdot\frac{1}{6}=4,5$$

Interpretation und Ergebnis

X gibt den Auszahlungsbetrag an den Spieler pro Spiel an. Somit gibt **E(X)** den zu **erwartenden Auszahlungsbetrag** pro Spiel an, den der Spieler bei vielen Spielen durchschnittlich erhalten würde.

Der Spieler erreicht hier durch seine Teilnahme einen erwarteten Auszahlungsbetrag von 4,50 € pro Spieldurchgang. Da dieser **höher als sein Einsatz** ist, ist das Spiel **günstig für den Spieler** (und ungünstig für den Anbieter).

2. Lösungsvariante: Die **Zufallsvariable X** gibt den **Gewinn des Spielers** an.

Hinweis: Gewinn = Auszahlungsbetrag – Einsatz

Wahrscheinlichkeitsverteilung der Zufallsvariablen

Zugehörige Ergebnisse	$(2);(4);(6)$	(5)	(3)	(1)
x_i	$\mathbf{-1}\ (=3-4)$	$\mathbf{6}\ (=10-4)$	$\mathbf{2}\ (=6-4)$	$\mathbf{-2}\ (=2-4)$
$\mathbf{P}(\mathbf{X}=x_i)$	$\frac{1}{6}+\frac{1}{6}+\frac{1}{6}=\mathbf{\frac{3}{6}}$	$\mathbf{\frac{1}{6}}$	$\mathbf{\frac{1}{6}}$	$\mathbf{\frac{1}{6}}$

Erwartungswert der Zufallsvariablen

$$E(X)=(-1)\cdot\frac{3}{6}+6\cdot\frac{1}{6}+2\cdot\frac{1}{6}+(-2)\cdot\frac{1}{6}=0,5$$

Interpretation und Ergebnis

X gibt den Gewinn des Spielers pro Spiel an. Somit gibt **E(X)** den zu **erwartenden Gewinn** pro Spiel an, den der Spieler bei vielen Spielen durchschnittlich erhalten würde. Der Spieler erreicht hier durch seine Teilnahme einen erwarteten Durchschnittsgewinn von 0,50 € pro Spieldurchgang. Da dieser **positiv** ist, ist das Spiel **günstig für den Spieler** (und ungünstig für den Anbieter).

Übersicht

X: **Auszahlungsbetrag** an Spieler	
E(X) > **Einsatz**	günstig für Spieler
E(X) = **Einsatz**	faires Spiel
E(X) < **Einsatz**	günstig für Anbieter

X: **Gewinn** des Spielers	
E(X) > **0**	günstig für Spieler
E(X) = **0**	faires Spiel
E(X) < **0**	günstig für Anbieter

5. Binomialverteilung

5.1 Bernoulli-Formel

Zugrunde liegt ein mehrfach ausgeführtes Bernoulli-Experiment, bei dem …
… nur **zwei mögliche Ergebnisse** („Treffer“ oder „Niete“) eintreten können
und
… sich die **Wahrscheinlichkeiten nicht ändern** (z.B. „Ziehen **mit** Zurücklegen“)

Beispiele: Münzwurf („Kopf“ oder „Zahl“); Mehrfach würfeln („6“ oder „keine 6“); …

Bernoulliformel (allg.)

$$\mathbf{P(X=k)=\binom{n}{k}\cdot p^k\cdot(1-p)^{n-k}}$$

n: Anzahl der Versuche (Durchführungen)
k: Anzahl der „Treffer“
p: Wahrscheinlichkeit für einen „Treffer“

Bernoulliformel (in Worten)

$$\text{P(X = Anz. Treffer)} = \binom{\text{Anz. Versuche}}{\text{Anz. Treffer}} \cdot \text{Trefferwahrsch.}^{\text{Anz. Treffer}} \cdot \text{Nietenwahrsch.}^{\text{Anz. Nieten}}$$

Beispiel 1
Ein Basketballspieler trifft (t) erfahrungsgemäß einen Freiwurf mit einer Wahrscheinlichkeit von 75 %. Er wirft 8 Mal.
Mit welcher Wahrscheinlichkeit trifft er insgesamt 5 Mal (und 3 Mal nicht)?

$$\text{P(X = 5)} = \binom{8}{5}\cdot 0{,}75^5\cdot 0{,}25^3 \approx 0{,}2076$$

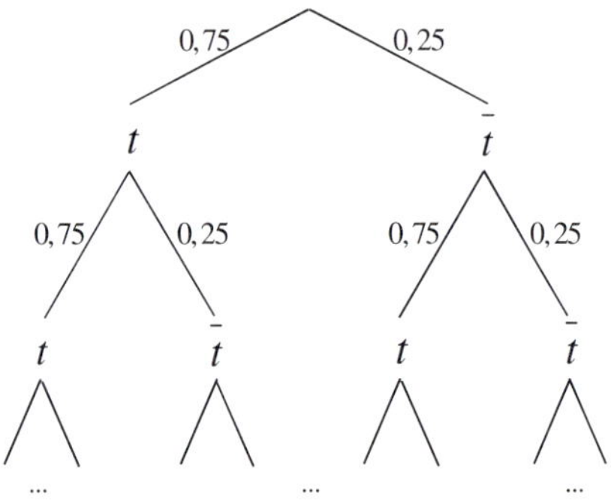

(8 Stufen)
(alle Pfade mit 5 Mal t und 3 Mal $\bar{t}$ relevant)

Erläuterungen

- Binomialkoeffizient (allg.): $\binom{n}{k} = \frac{n!}{k!\cdot(n-k)!}$
- $n!$ steht für die Fakultät einer Zahl: $n! = n\cdot(n-1)\cdot\ldots\cdot 1$
- $\text{P(X = 5)} = \binom{8}{5}\cdot 0{,}75^5\cdot 0{,}25^3 = \frac{8!}{5!\cdot(8-5)!}\cdot 0{,}75^5\cdot 0{,}25^3 = 56\cdot 0{,}00371 \approx 0{,}2078.$

Es gibt also 56 mögliche Reihenfolgen für 5 Treffer unter 8 Schüssen ($ttttt\bar{t}\bar{t}\bar{t}$, $\bar{t}ttttt\bar{t}\bar{t}$, ...), von welchen jede eine Einzelwahrscheinlichkeit von ungefähr $0{,}00371$ aufweist.

http://frv.tv/4h

Beispiel 2

Eine faire Münze wird 5 Mal geworfen. Mit welcher Wahrscheinlichkeit erhält man genau 3 Mal „Zahl“? (Lösen ohne TR)

$$P(X=3)=\binom{5}{3}\cdot\left(\frac{1}{2}\right)^3\cdot\left(\frac{1}{2}\right)^2=10\cdot\left(\frac{1}{2}\right)^5=10\cdot\frac{1}{32}=\frac{5}{16}$$

$$\left(\text{Nebenrechnung: }\binom{5}{3}=\frac{5!}{3!\cdot(5-3)!}=\frac{5!}{3!\cdot 2!}=\frac{5\cdot4\cdot3\cdot2\cdot1}{(3\cdot2\cdot1)\cdot(2\cdot1)}=\frac{5\cdot4\cdot\not{3}\cdot\not{2}\cdot\not{1}}{(\not{3}\cdot\not{2}\cdot\not{1})\cdot(2\cdot1)}=10\right)$$

Beispiel 3

Ein Bauteil ist mit einer Wahrscheinlichkeit von 4 % defekt. Mit welcher Wahrscheinlichkeit befinden sich in einem Karton mit 50 Bauteilen genau 3 defekte Bauteile?

$$P(X=3)=\binom{50}{3}\cdot0{,}04^3\cdot0{,}96^{47}\,(\approx19600\cdot0{,}000009396)\approx0{,}184=18{,}4\,\%$$

(Es gibt also 19600 mögliche Reihenfolgen für 3 defekte unter 50 (nacheinander entnommenen) Bauteilen.)

Beispiel 4

Jonas würfelt 24 Mal.

a) Mit welcher Wahrscheinlichkeit erhält er genau 7 Mal eine 3?

$$P(X=7)=\binom{24}{7}\cdot\left(\frac{1}{6}\right)^7\cdot\left(\frac{5}{6}\right)^{17}\approx0{,}056$$

b) Mit welcher Wahrscheinlichkeit erhält er genau 10 Mal eine 2 oder eine 3?

$$\left(\text{Wahrscheinlichkeit für 2 oder 3: }\frac{2}{6}\right)$$

$$P(X=10)=\binom{24}{10}\cdot\left(\frac{2}{6}\right)^{10}\cdot\left(\frac{4}{6}\right)^{14}\approx0{,}114$$

5.2 Die Binomialverteilung und kumulierte Binomialverteilung

Beispiel: Ein Basketballspieler trifft erfahrungsgemäß einen Freiwurf mit einer Wahrscheinlichkeit von 75 %. Er wirft 8 Mal. Die Zufallsvariable X gibt die Anzahl der Treffer an.

Die Wahrscheinlichkeit, dass X einen bestimmten Wert annimmt, kann mit Hilfe der Bernoulliformel (mit $n = 8$ und $p = 0,75$) berechnet werden.
Somit ist die Zufallsvariable X binomial verteilt.

1. Die Binomialverteilung $P(X = k)$

gibt für jeden möglichen Wert der Zufallsvariablen die **zugehörige Wahrscheinlichkeit** an.

TR: **BV (8; 0.75; k)**

k	$P(X = k)$
2	0,0038
3	0,0230
4	0,0865
5	0,2076

Beispiel:

$$P(X = 4) = \binom{8}{4} \cdot 0,75^4 \cdot 0,25^4 \approx 0,0865$$

Die Wahrscheinlichkeit für 4 Treffer beträgt ca. 8,65 %.

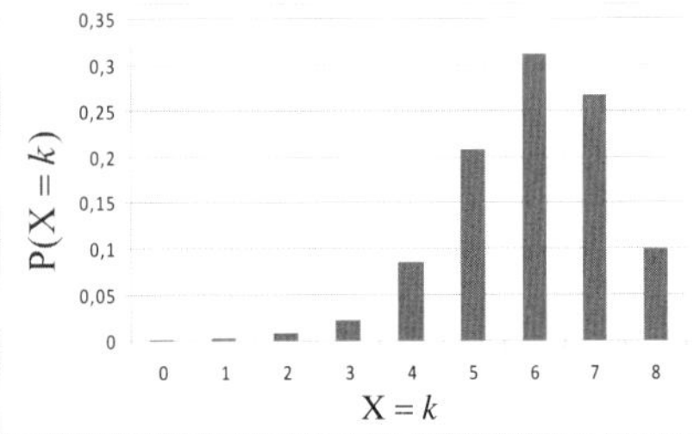

2. Die kumulierte (aufsummierte) Binomialverteilung $P(X \leq k)$

gibt für jeden möglichen Wert der Zufallsvariablen die **Wahrscheinlichkeit** an, dass **dieser oder ein geringeren Wert als dieser** angenommen wird.

TR: **kum. BV (8; 0.75; k)**

k	$P(X \leq k)$
2	0,0042
3	0,0272
4	0,1138
5	0,3214

Beispiel:

$$P(X \leq 4) = P(X = 0) + P(X = 1) + ... + P(X = 4)$$
$$\approx 0,1138$$

Die Wahrscheinlichkeit für 0 bis 4 Treffer beträgt ca. 11,38 %.

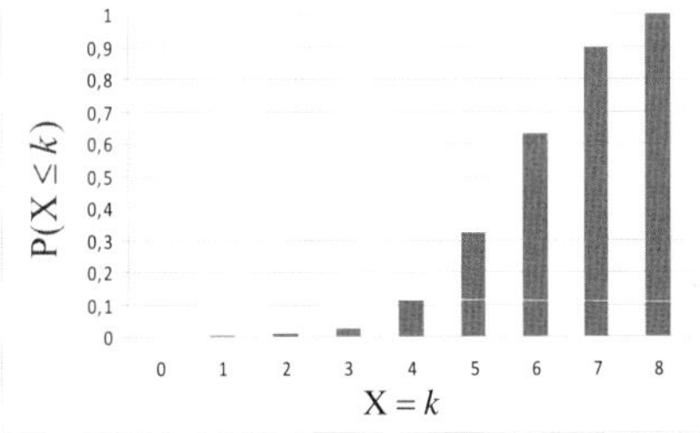

Weiteres Beispiel

Binomialverteilte Zufallsvariable mit $p = 0,5$ und $n = 50$.

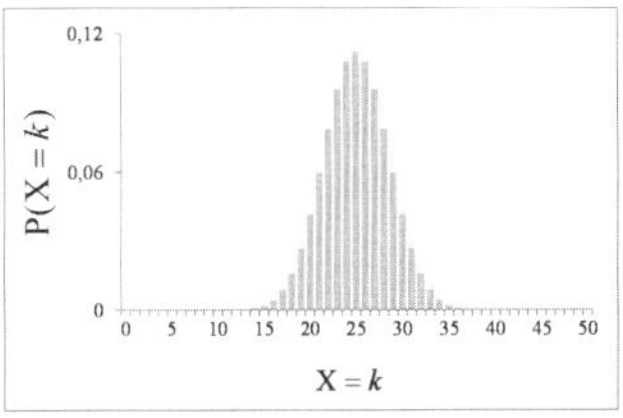

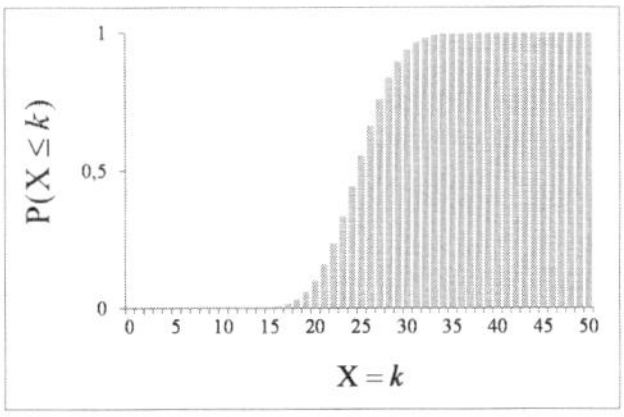

http://frv.tv/4i

5.3 Erwartungswert und Standardabweichung

Formeln (bei Binomialverteilung)

- **Erwartungswert**
  $E(X) = n \cdot p \quad (= \mu)$
- **Standardabweichung**
  $\sigma = \sqrt{n \cdot p \cdot (1-p)}$

Gegenwahrsch.

n: Anzahl der Versuche (Durchführungen)
p: Wahrscheinlichkeit für einen „Treffer"
(μ: Andere Abkürzung für den Erwartungswert)

Am Beispiel

Ein Basketballspieler trifft erfahrungsgemäß einen Freiwurf mit einer Wahrscheinlichkeit von 75 %. Er wirft 8 Mal. Die Zufallsvariable X gibt die Anzahl der Treffer an.

- **Erwartungswert:** $E(X) = 8 \cdot 0{,}75 = 6 \qquad (= \mu)$

Interpretation: Der Spieler kann durchschnittlich 6 Treffer bei 8 Würfen erwarten.

Grafische Betrachtung

„In der Nähe des Erwartungswertes" befinden sich die Werte von X mit den höchsten Wahrscheinlichkeiten. „Fällt" der Erwartungswert (wie hier) direkt auf einen Wert von X, so liegt an diesem stets die höchste Wahrscheinlichkeit vor.

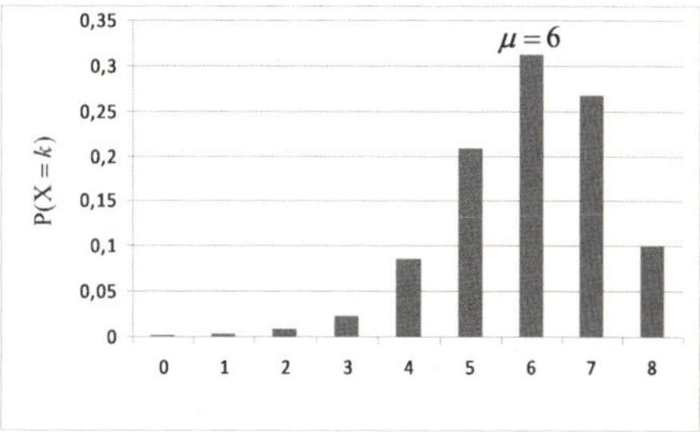

- **Standardabweichung**: $\sigma = \sqrt{8 \cdot 0{,}75 \cdot 0{,}25} \approx 1{,}22$

Interpretation: Die Standardabweichung ist ein Maß dafür, wie stark die Werte der Zufallsvariablen um den Erwartungswert streuen, d.h. ob man mit hoher Wahrscheinlichkeit stets einen Wert „in der Nähe des Erwartungswertes" erhält (geringe Standardabw.), oder ob auch Werte „weit ab vom Erwartungswert" wahrscheinlich sind (hohe Standardabw.).

Grafische Betrachtung

Ein höherer Wert der Standardabweichung führt zu einer „breiteren" Verteilung.

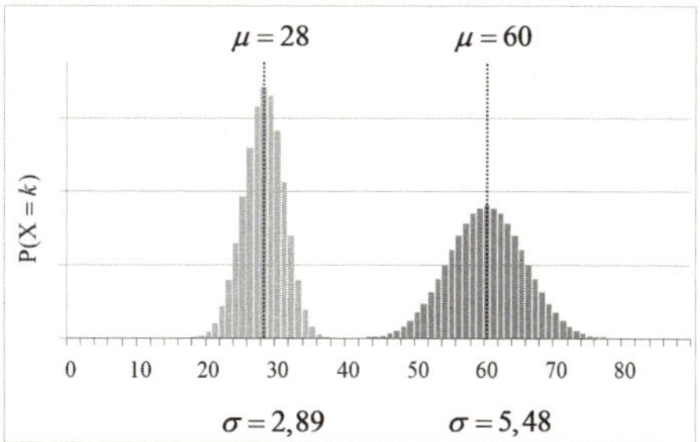

(geringere Standardabw.) (höhere Standardabw.)

http://frv.tv/4j

5.4 Aufgabentypen

Aufgabentypen	**Beispiel 1:** Eine faire Münze wird 8 Mal geworfen. $(n=8;\ p=0{,}5)$ Wie groß ist die Wahrscheinlichkeit für ...
1. „genau k Treffer" $\mathbf{P(X=k)}$	a) ... genau 3 Mal „Zahl"? $P(X=3)\approx 0{,}2188$
2. „höchstens k Treffer" $\mathbf{P(X\le k)}$	b) ... höchstens 3 Mal „Zahl"? $P(X\le 3)\approx 0{,}3633$
3. „mindestens k Treffer" $\mathbf{P(X\ge k)=1-P(X\le k-1)}$	c) ... mindestens 3 Mal „Zahl"? $P(X\ge 3)=1-P(X\le 2)\approx 1-0{,}1445\approx 0{,}8555$ ↓ (Gegenereignis: „Höchstens 2 Mal Zahl")
4. „mindestens k und höchstens" h Treffer" $\mathbf{P(k\le X\le h)}$ $\mathbf{=P(X\le h)-P(X\le k-1)}$	d) ... mindestens 2 Mal und höchstens 5 Mal „Zahl"? $P(2\le X\le 5)=P(X\le 5)-P(X\le 1)$ $\approx 0{,}8555-0{,}0352\approx 0{,}8203$

1. Aufgabentyp mit Binomialverteilung $\mathbf{P(X=k)}$

2., **3.** und **4. Aufgabentyp** mit kumulierter Binomialverteilung $\mathbf{P(X\le k)}$

Grundsätzlich können Aufgabenstellungen entweder mithilfe des **Taschenrechners** oder mithilfe der **Tabellen** zur Binomialverteilung bzw. zur kumulierten Binomialverteilung bearbeitet werden.

http://frv.tv/4k

Beispiel 2: Erfahrungsgemäß sind 12 % der produzierten Smartphones eines Herstellers defekt. Ein Kunde erhält ein Paket mit 20 Smartphones des Herstellers.

a) Berechnen Sie jeweils die Wahrscheinlichkeit für die Anzahl an defekten Smartphones.

Anzahl	Aufgabentyp	Lösung
Genau 3	1	$P(X=3)\approx 0{,}2242$
Höchstens 4	2	$P(X\leq 4)\approx 0{,}9173$
5 oder 6	1	$P(X=5)+P(X=6)\approx 0{,}0567+0{,}0193=0{,}076$
Mindestens 6	3	$P(X\geq 6)=1-P(X\leq 5)\approx 1-0{,}974\approx 0{,}026$
Mehr als 5	3	$P(X>5)=1-P(X\leq 5)\approx 1-0{,}974\approx 0{,}026$
Weniger als 8	2	$P(X<8)=P(X\leq 7)\approx 0{,}9986$
Mindestens 4, höchstens 8.	4	$P(4\leq X\leq 8)=P(X\leq 8)-P(X\leq 3)$ $\approx 0{,}9998-0{,}7873\approx 0{,}2125$
Mehr als 2, aber weniger als 6	4	$P(2<X<6)=P(X\leq 5)-P(X\leq 2)$ $\approx 0{,}974-0{,}5631\approx 0{,}4109$

b) Wie viele Smartphones müsste der Kunde mindestens überprüfen, um mit einer Wahrscheinlichkeit von mehr als 95 % mindestens ein defektes zu erhalten?

$P(\text{mind. ein defektes})>0{,}95$ (Aufgabenstellung abschreiben)

$1-P(\text{kein defektes})>0{,}95$ (Vorgehen über Gegenereignis)

$1-P(\text{alle intakt})>0{,}95$

$1-0{,}88^n>0{,}95 \quad |-1$

$-0{,}88^n>-0{,}05 \quad |\cdot(-1)$ (Mult. mit neg. Zahl: $>\to<$)

$0{,}88^n<0{,}05 \quad |\ln$ (ln, da Exponentialgleichung)

$\ln(0{,}88^n)<\ln(0{,}05)$

$n\cdot\ln(0{,}88)<\ln(0{,}05)$ (Regel: $\ln(a^b)=b\cdot\ln(a)$)

$n\cdot(-0{,}128)<-2{,}996 \quad |:(-0{,}128)$ (Division durch neg. Zahl: $<\to>$)

$n>23{,}43$

A: Mindestens 24 überprüfen! (Immer Aufrunden!)

Hinweis: Diesen Aufgabentyp „Wie oft muss man mindestens“ finden Sie auch auf S. 135.

6. Der Hypothesentest

6.1 Einseitiger Hypothesentest: Ausführliche Erklärung

• **Beispiel :** Ein Basketballspieler behauptet, dass er einen Freiwurf mit einer Wahrscheinlichkeit von mindestens 75 % trifft. Sein Trainer möchte dies überprüfen und lässt ihn 8 Mal werfen. Er trifft nur 3 Mal. Sollte der Trainer die Behauptung des Spielers ablehnen?

• **Vorgehen mit Hypothesentest** (beispielhaft mit Signifikanzniveau $\alpha = 5\,\%$)

Die Zufallsvariable X gibt die Anzahl der Treffer des Basketballspielers bei 8 Würfen an. Dessen Behauptung und damit die Nullhypothese (H_0) lautet: $p_0 \geq 0,75$. Falls diese zutrifft, beträgt die Trefferwahrscheinlichkeit im für ihn ungünstigsten Fall (Extremfall) also (nur) genau 0,75. Die Wahrscheinlichkeit, dass X einen bestimmten Wert annimmt, kann mit Hilfe der Bernoulliformel berechnet werden. Somit ist X mit $n = 8$ und $p_0 = 0,75$ binomialverteilt. Die Verteilung und die zugehörige kumulierte Verteilung sind dargestellt.

Der Spieler behauptet eine Mindestwahrscheinlichkeit: Geringe Werte von X (wenige Treffer) sprechen gegen seine Behauptung. Somit muss ein linksseitiger Hypothesentest durchgeführt werden.

Aus der kumulierten Binomialverteilung ist zu entnehmen, dass die Werte $\{0;1;2;3\}$ eine Gesamtwahrscheinlichkeit von 2,73 % aufweisen, wohingegen die Werte $\{0;1;2;3;4\}$ schon eine Gesamtwahrscheinlichkeit von 11,38 % aufweisen.

Falls der Spieler wirklich eine Trefferwahrscheinlichkeit von 75 % hätte, wäre es mit 2,73 % sehr unwahrscheinlich , dass er nur höchstens 3 von 8 Freiwürfen treffen würde. Da der Wert unter 5 % (Signifikanzniveau) liegt, wird in diesem Fall davon ausgegangen, dass die behauptete Trefferwahrscheinlichkeit nicht stimmt. (Die Wahrscheinlichkeit, dass der Spieler eine geringere Trefferwahrscheinlichkeit als 75 % hat, beträgt umgekehrt 97,27 % !).

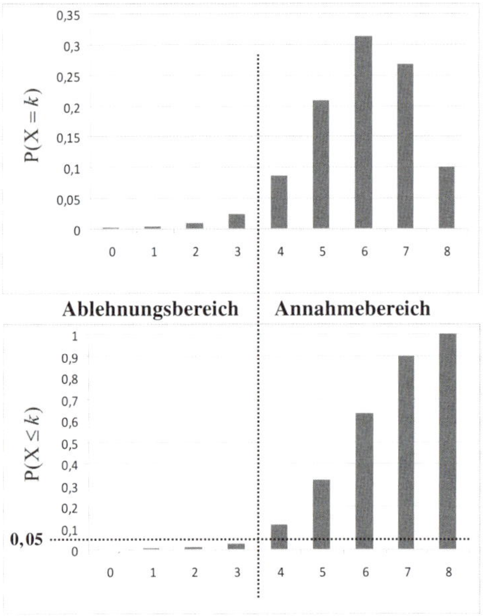

$P(X \leq 2) = 0,0042$
$P(X \leq 3) = 0,0273$
$P(X \leq 4) = 0,1138$
$P(X \leq 5) = 0,3215$

0,05

Ablehnungsb. ($\leq 5\,\%$)
$\overline{A} = \{0;1;2;3\}$

$A = \{4;5;...;8\}$
Annahmebereich

Der Ablehnungsbereich für die Behauptung besteht also aus den Werten $\overline{A} = \{0;1;2;3\}$, der Annahmebereich aus den Werten $A = \{4;5;...;8\}$ (Entscheidungsregel).

• **Entscheidung :** Im Beispiel trifft der Spieler nur 3 Mal. Da diese Trefferanzahl im Ablehnungsbereich liegt, wird der Trainer die Behauptung des Spielers ablehnen.

http://frv.tv/3i

6.2 Einseitiger Hypothesentest: Vorgehen am Beispiel

Linksseitiger Hypothesentest	**Rechtsseitiger Hypothesentest**

1. Schritt: „Testart“ erkennen und Aufstellen der Nullhypothese.

- Behauptung: **Mindest**wahrscheinlichkeit ist gegeben (Nullhypothese H_0: $\boldsymbol{p_0 \geq} ...$)	- Behauptung: **Höchst**wahrscheinlichkeit ist gegeben (Nullhypothese H_0: $\boldsymbol{p_0 \leq} ...$)
- Vermutung: Wirkl. Wahrsch. ist geringer als p_0 (Gegenhypothese H_1: $p_0 < ...$)	- Vermutung: Wirkl. Wahrsch. ist höher als p_0 (Gegenhypothese H_1: $p_0 > ...$)
Geringe Werte von X sprechen **gegen die Behauptung** (bzw. für die Vermutung).	**Hohe Werte** von X sprechen **gegen die Behauptung** (bzw. für die Vermutung).

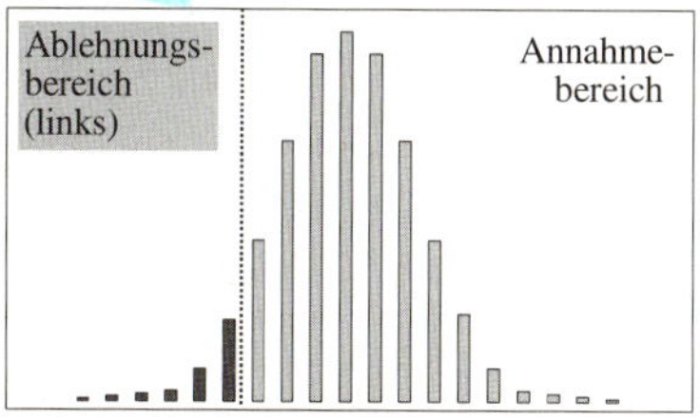

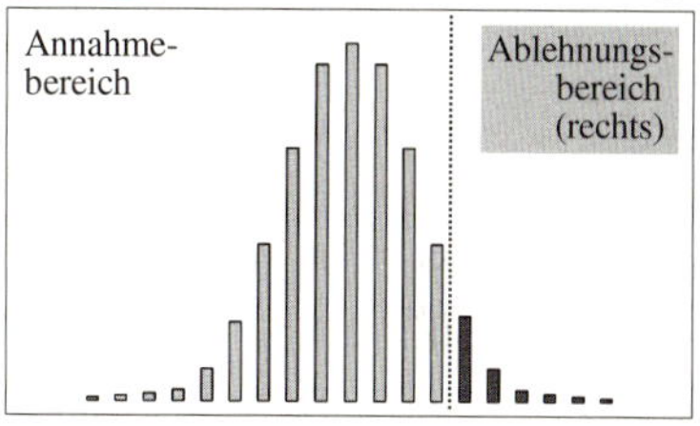

2. Schritt: Ablesen des Stichprobenumfangs n (Anzahl der Durchführungen) und des Signifikanzniveaus α aus der Aufgabenstellung. (z.B. $n = 30$; $\alpha = 5\%$; $p_0 = 0,4$)

3. Schritt: Ermittlung des Ablehnungs- und Annahmebereiches.

Linksseitig	Rechtsseitig
Die Wahrscheinlichkeit für **höchstens *k* Treffer** darf nicht höher als α sein:	Die Wahrscheinlichkeit für **mindestens *k* Treffer** darf nicht höher als α sein:
$\mathbf{P(X \leq k) \leq \alpha}$	$\mathbf{P(X \geq k) \leq \alpha}$
TR/Tabelle: kum. BV $(n;\ p_0)$	TR/Tabelle: kum. BV $(n;\ p_0)$
$P(X \leq 6) = 0,0172$ $P(X \leq 7) = 0,0435$ **Ablehnungsb. (≤ 5 %)** $\overline{A} = \{0;1;...;7\}$ **0,05** $P(X \leq 8) = 0,0940$ $P(X \leq 9) = 0,1763$ $A = \{8;9;...;30\}$ **Annahmebereich**	$P(X \leq 14) = 0,8246 \Rightarrow P(X \geq 15) = 0,1754$ **Annahmeb.** $P(X \leq 15) = 0,9029 \Rightarrow P(X \geq 16) = 0,0971$ $A = \{0;1;...;16\}$ **0,05** $P(X \leq 16) = 0,9519 \Rightarrow P(X \geq 17) = 0,0481$ $\overline{A} = \{17;18;...;30\}$ $P(X \leq 17) = 0,9788 \Rightarrow P(X \geq 18) = 0,0212$ **Ablehnungsb. (≤ 5 %)**

4. Schritt: Ermittlung der Entscheidungsregel. Der Vergleich mit dem konkreten Stichprobenergebnis (siehe Aufgabenstellung) führt zur Entscheidung.

Linksseitig	Rechtsseitig
Bei dem Wert 7 oder weniger wird die Hypothese abgelehnt, ansonsten angenommen.	Bei dem Wert 17 oder mehr wird die Hypothese abgelehnt, ansonsten angenommen.

http://frv.tv/41

Beispiel 2

Der Hersteller eines Medikaments behauptet, dass dieses bei mindestens 90 % der Patienten wirkt. Ein Konkurrent vermutet, dass diese Wahrscheinlichkeit zu hoch ist und testet das Medikament bei 50 Personen. Es wirkt bei 42 Personen.
Kann die Behauptung des Herstellers bei einem Signifikanzniveau von 5 % abgelehnt werden?

1. Schritt „Testart" erkennen; Aufstellen der Nullhypothese	**Linksseitiger Hypothesentest** liegt vor - Mindestwahrscheinlichkeit ist gegeben - Vermutung, dass wirkliche Wahrscheinlichkeit geringer ist (geringe Werte sprechen gegen Behauptung) - Nullhypothese H_0: $\boldsymbol{p_0 \geq 0,9}$ (Gegenhypothese H_1: $p_0 < 0,9$)

2. Schritt Stichprobenumfang n; Signifikanzniveau α	$n = 50$; $\alpha = 5\,\%$

3. Schritt Definition Zufallsvariable; Ermittlung von Ablehnungs- und Annahmebereich	X - Anzahl der Patienten, bei denen das Medikament wirkt; $\mathbf{P(X \leq k) \leq 0,05}$ TR/Tabelle: kum. BV ($n = 50$; $p = 0,9$) $P(X \leq 39) = 0,0094$ — **Ablehnungsb. (≤ 5 %)** $P(X \leq 40) = 0,0245$ — $\mathbf{\overline{A} = \{0;1;...;40\}}$ ………… **0,05** ………… $P(X \leq 41) = 0,0579$ — $\mathbf{A = \{41;42;...;50\}}$ $P(X \leq 42) = 0,1221$ — **Annahmebereich**

4. Schritt Entscheidungsregel; Entscheidung	**Entscheidungsregel:** Falls das Medikament bei 40 oder weniger Personen wirkt, wird die Hypothese des Herstellers abgelehnt. Falls es bei 41 oder mehr Personen wirkt, wird die Hypothese angenommen. **Entscheidung:** Da es bei 42 Personen wirkt, sollte die Hypothese des Herstellers angenommen werden.

Beispiel 3

Der Hersteller eines Medikaments behauptet, dass dieses nur bei höchstens 8 % der Patienten Nebenwirkungen verursacht. Ein Konkurrent vermutet, dass diese Wahrscheinlichkeit zu gering ist und testet das Medikament bei 70 Personen. Bei 14 Personen treten Nebenwirkungen auf. Kann die Behauptung des Herstellers bei einem Signifikanzniveau von 5 % abgelehnt werden?

1. Schritt „Testart“ erkennen; Aufstellen der Nullhypothese	**Rechtsseitiger Hypothesentest** liegt vor - Höchstwahrscheinlichkeit ist gegeben - Vermutung, dass wirkliche Wahrscheinlichkeit höher ist (hohe Werte sprechen gegen Behauptung) - Nullhypothese H_0: $\boldsymbol{p_0 \leq 0{,}08}$ (Gegenhypoth. H_1: $p_0 > 0{,}08$)

2. Schritt Stichprobenumfang n; Signifikanzniveau α	$n = 70$; $\alpha = 5\,\%$

3. Schritt Definition Zufallsvariable; Ermittlung von Ablehnungs- und Annahmebereich	X - Anzahl der Patienten, bei denen das Medikament Nebenwirkungen verursacht; $\mathbf{P(X \geq k) \leq 0{,}05}$ TR/Tabelle: kum. BV ($n = 70$; $p = 0{,}08$) $P(X \leq 8) = 0{,}8946 \Rightarrow P(X \geq 9) = 0{,}1054$ **Annahmeb.** $P(X \leq 9) = 0{,}9486 \Rightarrow P(X \geq 10) = 0{,}0514$ $\mathbf{A = \{0;1;...;10\}}$ .... **0,05** .... $P(X \leq 10) = 0{,}9772 \Rightarrow P(X \geq 11) = 0{,}0228$ $\mathbf{\overline{A} = \{11;12;...;70\}}$ $P(X \leq 11) = 0{,}9908 \Rightarrow P(X \geq 12) = 0{,}0092$ **Ablehnungsb. ($\leq 5\,\%$)**

4. Schritt Entscheidungsregel; Entscheidung	**Entscheidungsregel:** Falls das Medikament bei 11 oder mehr Personen Nebenwirkungen verursacht, wird die Hypothese des Herstellers abgelehnt. Falls dies bei 10 oder weniger Personen auftritt, wird diese angenommen. **Entscheidung:** Da bei 14 Personen Nebenwirkungen auftreten, sollte die Hypothese abgelehnt werden.

6.3 Fehler 1. Art (α-Fehler) und 2. Art (β-Fehler)

Allgemein:

		Realität	
		H_0 ist wahr	H_0 ist falsch
Entscheidung (Testergebnis)	H_0 angenommen	richtig	**Fehler 2. Art (β - Fehler)** Hypothese wird angenommen, obwohl sie falsch ist. **Berechnung :** $\mathbf{P}_{p^*}(\mathbf{X} \in \mathbf{A})$
Entscheidung (Testergebnis)	H_0 abgelehnt	**Fehler 1. Art (α - Fehler)** Hypothese wird abgelehnt, obwohl sie wahr ist. **Berechnung :** $\mathbf{P}_{p_0}(\mathbf{X} \in \overline{\mathbf{A}})$	richtig

Am Beispiel 2 (siehe S. 162)
Der Hersteller eines Medikaments behauptet, dass dieses bei mindestens 90 % der Patienten wirkt. Ein Konkurrent vermutet, dass diese Wahrscheinlichkeit zu hoch ist und testet das Medikament bei 50 Personen.

Linkss. Hypothesentest: $p_0 \geq 0{,}9;\; p^* = \frac{42}{50} = 0{,}84;\; \overline{A} = \{0;1;...;40\};\; A = \{41;42;...;50\}$

		Realität	
		Herstellerbehauptung richtig: Medikament wirkt bei mindestens 90 %	Herstellerbehauptung falsch: Medikament wirkt bei weniger als 90 %
Entscheidung (Testergebnis)	Man „glaubt" dem Hersteller	richtig	**Fehler 2. Art (β - Fehler)** Man „glaubt" dem Hersteller, obwohl Medikament bei weniger als 90 % wirkt. $P_{p^*=0{,}84}(X \geq 41) \approx 0{,}7282$
Entscheidung (Testergebnis)	Man „glaubt" dem Herstel-ler nicht	**Fehler 1. Art (α - Fehler)** Man „glaubt" dem Hersteller, nicht, obwohl Medikament bei mindestens 90 % wirkt. $P_{p_0=0{,}9}(X \leq 40) \approx 0{,}0245$	richtig

Ausführliche Erklärung zur Berechnung der Fehler

- **Fehler 1. Art (α - Fehler)**: Falls die Hypothese des Herstellers (p_0) stimmt (und das Medikament bei mind. 90 % der Patienten wirkt), wäre es die richtige Entscheidung, diese Hypothese auch anzunehmen. Es wäre eine Fehlentscheidung, diese abzulehnen. Mit welcher Wahrscheinlichkeit wird diese Fehlentscheidung getroffen?
Die Hypothese wird abgelehnt, falls das beobachtete Ergebnis im Ablehnungsbereich liegt. Um die Wahrscheinlichkeit der Fehlentscheidung zu erhalten muss also die Wahrscheinlichkeit berechnet werden, dass **(bei Zugrundelegung von p_0)** ein Ergebnis auftritt, welches sich im Ablehnungsbereich befindet: $\mathbf{P}_{p_0}(\mathbf{X} \in \overline{\mathbf{A}})$. Da im Beispiel der Ablehnungsbereich aus allen Werten bis zum Wert 40 besteht, muss hierzu $P_{p=0,9}(X \leq 40)$ berechnet werden.

- **Fehler 2. Art (β - Fehler)**: Falls die Hypothese des Herstellers (p_0) nicht stimmt (und das Medikament nur bei $p^* = 0{,}84 = 84\,\%$ der Patienten wirkt), wäre es die richtige Entscheidung diese Hypothese abzulehnen. Es wäre eine Fehlentscheidung, diese anzunehmen. Mit welcher Wahrscheinlichkeit wird diese Fehlentscheidung getroffen?
Die Hypothese wird angenommen, falls das beobachtete Ergebnis im Annahmebereich liegt. Um die Wahrscheinlichkeit der Fehlentscheidung zu erhalten muss also die Wahrscheinlichkeit berechnet werden, dass **(bei Zugrundelegung von p^*)** ein Ergebnis auftritt, welches sich im Annahmebereich befindet: $\mathbf{P}_{p^*}(\mathbf{X} \in \mathbf{A})$. Da im Beispiel der Annahmebereich aus allen Werten ab dem Wert 41 besteht, muss hierzu $P_{p=0,84}(X \geq 41)$ berechnet werden.

Am Beispiel 3 (siehe S. 163)

Der Hersteller eines Medikaments behauptet, dass dieses nur bei höchstens 8 % der Patienten Nebenwirkungen verursacht. Ein Konkurrent vermutet, dass diese Wahrscheinlichkeit zu gering ist und testet das Medikament bei 70 Personen. Bei 14 Personen treten Nebenwirkungen auf.

Rechtss. Hypothesentest: $p_0 \leq 0{,}08;\ p^* = \frac{14}{70} = 0{,}2;\ \mathrm{A} = \{0;1;...;10\};\ \overline{\mathrm{A}} = \{11;12;...;70\}$

Fehler 1. Art (α - Fehler): Man „glaubt" dem Hersteller nicht, dass bei höchstens 8 % Nebenwirkungen auftreten, obwohl dies eigentlich stimmt.

$P_{p_0=0,08}(X \geq 11) = 1 - P_{p_0=0,08}(X \leq 10) \approx 1 - 0{,}9772 = 0{,}0228$

Fehler 2. Art (β - Fehler): Man „glaubt" dem Hersteller, dass bei höchstens 8 % Nebenwirkungen auftreten, obwohl dies nicht stimmt und in der Realität bei $p^* = 20\,\%$ Nebenwirkungen auftreten.

$P_{p^*=0,2}(X \leq 10) \approx 0{,}1468$

Hinweis: Ein geringerer Wert des Signifikanzniveaus α (z.B. $\alpha = 1\%$) führt zu einem kleineren Ablehnungsbereich. Hierdurch verrringert sich die Gefahr, einen Fehler 1. Art zu begehen ($\alpha \mathrel{\hat{=}}$ max. Wahrscheinlichkeit, einen Fehler 1. Art zu begehen).

6.4 Zweiseitiger Hypothesentest (nur LK)

Falls ein **konkreter** Wahrscheinlichkeitswert und keine Mindest- bzw. Höchstwahrscheinlichkeit behauptet wird, widersprechen sowohl sehr große Werte als auch sehr kleine Werte dieser Behauptung. Hier gibt es also einen **linksseitigen und** einen **rechtsseitigen** Ablehnungsbereich, welche beide eine maximale Fehlerwahrscheinlichkeit von $\boldsymbol{\alpha / 2}$ aufweisen.

Vorgehen (am Beispiel): Beidseitiger Hypothesentest

1. Schritt: „Testart" erkennen und Aufstellen der Nullhypothese.

- Beh.: **Konkrete** Wahrscheinlichkeit ist gegeben (Nullhypothese: H_0: $\boldsymbol{p_0} = ...$)
- Verm.: Wirkl. Wahrscheinl. ist **geringer oder höher** als p_0 (Gegenhypoth.: H_1: $p_0 \neq ...$)

Geringe <u>und</u> hohe Werte sprechen **gegen die Behauptung.**

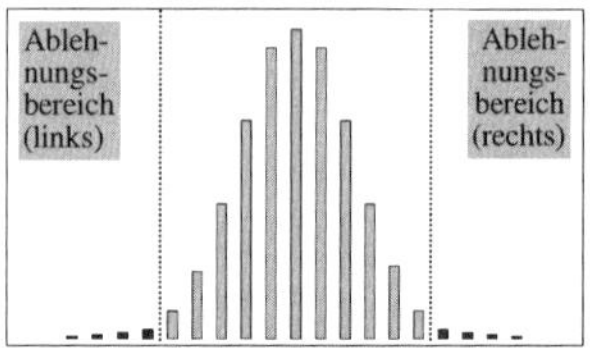

2. Schritt : Ablesen des Stichprobenumfangs n (Anzahl der Durchführungen) und des Signifikanzniveaus α aus der Aufgabenstellung. (z.B. $n = 30$; $\alpha = 5\%$; $p_0 = 0{,}4$)

3. Schritt: Ermittlung des Ablehnungs- und Annahmebereiches.

Gegen die Behauptung sprechen
geringe Werte <u>**und**</u> **hohe Werte;**

Linksseitiger Ablehnungsbereich
Die Wahrscheinlichkeit für **höchstens k Treffer** darf nicht höher als $\alpha / 2$ sein:

$$\mathbf{P(X \leq k) \leq \frac{\alpha}{2}}$$

TR/Tabelle: kum. BV (n; p_0)

$P(X \leq 5) = 0{,}0056$ — **Ablehnungsb. (≤ 2,5 %)** $\overline{\mathbf{A}} = [\mathbf{0};\ \mathbf{6}]$
$P(X \leq 6) = 0{,}0171$
······ **0,025** ······
$P(X \leq 7) = 0{,}0435$ — **Annahmebereich**
$P(X \leq 8) = 0{,}0940$

Rechtsseitiger Ablehnungsbereich
Die Wahrscheinlichkeit für **mindestens k Treffer** darf nicht höher als $\alpha / 2$ sein:

$$\mathbf{P(X \geq k) \leq \frac{\alpha}{2}}$$

TR/Tabelle: kum. BV (n; p_0)

$P(X \leq 15) = 0{,}9029 \Rightarrow P(X \geq 16) = 0{,}0971$ — **Annahmeb.**
$P(X \leq 16) = 0{,}9518 \Rightarrow P(X \geq 17) = 0{,}0482$
······ **0,025** ······
$P(X \leq 17) = 0{,}9787 \Rightarrow P(X \geq 18) = 0{,}0213$ — $\overline{\mathbf{A}} = [\mathbf{18};\ \mathbf{30}]$ **Ablehnungsb. (≤ 2,5 %)**
$P(X \leq 18) = 0{,}9916 \Rightarrow P(X \geq 19) = 0{,}0084$

$$A = \{7; 8; ...; 17\}$$

4. Schritt : Ermittlung der Entscheidungsregel. Der Vergleich mit dem konkreten Stichprobenergebnis (siehe Aufgabenstellung) führt zur Entscheidung.

Bei einem Wert zwischen 7 und 17 wird die Hypothese angenommen, ansonsten abgelehnt.

http://frv.tv/4m

Beispiel

Im vergangenen Jahr haben 15 % der Bevölkerung ein bestimmtes Medikament gekauft. Ein Marktforschungsunternehmen behauptet, dass dieser Marktanteil im aktuellen Jahr gleich geblieben (also weder gesunken noch gestiegen) ist.
Es werden 100 Personen befragt, ob sie das Medikament gekauft haben. 22 Personen geben dies an. Kann die Behauptung des Marktforschungsunternehmens bei einem Signifikanzniveau von 5 % abgelehnt werden?

1. Schritt: „Testart" erkennen und Aufstellen der Nullhypothese.

- Behauptung: **Konkreter** Wahrscheinlichkeitswert
- Vermutung: Wirkliche Wahrscheinlichkeit ist **geringer oder höher** als p_0
- Nullhypothese H_0: $\boldsymbol{p_0 = 0{,}15}$ (Gegenhypoth. H_1: $p_0 \neq 0{,}15$)

2. Schritt: Stichprobenumfang n; Signifikanzniveau α

$n = 100$; $\alpha = 5\%$

3. Schritt: Ermittlung des Ablehnungs- und Annahmebereiches.

X - Anzahl der Personen, die das Medikament gekauft haben;

Gegen die Behauptung sprechen

geringe Werte <u>**und**</u> **hohe Werte;**

Linksseitiger Ablehnungsbereich

$\mathbf{P(X \leq k) \leq 0{,}025}$

TR/Tabelle: kum. BV ($n = 100$; $p = 0{,}15$)

$P(X \leq 6) = 0{,}0047$ — **Ablehnungsb.** ($\leq 2{,}5\%$) $\overline{A} = [0;\,7]$
$P(X \leq 7) = 0{,}0122$
..................**0,025**..................
$P(X \leq 8) = 0{,}0275$ — **Annahmebereich**
$P(X \leq 9) = 0{,}0551$

Rechtsseitiger Ablehnungsbereich

$\mathbf{P(X \geq k) \leq 0{,}025}$

TR/Tabelle: kum. BV ($n = 100$; $p = 0{,}15$)

$P(X \leq 20) = 0{,}9337 \Rightarrow P(X \geq 21) = 0{,}0663$ — **Annahmeb.**
$P(X \leq 21) = 0{,}9607 \Rightarrow P(X \geq 22) = 0{,}0393$
..................**0,025**..................
$P(X \leq 22) = 0{,}9779 \Rightarrow P(X \geq 23) = 0{,}0221$ — $\overline{A} = [23;\,100]$ **Ablehnungsb.** ($\leq 2{,}5\%$)
$P(X \leq 23) = 0{,}9881 \Rightarrow P(X \geq 24) = 0{,}0119$

$A = \{8; 9; \ldots; 22\}$

4. Schritt: Entscheidungsregel und Entscheidung.

Entscheidungsregel: Falls mindestens 8 und höchstens 22 Personen angeben, das Medikament gekauft zu haben, wir die Hypothese angenommen, ansonsten abgelehnt.

Entscheidung: Da 22 Personen angeben, das Medikament gekauft zu haben, sollte die Hypothese angenommen werden.

7. Prognose- und Konfidenzintervalle

7.1 Prognoseintervalle für relative Häufigkeiten (Sigma–Regeln)

Ausgangssituation (Gesamtheit → Stichprobe)

Durch die Sigma-Regeln können ausgehend von der (bekannten) „wahren Wahrscheinlichkeit“ (p) Aussagen in Bezug auf die Ergebnisse einer Stichprobe getätigt werden.

Als Formeln

1. σ-Regel: $\mathbf{P(\mu-1\cdot\sigma \le X \le \mu+1\cdot\sigma) \approx 68{,}3\%}$ — **1**σ-Intervall: $[\mu-1\cdot\sigma;\ \mu+1\cdot\sigma]$

2. σ-Regel: $\mathbf{P(\mu-2\cdot\sigma \le X \le \mu+2\cdot\sigma) \approx 95{,}4\%}$ — **2**σ-Intervall: $[\mu-2\cdot\sigma;\ \mu+2\cdot\sigma]$

3. σ-Regel: $\mathbf{P(\mu-3\cdot\sigma \le X \le \mu+3\cdot\sigma) \approx 99{,}7\%}$ — **3**σ-Intervall: $[\mu-3\cdot\sigma;\ \mu+3\cdot\sigma]$

Am Schaubild

Faustregel

σ-Regeln gelten nur, falls $\boldsymbol{\sigma > 3}$.

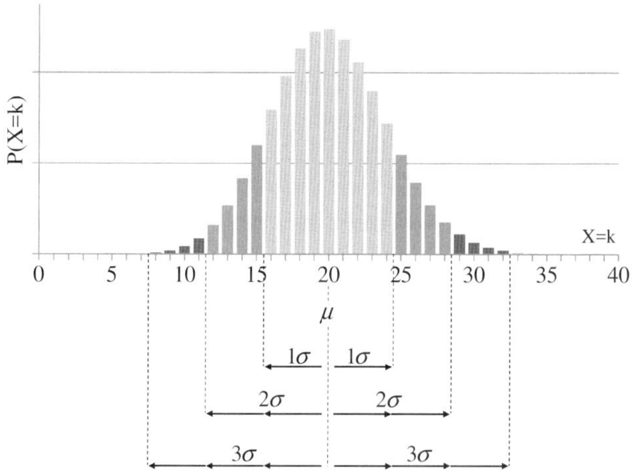

Am Beispiel

Ein von der Mikro AG hergestellter Mikrochip ist erfahrungsgemäß mit einer Wahrscheinlichkeit von 20 % fehlerhaft. Ein Kunde bestellt 100 Mikrochips. X gibt die Anzahl der fehlerhaften Mikrochips in der Bestellung an.

$\mu = n\cdot p = 100\cdot 0{,}2 = 20;$

$\sigma = \sqrt{n\cdot p\cdot(1-p)} = \sqrt{100\cdot 0{,}2\cdot(1-0{,}2)} = 4$

1-σ-Intervall: $[20-1\cdot 4;\ 20+1\cdot 4] = [16;\ 24]$

2-σ-Intervall: $[20-2\cdot 4;\ 20+2\cdot 4] = [12;\ 28]$

3-σ-Intervall: $[20-3\cdot 4;\ 20+3\cdot 4] = [8;\ 32]$

Die Wahrscheinlichkeit, dass in der Bestellung mindestens 16 und höchstens 24 Mikrochips fehlerhaft sind, beträgt also 68,3 %.

Entsprechend 95,4 % Wahrscheinlichkeit für $[12;\ 28]$ bzw. 99,7 % für $[8;\ 32]$.

http://frv.tv/6k

Beispiel 2: Bei der Bundestagswahl erreichte eine Partei einen Anteil von 15 % der gültigen Zweistimmen. Am Tag nach der Wahl werden 1500 Personen befragt, ob sie diese Partei gewählt haben. Geben Sie das zugehörige 1-, 2- und 3-Sigma-Intervall an.

$\mu = n \cdot p = 1500 \cdot 0{,}15 = 225;$

$\sigma = \sqrt{n \cdot p \cdot (1-p)} = \sqrt{1500 \cdot 0{,}15 \cdot (1-0{,}15)} \approx 13{,}83$

1-σ-Intervall: $[225 - 1 \cdot 13{,}83;\ 225 + 1 \cdot 13{,}83] = [211{,}17;\ 238{,}83] = [212;\ 238]$

2-σ-Intervall: $[225 - 2 \cdot 13{,}83;\ 225 + 2 \cdot 13{,}83] = [197{,}34;\ 252{,}66] = [198;\ 252]$

3-σ-Intervall: $[225 - 3 \cdot 13{,}83;\ 225 + 3 \cdot 13{,}83] = [183{,}51;\ 266{,}49] = [184;\ 266]$

Die Wahrscheinlichkeit, dass bei der Befragung mindestens 212 und höchstens 238 Personen angeben, die Partei gewählt zu haben, beträgt also 68,3 %.
Entsprechend 95,4 % Wahrscheinlichkeit für $[198;\ 252]$ bzw. 99,7 % für $[184;\ 266]$.

(Klein-) **Runden** des Intervalls:
Untergrenze **auf**runden
Obergrenze **ab**runden

Intervalle für weitere Wahrscheinlichkeiten bilden

Entsprechend der Sigma-Regeln können Intervalle der Form $[\mu - c \cdot \sigma;\ \mu + c \cdot \sigma]$ auch für weitere Wahrscheinlichkeiten (γ) gebildet werden.

Tabelle

γ (Wahrscheinlichkeit)	0,683	0,90	0,95	0,954	0,99	0,997	0,999
c (Faktor für Intervallgröße)	1 (1σ-Regel)	1,64	1,96	2 (2σ-Regel)	2,58	3 (3σ-Regel)	3,29

Beispiel 3: Der Hersteller eines Medikaments behauptet, dass dieses nur bei 3 % der Patienten Nebenwirkungen verursacht. Das Medikament wird bei 400 Personen getestet. In welchem Intervall müsste die Anzahl an Personen mit Nebenwirkungen mit einer Wahrscheinlichkeit von 95 % liegen?

$\mu = n \cdot p = 400 \cdot 0{,}03 = 12;$

$\sigma = \sqrt{n \cdot p \cdot (1-p)} = \sqrt{400 \cdot 0{,}03 \cdot (1-0{,}03)} = 3{,}41$

$\gamma = 0{,}95 \overset{\text{Tabelle}}{\rightarrow} c = 1{,}96$

1,96-σ-Intervall: $[12 - 1{,}96 \cdot 3{,}41;\ 12 + 1{,}96 \cdot 3{,}41] = [5{,}32;\ 18{,}68] = [6;\ 18]$

Mit einer Wahrscheinlichkeit von 95 % müssten bei mindestens 6 und höchstens 18 Personen Nebenwirkungen auftreten.

7.2 Vertrauensintervalle (Konfidenzintervalle) für Wahrscheinlichkeiten

Ausgangssituation (Stichprobe → Gesamtheit)

In der Realität liegt häufig die (im Vergleich zu den Sigma-Regeln umgekehrte Situation) vor, dass die **„wahre bzw. grundsätzliche Wahrscheinlichkeit"** p (z.B. Fehlerwahrscheinlichkeit einer Maschine) **unbekannt** ist und durch den proz. Anteil h (z.B. proz. Fehleranteil bei 100 Stück) in einer Stichprobe abgeschätzt werden soll.

Vorgehen: Vertrauensintervalle zur Abschätzung der „wahren Wahrscheinlichkeit" p

- Zunächst wird aus der Stichprobe der Wert des proz. Anteils h ermittelt. Dieser Wert ist ein erster Schätzwert für p, stimmt aber in der Regel nicht genau mit p überein.
- Um die wahre Wahrscheinlichkeit p eingrenzen zu können, bildet man ein Intervall um h herum (also dessen Mitte h ist), welches p überdecken (beinhalten) soll.
- Abhängig von der gewünschten Wahrscheinlichkeit γ (Vertrauensniveau), mit der das Intervall p überdecken soll, wird dann dessen Größe berechnet.

Formel

$$\left[h - c\cdot\sqrt{\frac{h\cdot(1-h)}{n}};\; h + c\cdot\sqrt{\frac{h\cdot(1-h)}{n}}\right]$$

h: proz. Anteil in Stichprobe
n: Stichprobenumfang
c: Faktor aus Tabelle (S. 169), entsprechend Vertrauensniveau γ („Überdeckungswahrscheinlichkeit")

Beispiel 1: Um zu ermitteln, ob die Mikro AG ein zuverlässiger Lieferant ist, bestellt ein Kunde probehalber 100 Mikrochips. Er stellt fest, dass 26 % der gelieferten Mikrochips fehlerhaft sind.
Der Kunde möchte die (grundsätzliche) Wahrscheinlichkeit (p) dafür abschätzen, dass ein bei der Mikro AG hergestellter Chip fehlerhaft ist. Geben Sie ein Intervall an, in welchem p mit einer Wahrscheinlichkeit von 95 % liegt.

$$h = 0,26;\quad n = 100;\quad \gamma = 0,95 \xrightarrow{\text{Tabelle}} c = 1,96$$

$$\left[0,26 - 1,96\cdot\sqrt{\frac{0,26\cdot(1-0,26)}{100}};\; 0,26 + 1,96\cdot\sqrt{\frac{0,26\cdot(1-0,26)}{100}}\right] = [0,174;\ 0,346]$$

Mit einer Wahrscheinlichkeit von 95 % liegt die (grundsätzliche) Defektwahrscheinlichkeit eines von der Mikro AG hergestellten Chips zwischen 17,4 % und 34,6 %.

Problem: γ hoch $\xrightarrow{\text{Tabelle}}$ c hoch → „langes" Intervall → unpräzise Eingrenzung von p

Über die Tabelle und die obige Formel führt eine hohe „Überdeckungswahrscheinlichkeit" immer auf ein langes Intervall, welches p (leider) nur unpräzise eingrenzt.

http://frv.tv/61

Beispiel 2: Eine Partei möchte ihr Ergebnis (proz. Stimmenanteil) (p) bei der nächsten Bundestagswahl abschätzen. Hierzu werden einige Tage vor der Bundestagswahl 1500 Personen nach ihrem Wahlverhalten befragt. 120 Befragte geben an, dass sie diese Partei wählen werden.
Geben Sie ein 90 % - Vertrauensintervall für p an.

$$h = \frac{120}{1500} = 0{,}08;\quad n = 1500;\quad \gamma = 0{,}90 \overset{\text{Tabelle}}{\rightarrow} c = 1{,}64$$

$$\left[0{,}08 - 1{,}64 \cdot \sqrt{\frac{0{,}08 \cdot (1 - 0{,}08)}{1500}};\ 0{,}08 + 1{,}64 \cdot \sqrt{\frac{0{,}08 \cdot (1 - 0{,}08)}{1500}}\right] = [0{,}069;\ 0{,}091]$$

Mit einer Wahrscheinlichkeit von 90 % liegt das Wahlergebnis der Partei bei der Bundestagswahl zwischen 6,9 % und 9,1 %.

Beispiel 3: Im Training trifft ein Basketballspieler 51 von 60 Freiwürfen. Der Trainer möchte die grundsätzliche Trefferwahrscheinlichkeit (p) des Spielers abschätzen.
Geben Sie ein 95,4 % - Vertrauensintervall für p an.

$$h = \frac{51}{60} = 0{,}85;\quad n = 60;\quad \gamma = 0{,}954 \overset{\text{Tabelle}}{\rightarrow} c = 2\ (2\sigma\text{-Regel})$$

$$\left[0{,}85 - 2 \cdot \sqrt{\frac{0{,}85 \cdot (1 - 0{,}85)}{60}};\ 0{,}85 + 2 \cdot \sqrt{\frac{0{,}85 \cdot (1 - 0{,}85)}{60}}\right] = [0{,}758;\ 0{,}942]$$

Mit einer Wahrscheinlichkeit von 95,4 % liegt die Trefferwahrscheinlichkeit zwischen 75,8 % und 94,2 %.

Beispiel 4: 7 von 25 Schülern aus einer Klasse geben an, ein iPhone zu nutzen. Schätzen Sie den gesamten Anteil (p) an iPhone-Nutzern in der Schule ab. Geben Sie hierfür ein 99 % - Vertrauensintervall an.

$$h = \frac{7}{25} = 0{,}28;\quad n = 25;\quad \gamma = 0{,}99 \overset{\text{Tabelle}}{\rightarrow} c = 2{,}58$$

$$\left[0{,}28 - 2{,}58 \cdot \sqrt{\frac{0{,}28 \cdot (1 - 0{,}28)}{25}};\ 0{,}28 + 2{,}58 \cdot \sqrt{\frac{0{,}28 \cdot (1 - 0{,}28)}{25}}\right] = [0{,}048;\ 0{,}512]$$

Mit einer Wahrscheinlichkeit von 99 % liegt der gesamte Anteil an iPhone-Nutzern in der Schule zwischen 4,8 % und 51,2 %.

Hinweis: Der **gesamte Anteil** an iPhone-Nutzern entspricht natürlich auch der **Wahrscheinlichkeit**, dass ein zufällig ausgewählter Schüler ein iPhone-Nutzer ist. ***p*** kann also für beide Größen stehen und die Aufgabenbearbeitung verläuft gleich.

7.3 Stichprobenumfang und Länge des Vertrauensintervalls (nur LK)

Grundsätzlich sollte natürlich **eine geringe Größe des Vertrauensintervalls** angestrebt werden, da hierdurch der abzuschätzende p-Wert stärker eingegrenzt wird. Hierzu muss jedoch leider ein entsprechend **hoher Stichprobenumfang** gewählt werden.

Mit der nachfolgenden Formel ist es möglich, zu einer gegebenen Höchstlänge des Vertrauensintervalls (l) und einem gegebenen c–Wert (aus Tabelle, entsprechend γ) den hierfür benötigten Mindeststichprobenumfang (n) zu berechnen:

Formel : $n \geq \frac{c^2}{l^2}$

Beispiel 1: Ein Kunde möchte die Wahrscheinlichkeit (p), dass ein bei der Mikro AG hergestellter Mikrochip fehlerhaft ist, durch ein 95 % - Vertrauensintervall abschätzen. Das Intervall soll hierbei höchstens eine Länge von 10 % besitzen.
Wie viele Mikrochips müsste er hierfür überprüfen?

$$\gamma = 0,95 \overset{\text{Tabelle}}{\rightarrow} c = 1,96$$

$$n \geq \frac{1,96^2}{0,10^2} = 384,16$$

Der Kunde müsste mindestens 385 Mikrochips überprüfen.

Beispiel 2: Eine Partei möchte ihr zu proz. Wahlergebnis (p) auf 5 % genau abschätzen. Die Wahrscheinlichkeit, dass das proz. Wahlergebnis in diesem Intervall liegen wird, soll hierbei 68,3 % betragen.
Wie viele Personen müssen befragt werden?

$$\gamma = 0,683 \rightarrow c = 1 \ \ (1\sigma\text{-Regel})$$

$$n \geq \frac{1^2}{0,05^2} = 400$$

Es müssten also mindestens 400 Personen befragt werden.

http://frv.tv/6m

7.4 Zusammenhang: Sigma-Regeln und Vertrauensintervalle

Gesamtheit		**Stichprobe**
(Proz.) Wahrscheinlichkeit, dass ein hergestellter Mikrochip fehlerhaft ist (p).	**σ - Regeln** → ← **Vertr.intervall**	Es werden 100 Mikrochips getestet. (Absolute) Anzahl an defekten Mikrochips. (Proz.) Anteil an defekten Mikrochips (h).
(Proz.) Anteil an Personen im ganzen Land, die Partei A gewählt haben (p).	**σ - Regeln** → ← **Vertr.intervall**	1500 Personen werden nach ihrem Wahlverhalten befragt. (Absolute) Anzahl an Personen, die Partei A gewählt haben. (Proz.) Anteil an Personen, die Partei A gewählt haben (h).
(Proz.) Wahrscheinlichkeit, dass das Medikament zu Nebenwirkungen führt (p).	**σ - Regeln** → ← **Vertr.intervall**	200 Personen haben das Medikament eingenommen. (Absolute) Anzahl von Personen mit Nebenwirkungen. (Proz.) Anteil von Personen mit Nebenwirkungen (h).
Wahre Wahrscheinlichkeit bzw. **gesamter (proz.) Anteil (p)**	**σ - Regeln** → ← **Vertr.intervall**	**(Absolute) Anzahl in Stichprobe** **(Proz.) Anteil in Stichprobe (h)**

http://frv.tv/6n

8. Normalverteilung (nur LK)

8.1 Einführung

Die Körpergröße, das Gewicht oder die Intelligenz von Menschen ist normalverteilt (mittlere Werte wahrscheinlich, extreme Werte unwahrscheinlich).
Bei der **Normalverteilung** wird das zugrunde liegende Zufallsexperiment (z.B. Messung der Körpergröße bei einer zufällig ausgewählten Person) **ein Mal durchgeführt**.
Die Zufallsvariable gibt den Ausgang (Körpergröße der Person) an und kann also sehr viele verschiedene Werte (**auch „Kommazahlen"**) annehmen.
(Im Gegensatz hierzu hat das Zufallsexperiment bei der **Binomialverteilung** nur 2 mögliche Ausgänge (z.B. Münzwurf) und wird zudem **mehrmals durchgeführt**, wobei die Zufallsvariable die gesamte Anzahl an Treffern (also **nur ganzzahlige Werte**) angibt.)

Beispiel: Messung der Körpergröße bei einer zufällig ausgewählten männlichen Person.

1. Normalverteilung: Dichtefunktion φ (Gauß - Kurve)

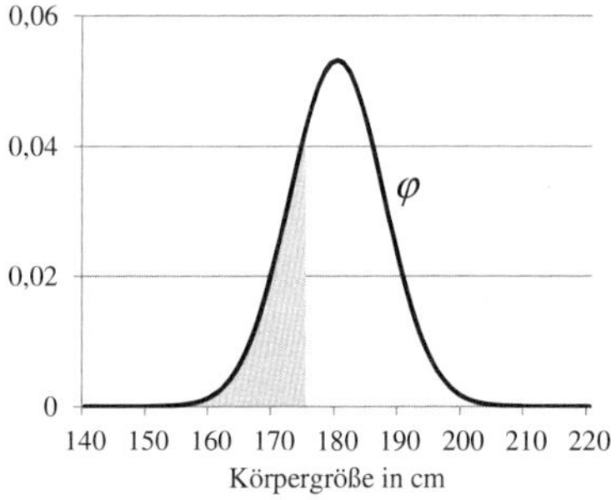

- Der Bereich um den Erwartungswert (hier $\mu = 180$ cm) hat die größte Wahrscheinlichkeit.
- Die Standardabweichung (hier $\sigma = 7{,}5$) bestimmt die Breite der Verteilung.
- Achtung: **Funktionswerte von φ stellen nicht die Wahrscheinlichkeiten** der einzelnen Werte dar! Die Wahrscheinlichkeit (jedes) einzelnen Wertes beträgt 0%: $P(X = k) = 0$. Grund: Z.B. beträgt die Wahrscheinlichkeit, dass jemand (auf unendlich viele Kommastellen) genau 1,70000000 …0 m groß ist, 0%.
- Über den **Inhalt der Fläche unter der φ - Kurve** können jedoch **Wahrscheinlichkeiten** berechnet werden. Die nachfolgende Funktion ϕ (Integralfunktion zu φ) gibt diese an.

2. „Kumulierte" Normalverteilung: Verteilungsfunktion ϕ

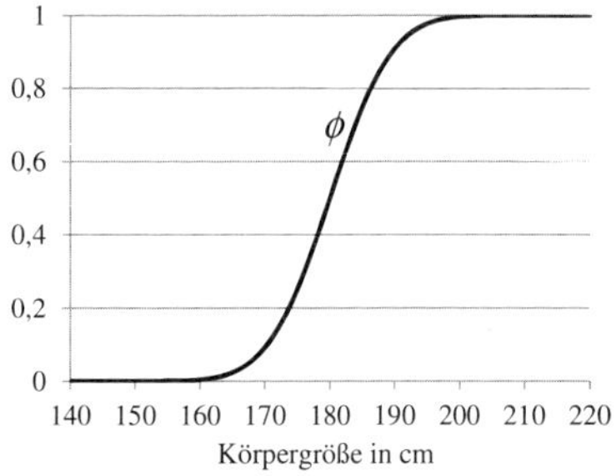

Gibt für jeden möglichen Wert der Zufallsvariablen die **Wahrscheinlichkeit** an, dass **dieser oder ein geringerer Wert als dieser** angenommen wird.

$$\mathbf{P(X \le k) = \phi(k) = \int_{-\infty}^{k} \varphi(x)dx}$$

Beispiel

$$P(X \le 174) = \phi(174) = \int_{-\infty}^{174} \varphi(x)dx \approx 0{,}2119$$

Wahrscheinlichkeit, dass eine zufällig ausgewählte Person höchstens 174 cm groß ist, beträgt 21,19 %.

http://frv.tv/4n

8.2 Aufgabentypen

• Aufgabenstellungen können entweder mithilfe des **Taschenrechners** oder mithilfe der **Tabelle** zur **„kumulierten“ Standardnormalverteilung** $\phi_{0;1}$(mit $\mu = 0$ und $\sigma = 1$) bearbeitet werden.

• **Aufgabenbearbeitung mit Tabelle**

$\mathbf{P(X \le k) = \phi_{0;1}\left(\frac{k-\mu}{\sigma}\right)}$ (Nicht k sondern $\frac{k-\mu}{\sigma}$ einsetzen, dann ablesen)

(Durch $\frac{k-\mu}{\sigma}$ wird der Wert in der Standardnormalverteilung errechnet, welcher dem k-Wert und der Verteilung aus der Aufgabenstellung entspricht.)

Aufgabentypen

Beispiel : Die Körpergröße vom Männern ist näherungsweise normalverteilt mit dem Erwartungswert $\mu = 180$ cm und der Standardabweichung $\sigma = 7{,}5$ cm.

Mit welcher Wahrscheinlichkeit ist ein zufällig ausgewählter Mann ...

1. „höchstens k“ $P(X \le k) = \phi_{0;1}\left(\frac{k-\mu}{\sigma}\right)$	... höchstens 174 cm groß? $P(X \le 174) = \phi_{0;1}\left(\frac{174-180}{7{,}5}\right)$ $= \phi_{0;1}(-0{,}8) \approx 0{,}2119$
2. „mindestens k“ $P(X \ge k) = 1 - P(X < k)$ $= 1 - \phi_{0;1}\left(\frac{k-\mu}{\sigma}\right)$	... mindestens 192 cm groß? $P(X \ge 192) = 1 - P(X < 192) = 1 - \phi_{0;1}\left(\frac{192-180}{7{,}5}\right)$ $\approx 1 - \phi_{0;1}(1{,}6) \approx 1 - 0{,}9452 = 0{,}0548$
3. „mind. k_1 und höchst. k_2“ $P(k_1 \le X \le k_2) = P(X \le k_2) - P(X \le k_1)$ $= \phi_{0;1}\left(\frac{k_2-\mu}{\sigma}\right) - \phi_{0;1}\left(\frac{k_1-\mu}{\sigma}\right)$	... mind. 183 cm und höchst. 195 cm groß? $P(183 \le X \le 195) = P(X \le 195) - P(X \le 183)$ $= \phi_{0;1}\left(\frac{195-180}{7{,}5}\right) - \phi_{0;1}\left(\frac{183-180}{7{,}5}\right)$ $= \phi_{0;1}(2) - \phi_{0;1}(0{,}4) \approx 0{,}9772 - 0{,}6554 = 0{,}3218$

Hinweise (Unterschiede zur Binomialverteilung (S. 158)**)**

• Bei Normalv. ist der Aufgabentyp $P(X = k)$ nicht aufgeführt, da stets $P(X = k) = 0$ gilt.

• Wegen $P(X = k) = 0$ muss nicht zwischen $P(X \le k)$ und $P(X < k)$ unterschieden werden.

• Unterschied: Normalv.: $P(X \ge k) = 1 - P(X < k)$; Binomialv.: $P(X \ge k) = 1 - P(X \le k-1)$

Grund: Bei Binomialverteilung kann die Zufallsvariable nur ganzzahlige Werte annehmen.

http://frv.tv/4o

8.3 Die Normalverteilung für binomialverteilte Probleme nutzen

- Bei vielen Durchführungen sehen Binomialverteilung und Normalverteilung „ähnlich" aus.
- Aufgaben mit einer binomialverteilten Zufallsvariablen können so bearbeitet werden, wie wenn die Zufallsvariable normalverteilt wäre. (Satz von De Moivre Laplace)

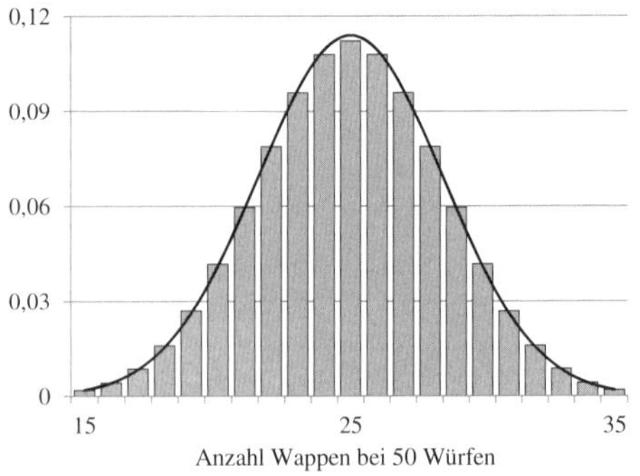

- **Bedingung:** $\sigma = \sqrt{n \cdot p \cdot (1-p)} > 3$
- Es muss jedoch ein **Stetigkeitsausgleich** („+0,5" beim 1 und 2. Aufgabentyp; „+0,5" und „-0,5" beim 3. Aufgabentyp) eingerechnet werden.

Aufgabentypen

Beispiel: Eine faire Münze wird 50 Mal geworfen. Die Zufallsvariable X gibt an, wie oft „Wappen" geworfen wurde.

$\mu = 50 \cdot 0{,}5 = 25$; $\sigma = \sqrt{50 \cdot 0{,}5 \cdot 0{,}5} \approx 3{,}54 > \mathbf{3} \rightarrow$ Normalv. statt Binomialv. möglich.

Mit welcher Wahrscheinlichkeit erhält man ...

1. „höchstens *k* Treffer" $P(X \le k) = \phi_{0;1}\left(\frac{k-\mu+0{,}5}{\sigma}\right)$	... höchstens 18 Mal „Wappen"? $P(X \le 18) = \phi_{0;1}\left(\frac{18-25+\mathbf{0{,}5}}{3{,}54}\right)$ $\approx \phi_{0;1}(-1{,}84) \approx 0{,}0329$
2. „mindestens *k* Treffer" $P(X \ge k) = 1 - P(X \le k-1)$ $= 1 - \phi_{0;1}\left(\frac{k-1-\mu+0{,}5}{\sigma}\right)$	... mindestens 27 Mal „Wappen"? $P(X \ge 27) = 1 - P(X \le 26)$ $= 1 - \phi_{0;1}\left(\frac{26-25+\mathbf{0{,}5}}{3{,}54}\right) \approx 1 - \phi_{0;1}(0{,}44)$ $\approx 1 - 0{,}67 \approx 0{,}33$
3. „mind. k_1 und höchst. k_2 Treffer" $P(k_1 \le X \le k_2) = P(X \le k_2) - P(X \le k_1)$ $= \phi_{0;1}\left(\frac{k_2-\mu+0{,}5}{\sigma}\right) - \phi_{0;1}\left(\frac{k_1-\mu-0{,}5}{\sigma}\right)$	... mind. 20 und höchst. 30 Mal „Wappen"? $P(20 \le X \le 30) = P(X \le 30) - P(X \le 20)$ $= \phi_{0;1}\left(\frac{30-25+\mathbf{0{,}5}}{3{,}54}\right) - \phi_{0;1}\left(\frac{20-25-\mathbf{0{,}5}}{3{,}54}\right)$ $\approx \phi_{0;1}(1{,}55) - \phi_{0;1}(-1{,}55)$ $\approx 0{,}9394 - 0{,}0606 = 0{,}8788$

http://frv.tv/4p